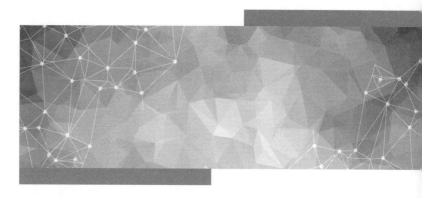

わかる
基礎の数学◀

小峰 茂＋**松原洋平**［共著］
Komine Sigeru　Matsubara Youhei

Ohmsha

読者の皆さんへ

　数学の学習にあっては, 数の意味やその運びかたについての把握からのスタートが大切ですが, この辺のつまずきから数学への苦手意識が根づきはじめ, 動きがとれない状況になりがちです.

　本書は, このような懸念に応えて数学における初歩の段階 – 数のしくみ, 数の計算から例や例題を中心にして, 基礎的な内容に精選し, 「ていねい」に, 「やさしく」, そして「簡潔」に書かれています.

　学習を進めていくためのステップとして, 基礎ステップと応用ステップを設けました. 第1章 (計算の基礎)～ 第4章 (関数とグラフ) が **基礎**ステップで, 必ず学習し習得しなければならないステップです.

　また, 第5章 (三角関数)～ 第11章 (積分) が応用ステップで, 各章が独立した内容になっており, 必要に応じて読者自身が選んでいただきたいと思います.

ところで,本書は次の方々を対象にして書かれています.

① 学校における理数系科目の授業の参考書として利用したい人

② 生涯学習時代に備えて,数学の初歩から再度学習を見直したい人

③ 主として技術系の検定・資格試験の合格をめざす人

　数学の学習は一歩一歩の努力の "継続" が 大切です. このような日々の継続が いずれ実を結び,目標とする数学力が定着することになるわけです.

　本書を活用することにより,数学を楽しく学習でき,効果的な学習成果が上が ることを期待して止みません.

　2000 年 2 月 25 日

著者 記す

目　　次

第1章 計算の基礎

本章では数学の基本的ルールについて学ぶ. まずは, 数のしくみ, 続いて, 数の大小, 正・負の数, 数の四則 (足し算, 引き算, 掛け算, 割り算) の計算, 数の表し方の順に学習を進める.

1.1 数のしくみ

数学の歴史は人や物などを数えることから始まった.

$1, 2, 3, \cdots$ という数, いわゆる**自然数**の誕生である. その後, 足し算, 引き算を行う上で 0 や負の数が導入され**整数**が生まれた.

さらに, 分母も分子も整数で与えられる **分数**なども含め, **有理数**が考えられた. そして, 三平方の定理などで, $\sqrt{2}$, $\sqrt{3}$ のような**無理数**が加わり, **実数**が誕生したのである.

ところが $x^2 = -1$ を満たす実数 x は存在しないことから, 新しい数, つまり **虚数** が設けられ, さらに, 広い数として **複素数** が数学の場に登場した.

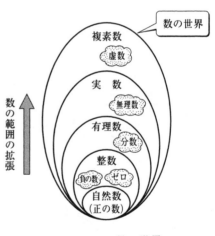

図 1.1 数の世界

1.1.1 有理数

整数と分数を含めた数を**有理数**という. なお, 有理数の加減乗除の計算は, 数 0 で割る除法を除けば, 可能である.

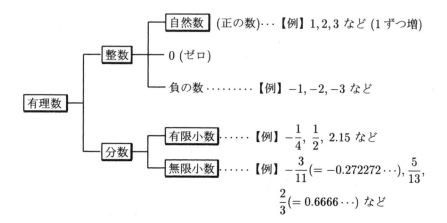

(1)　分数とは

　分数は二つの整数 a, b を $\dfrac{b}{a}$ $(a \neq 0)$ で表した数であり，**図1.2** のように，1 を a 等分して b 個集めたもので，$\boldsymbol{b \div a}$ と同じである．

　また，分数は次の3種類に分けられる．

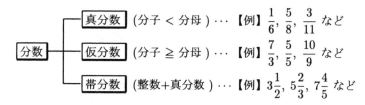

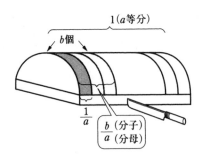

図 1.2　分数の意味

(2) 分数の性質

① 分母と分子に 0 でない同じ数を掛けても大きさは変わらない.

【例】 $\dfrac{b}{a} = \dfrac{b \times n}{a \times n}$

② 分母と分子を 0 でない同じ数で割っても大きさは変わらない.

【例】 $\dfrac{b}{a} = \dfrac{b \div n}{a \div n}$

(3) 分数から小数へ

分数を小数に変換するには, 分子を分母で割ればよい.

a. 有限小数

割り切れる場合　【例】 $\dfrac{3}{8} = 3 \div 8 = 0.375$

b. 循環小数

割り切れない場合には, 規則的にいくつかの数字が限りなく繰り返されるような無限小数となる.

【例】 $\dfrac{7}{27} = 7 \div 27 = 0.259259 = 0.\dot{2}5\dot{9}$ (259 の繰返しは循環する部分の最初と最後の数字の上に ● を付けて表す)

(4) 小数から分数へ

小数を分数に変換するには, 次の 2 通りの方法がある.

① $0.6 = \dfrac{0.6}{1} = \dfrac{0.6 \times 10}{1 \times 10} = \dfrac{6}{10} = \dfrac{6 \div 2}{10 \div 2} = \dfrac{3}{5}$

② $0.52 = 0.5 + 0.02 = \dfrac{5}{10} + \dfrac{2}{100} = \dfrac{50}{100} + \dfrac{2}{100} = \dfrac{52}{100} = \dfrac{52 \div 4}{100 \div 4} = \dfrac{13}{25}$

1.1.2 無理数

$\sqrt{2}$ (ルート 2 と読む), $\sqrt{3}$, π(円周率) のように循環せずに無限に続く小数で表される数を**無理数**という.

(1) 平方根

平方 (または 2 乗) して a になる数を a の**平方根**といい, $\sqrt{a}$ (ルートエー) と書く.

(2) 実数と虚数

正の数, 負の数いずれも 2 乗すると正になる数を**実数**という. ところで, 2 乗して負になる数は実数の範囲では存在しない. そこで, **虚数**という新しい数を導入

する. 虚数は a を正の実数とすると,

$$\sqrt{-a} = \sqrt{a} \times \sqrt{-1} = \sqrt{a}\, i$$

で表される. i を**虚数単位**という.

【例】

- 正の数

  123 の平方根　　　$\sqrt{123}$ (実数)

- 負の数

  -123 の平方根　　　$\sqrt{-123} = \sqrt{123} \times \sqrt{-1} = \sqrt{123}\, i$ (虚数)

＜π のお話し＞

　円という図形は, どんな半径のものでも常に相似である. したがって, 円周の長さとその直径の長さの比は, 円周率と呼ばれ, π の記号で表される. この値は円の大きさに関係なく, すべて同じになる.

　西洋, 東洋を問わず, 昔は π は3 を用いていたが, π の計算に本格的に取り組んだ人は, ギリシャの哲学者・アルキメデスである. 彼は円に外接する正六角形の外周が直径の3倍であることから, 計算をはじめ, 正十二角形, 正二十四角形, … としだいに円に近づけて, 正九十六角形まで計算を進めた. 逆に, 円に内接する正六角形から同様に, はさみうちをして計算した結果, 次のような不等式が得られた.

$$3\frac{10}{71} < \pi < 3\frac{1}{7}$$

さらに, これを小数に直すと

$$3.1408\cdots < \pi < 3.1428\cdots$$

で表される. アルキメデスは, π の値を, 日常私たちが愛用している 3.14 まで計算していたことになる.

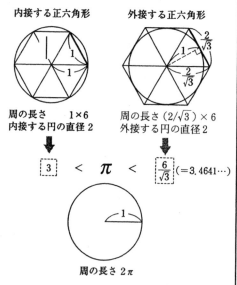

内接する正六角形　　　外接する正六角形

周の長さ　1×6　　　　周の長さ $(2/\sqrt{3}) \times 6$
内接する円の直径 2　　外接する円の直径 2

$$\boxed{3} \quad < \quad \pi \quad < \quad \boxed{\frac{6}{\sqrt{3}}} \; (=3.4641\cdots)$$

周の長さ 2π

─── ＜印刷物や書物のサイズは？＞ ───

　これには A 判と B 判がある. A 判は面積が 1m^2, 縦と横の比が $1:\sqrt{2}$ の
ものを A0 とし, これを二つ折りにしたものを A1 とする. さらに, これを繰
り返し, A2, A3, A4, … と小さくなっていく.

　また, B 判ははじめの面積が 1.5m^2 で縦と横の比がやはり $1:\sqrt{2}$ のもの
を B0 とし, 以下, A 判と同様に二つ折りを繰り返し, B1, B2, B3, … のよう
に定めていく.

　学校などで使うわら半紙は B4 判, 週刊紙は B5 判, 教科書はほとんどが
A5 判, 文庫本が A6 判となっている.

　ここで, 長方形を二つ折りにすると, もとの長方形と相似形になるが, こ
の $1:\sqrt{2}$ の比の根拠を調べてみよう. 長方形の縦と横の比を $1:x$ とする
と, $1:x = x/2:1$ よりこれを解くと, $x = \sqrt{2}$ が得られる.

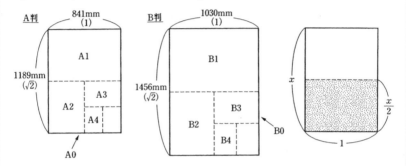

　紙を二つにカットして相似形にすると, 紙を大量生産する場合には合理的
になる.

1.1.3　複素数

　a, b を実数としたとき, $a + bi$ の形を**複素数**という.

　ただし, 複素数 $a + bi$ は, $b = 0$ のとき実数になり, $a = 0$ のとき虚数 (**純虚
数**という) になる. これについては第 7 章で詳しく学ぶことにする.

【**例題 1**】　次のそれぞれの数は有理数か, 無理数か, いずれかを示せ.
$$\pi, \quad 0.2424, \quad 0, \quad \frac{8}{7}, \quad \sin 15°, \quad \sqrt{8}, \quad \sqrt{9}, \quad -1.75$$

【解答】

有理数 $\cdots$ 0.2424 (循環小数)，　0 (整数)，　$\dfrac{8}{7}$ (分数)，　$\sqrt{9} = 3$ (整数)，-1.75 (負の小数)

無理数 $\cdots$ 循環しない無限小数で，分数の形に書けないものであるから

π，$\sin 15°$，$\sqrt{8}$

【例題 2】　次の分数を小数に，また，小数を分数に変換せよ．

(1) $\dfrac{3}{10}$　　(2) $\dfrac{19}{4}$　　(3) $2\dfrac{1}{4}$　　(4) $\dfrac{7}{15}$　　(5) $\dfrac{5}{11}$

(6) 0.85　　(7) 3.25

【解答】

(1) $\dfrac{3}{10} = 3 \div 10 = 0.3$　　(2) $\dfrac{19}{4} = 19 \div 4 = 4.75$

(3) $2\dfrac{1}{4} = 2 + (1 \div 4) = 2.25$　　(4) $\dfrac{7}{15} = 7 \div 15 = 0.4666\cdots 0.4\dot{6}$

(5) $\dfrac{5}{11} = 5 \div 11 = 0.4545\cdots 0.\dot{4}\dot{5}$　　(6) $0.85 = 0.8 + 0.05 = \dfrac{8}{10} + \dfrac{5}{100} = \dfrac{80}{100} +$

$\dfrac{5}{100} = \dfrac{85}{100} = \dfrac{17}{20}$　　(7) $3.25 = 3 + 0.25 = 3 + \dfrac{25}{100} = 3\dfrac{1}{4}$

1.2　数の大小と数直線

1.2.1　数直線

図 1.3 のように，数 (ここでは実数のみを扱う) を一直線上に目盛った直線を**数直線**といい，点 0 を原点とし，正の数を原点より右側へ，負の数を左側の方へ目盛る．

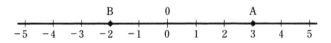

図 1.3　数直線

1.2.2　絶対値

正の数，負の数から，その数の符号を取り去って得られる数を**絶対値**という．
ある数の絶対値は，数直線上では原点からその数を表す点までの距離を示す．

【例】 $+3$ の絶対値 $\longrightarrow |+3| = 3$　　（数直線上では点 A である）

　　　 -2 の絶対値 $\longrightarrow |-2| = 2$　　（数直線上では点 B である）

1.2.3　数の大小

不等号で表すと便利である.
- a が b より大きい $\longrightarrow a > b$
- a が b より大きいか, または等しい $\longrightarrow a \geqq b$
- a が b より小さいか, または等しい $\longrightarrow a \leqq b$

数直線上では, その数を表す点が右側にあるほどその数は大きい.
① 　負の数 $< 0 <$ 正の数
② 　いずれも正の数のときには, 絶対値の大きい方が大きい
③ 　いずれも負の数のときには, 絶対値の大きい方が小さい

【例題 3】 　次の数を不等号により小さいものから順に書け.

$$0, \quad \frac{1}{2}, \quad -5, \quad +3, \quad \left|-\frac{3}{5}\right|, \quad \frac{3}{2}, \quad -3$$

【解答】 　それぞれの数を数直線上で表すと, 図 1.4 のようになる.

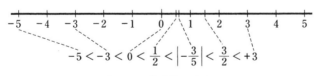

$$-5 < -3 < 0 < \frac{1}{2} < \left|-\frac{3}{5}\right| < \frac{3}{2} < +3$$

図 1.4　数直線の大小

1.3　正の数・負の数の計算

1.3.1　四　則

加法, 減法, 乗法, 除法の四つの計算をまとめて**四則**という.

計算方法	その別名	その答え
加 法	足し算	和
減 法	引き算	差
乗 法	掛け算	積
除 法	割り算	商

1.3.2 計算順序のルール

四則の計算順序は次のように①,②,③の順に優先する.

≡≡≡ 計算順序ルール ≡≡≡

① **カッコ内の計算をする**. ただし, 小カッコ ( ), 中カッコ { }, 大カッコ [ ] の順とする.

② **×,÷ の計算をする** (ただし,×,÷ が連続しているときは, 始めの方から順に計算をする).

③ **+, - の計算をする**.

【例】 $a \times (b - c) - d \div e \times f$

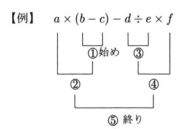

1.3.3 加 法 (足し算)

次の計算ルールにしたがって行う.

① **交換法則** (加える順序を変えてもよい)

【例】 $5 + 7 = 7 + 5$

② **結合法則** (加える組合せを変えてもよい)

【例】 $(2 + 3) + 6 = 2 + (3 + 6)$

③ 同符号の 2 数の和は, 2 数の絶対値の和に共通の符号をつける.

【例】 $(+3) + (+5) = +(3 + 5) = +8$

【例】 $(-4) + (-7) = -(4 + 7) = -11$

④ 異符号の 2 数の和は, 2 数の絶対値の差に絶対値の大きい方の符号をつける.

【例】 $(-2) + (+8) = +(8 - 2) = +6$

【例】 $(-6) + (+3) = -(6 - 3) = -3$

1.3.4 減 法 (引き算)

引く方の数の符号を変えて足せばよい.

【例】 $(+6) - (+2) = (+6) + (-2) = +4$

【例】 $(+5) - (-7) = (+5) + (+7) = +12$

1.3.5 乗 法 (掛け算)

① 同符号の 2 数の積は, 2 数の絶対値の積に正の符号をつける.

【例】 $(+3) \times (+4) = +12, \quad (-3) \times (-4) = +12$

② 異符号の 2 数の積は, 2 数の絶対値の積に負の符号をつける.

【例】 $(-2) \times (+3) = -6, \quad (+2) \times (-3) = -6$

③ ある数と 0 の積は 0 である.

1.3.6 累乗と指数

同じ数をいくつか掛け合わせたものを, その数の 累乗 といい, 掛け合わせた個数を示す数を累乗の**指数**という. 指数は, 数字の右肩に小さく記す.

【例】 $3 \times 3 = 3^2, \quad 2 \times 2 \times 2 = 2^3$

ただし, 負の数の累乗では, 次のようになる.

① 累乗の絶対値は, その数の絶対値の累乗に等しい.

② 累乗の符号は, 指数が偶数のときは ＋, 指数が奇数のときは － となる.

【例】 $(-2)^4 = +2^4 = 16, \quad (-2)^3 = -2^3 = -8$

【例】 $(-3)^4 = +(3 \times 3 \times 3 \times 3) = +81$

【例】 $(-2)^5 = -2^5 = -32, \quad (-1)^8 = +1^8 = 1$

【例】 $-4^3 = -(4^3) = -64$

1.3.7　除　法 (割り算)

① **同符号の 2 数の商は, 2 数の絶対値の商に正の符号をつける.**
　　【例】　$(+15) \div (+3) = +5$,　$(-12) \div (-3) = +4$

② **異符号の 2 数の商は, 2 数の絶対値の商に負の符号をつける.**
　　【例】　$(-24) \div (+6) = -(24 \div 6) = -4$
　　【例】　$(+32) \div (-8) = -(32 \div 8) = -4$

③ **0 を 0 でない数で割ると, 答えは 0 である.**
　　【例】　$0 \div (-9) = 0$

④ **どんな数も 0 で割ることはできない.**

加法から除法まで, 答えが＋の場合は＋記号を省略することが普通である.

＜0 乗とは ？＞

　中学校までの数学では, 指数は 1, 2, 3, $\cdots$, の自然数に限られ, $a^1, a^2, a^3, \cdots$ のような指数式のみを扱っていた. ところで, ある数の 0 乗はどうなるのか？

　そこで, 簡単な例「2 の 0 乗」はどうなるのかを考えてみよう.

　指数の法側から, $2^m \times 2^n = 2^{m+n}$ の式で, $m = 0$, $n = 1$ とすると, $2^0 \times 2^1 = 2^{0+1}$ となり, 2^0 に 2 をかけると 2 となることから, 2^0 は 1 にならざるを得ないのである.

　一般に, $a^0 = 1$ になる.

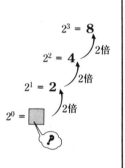

$$2^3 = 8$$
$$2^2 = 4 \quad \text{2倍}$$
$$2^1 = 2 \quad \text{2倍}$$
$$2^0 = \square \quad \text{2倍}$$

1.3.8　逆　数

　二つの数の積が 1 となるとき, 一方を他方の**逆数**という. $a \times b = 1$ のとき, b は a の逆数であり, a は b の逆数でもある.

　　【例】　8 の逆数は $\dfrac{1}{8}$　　【例】　$-\dfrac{2}{5}$ の逆数は $-\dfrac{5}{2}$

　逆数を使用すると, 除法はすべて乗法に直すことができる. 除法を乗法に直すには, 割る数の逆数を割られる数に掛ければよい.

　　【例】　$21 \div (-7) = 21 \times \left(-\dfrac{1}{7}\right) = -3$

　　【例】　$(-3) \div \left(-\dfrac{3}{5}\right) = (-3) \times \left(-\dfrac{5}{3}\right) = 5$

1.3.9 四則の混合計算

(1) **各種の四則計算が混合された式**の場合には，**計算順序のルール**にしたがって行う．

【例】 $12 - 8 \times 2 \div 4 = 8$

$$
\begin{array}{l}
\text{順} \\
\text{序}
\end{array}
\begin{array}{l}
① \longrightarrow 12 - 16 \div 4 \\
② \longrightarrow 12 - 4 \\
③ \longrightarrow 8
\end{array}
$$

【例】 $10 \div 5 \times 6 \div 3 = 4$

$$
\begin{array}{l}
\text{順} \\
\text{序}
\end{array}
\begin{array}{l}
① \longrightarrow 2 \times 6 \div 3 \\
② \longrightarrow 12 \div 3 \\
③ \longrightarrow 4
\end{array}
$$

【例】 $\{6 \times (7 - 3)\} \div 8 = 3$

$$
\begin{array}{l}
\text{順} \\
\text{序}
\end{array}
\begin{array}{l}
① \longrightarrow (6 \times 4) \div 8 \\
② \longrightarrow 24 \div 8 \\
③ \longrightarrow 3
\end{array}
$$

【例】 $27 \div [\{8 - (3 + 1)\} + 5] = 3$

$$
\begin{array}{l}
\text{順} \\
\text{序}
\end{array}
\begin{array}{l}
① \longrightarrow 27 \div \{(8 - 4) + 5\} \\
② \longrightarrow 27 \div (4 + 5) \\
③ \longrightarrow 27 \div 9 \\
④ \longrightarrow 3
\end{array}
$$

(2) **累乗が含まれた四則混合計算**は，**累乗計算 ⇒ 乗除 ⇒ 加減**の順に行う．

【例】
$$
\begin{aligned}
(-2)^2 + 3 \times (-4) - 5 \times (-3)^3 &= 4 + 3 \times (-4) - 5 \times (-27) \\
&= 4 - 12 + 135 \\
&= 127
\end{aligned}
$$

【例】
$$
\begin{aligned}
(-3)^2 + 2^3 - 3^2 \div 6 \times 2 &= 9 + 8 - 9 \div 6 \times 2 \\
&= 9 + 8 - 3 \\
&= 14
\end{aligned}
$$

【例題 4】　次の計算をせよ.

(1)　$4 + (-7) + 12 - (-5) - 16$　　(2)　$(-20) + 8 - (-5) - 4$

(3)　$1.5 - 3.8 - 4.3 + (-5.3)$　　(4)　$|-4 + 1| - |-5 - 2|$

(5)　$5.2 - \{-2.3 - (-3.4)\}$

(6)　$\{7.9 + (2.3 - 0.9)\} - [-9.1 - \{(-4.6 - (+3.2)\}]$

【解答】　足し算, 引き算の混合計算は, まず, 引き算を足し算に直し, 正の項の和と負の項の和を求め, 最後にその2数の和を求める.

(1)　与式 $= (+4) + (-7) + (+12) + (+5) + (-16)$
　　　$= +(4 + 12 + 5) + \{-(7 + 16)\} = (+21) + (-23)$
　　　$= -(23 - 21) = -2$

(2)　与式 $= (-20) + (+8) + (+5) + (-4)$
　　　$= +(8 + 5) + \{-(20 + 4)\} = (+13) + (-24)$
　　　$= -(24 - 13) = -11$

(3)　与式 $= (+1.5) + (-3.8) + (-4.3) + (-5.3)$
　　　$= +1.5 + \{-(3.8 + 4.3 + 5.3)\} = +1.5 + (-13.4) = -11.9$

(4)　与式 $= |-3| - |-7| = 3 - 7 = -4$

(5)　与式 $= 5.2 - (-2.3 + 3.4) = 5.2 + 2.3 - 3.4 = 4.1$

(6)　与式 $= (7.9 + 1.4) - \{-9.1 - (-4.6 - 3.2)\} = 9.3 - (-1.3) = 10.6$

【例題 5】　次の計算をせよ.

(1)　$(-4) \times (+3) \div (+6)$　　(2)　$1.25 \div 0.5 \times 2.5$

(3)　$(-2)^5 \div (-8) \times (-6)$　　(4)　$-3^2 \times (-2)^3 \times (-5) \div 6$

(5)　$(-2.5) \times (-12) \div (-1)^4 \times (+6)$

【解答】　まず, 累乗から先に計算する.

(1)　与式 $= (-12) \div (+6) = -2$

(2)　与式 $= 2.5 \times 2.5 = 6.25$

(3)　与式 $= (-32) \div (-8) \times (-6) = 4 \times (-6) = -24$

(4)　与式 $= (-9) \times (-8) \times (-5) \div 6 = (+72) \times (-5) \div 6 = -60$

(5)　与式 $= 30 \div 1 \times 6 = 30 \times 6 = 180$

【例題 6】 次の計算をせよ.

    (1) $16 \times (-4) + (-91) \div (-7)$

    (2) $(-1)^4 \times (-4) - (-8) \div (-2)^3$

    (3) $10 + \{(21 - 15) \times 6 \div 2\} - 4 \times 7$

    (4) $\{3 - (-6)\} \times \{(-2) \times (-9) - 8\} - \{48 \div (-6)\}$

    (5) $2 \times (-3) - 5 \times [6 - \{(-3) \times 2 - 4 \div (-2)\}]$

    (6) $|1 - 5 + 2| - |-3 - 61| + |4 - 7|$

【解答】 四則混合演算では, 累乗 ⇒ 乗除 ⇒ 加減の順に計算する. また, 絶対値記号の用法は, 中にある絶対値から順に計算することに注意!

(1)   与式 $= (-64) + (-91) \div (-7) = (-64) + 13 = -51$

(2)   与式 $= 1 \times (-4) - 1 = -5$

(3)   与式 $= 10 + (6 \times 6 \div 2) - 4 \times 7 = 10 + 18 - 28 = 0$

(4)   与式 $= (3 + 6) \times (18 - 8) - (-8) = 9 \times 10 + 8 = 98$

(5)   与式 $= 2 \times (-3) - 5 \times [6 - \{(-6) + 2\}]$

              $= (-6) - 5 \times (6 + 4) = (-6) - 5 \times 10 = -56$

(6)   与式 $= |1 - 3| - |-64| + |-3| = 2 - 64 + 3 = -59$

1.4 分数の計算

1.4.1 分数計算の基礎知識

(1) 約数と倍数

ある整数 a が整数 b で割り切れるとき, a を b の**倍数**, b を a の**約数**という.

  【例】 $48 \div 6 = 8$ であるから, 48 は 6 の倍数であり, 6 は 48 の約数である.

  【例】   12 の約数 ······   1, 2, 3, 4, 6, 12

  【例】   18 の約数 ······   1, 2, 3, 6, 9, 18

(2) 公約数と最大公約数

二つ以上の数に共通する約数を**公約数**といい, 公約数の中で最も大きいものを**最大公約数** (G.C.M) という.

【例】　　18, 36, 48 の最大公約数は $2 \times 3 = 6$ となる.

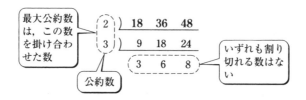

(3) 約 分

　分数の分母, 分子を公約数で割る計算を**約分**といい, 最大公約数で割ると, こ れ以上に約分できない分数を**既約分数**という.

【例】　　$\dfrac{12}{20}$ を約分すると, $\dfrac{12 \div 4}{20 \div 4} = \dfrac{3}{5}$ となる.
　　　　　　　　　　　(12 と 20 の最大公約数は 4)

(4) 公倍数と最小公倍数

　二つ以上の数に共通する倍数を**公倍数**といい, 公倍数の中で最も小さいもの を**最小公倍数** (L.C.M) という.

【例】　　18, 24, 60 の最小公倍数は $2 \times 3 \times 2 \times 3 \times 2 \times 5 = 360$ となる.

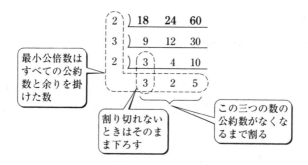

(5) 通 分

　分母の異なる二つ以上の分数の分母, 分子に適当な同じ数を掛けて分母を同じ にすることを**通分**という. 通分するには, **それぞれの分数の分母を最小公倍数に すればよい.**

【例】　$\dfrac{3}{8}, \dfrac{5}{12}, \dfrac{11}{18}$ を通分すると，次のようになる.

それぞれの分母の最小公倍数は 72 であるから，

$$\dfrac{3}{8} = \dfrac{3 \times 9}{8 \times 9} = \dfrac{27}{72}$$

$$\dfrac{5}{12} = \dfrac{5 \times 6}{12 \times 6} = \dfrac{30}{72}$$

$$\dfrac{11}{18} = \dfrac{11 \times 4}{18 \times 4} = \dfrac{44}{72}$$

$$
\begin{array}{r|rrr}
2 & 8 & 12 & 18 \\
\hline
2 & 4 & 6 & 9 \\
\hline
3 & 2 & 3 & 9 \\
\hline
 & 2 & 1 & 3
\end{array}
$$

$2 \times 2 \times 3 \times 2 \times 1 \times 3 = 72$

(6)　分数の大小

　正の分数の大小を知るには，通分して分子を比較すればよい. 符号の異なる場合は，数の大小にしたがう.

【例】　$\dfrac{7}{15}, \dfrac{11}{20}$ の場合，通分すると $\dfrac{28}{60}, \dfrac{33}{60}$，分子は　$28 < 33$ となるから

$$\dfrac{7}{15} < \dfrac{11}{20}$$

【例】　$\dfrac{5}{6}, \dfrac{7}{8}, \dfrac{9}{12}$ の場合，通分すると $\dfrac{20}{24}, \dfrac{21}{24}, \dfrac{18}{24}$，分子は　$18 < 20 < 21$

となるから，$\dfrac{9}{12} < \dfrac{5}{6} < \dfrac{7}{8}$

1.4.2　分数の四則

(1)　足し算と引き算

① 分母が同じ場合は，分母はそのままで，分子だけ足し算または引き算を行う.

② 分母が異なる場合は，通分して分母を同じにしてから，足し算と引き算を行う.

③ 帯分数の場合は，整数部分と分数部分に分けて計算を行う. または，仮分数に直して ①, ② と同様に計算を行う.

【例題 7】　次の分数の足し算または引き算をせよ.

(1) $\dfrac{5}{7}+\dfrac{1}{7}$　　(2) $\dfrac{8}{9}-\dfrac{2}{9}$　　(3) $\dfrac{2}{6}+\dfrac{7}{12}$

(4) $\dfrac{5}{8}-\dfrac{1}{6}$　　(5) $5\dfrac{1}{4}+3\dfrac{5}{6}$　　(6) $8\dfrac{4}{5}-3\dfrac{3}{7}$

【解答】

(1) 与式 $=\dfrac{5+1}{7}=\dfrac{6}{7}$

(2) 与式 $=\dfrac{8-2}{9}=\dfrac{6}{9}=\dfrac{6\div3}{9\div3}=\dfrac{2}{3}$ （約分）

(3) 与式 $=\dfrac{2\times2}{6\times2}+\dfrac{7}{12}=\dfrac{4}{12}+\dfrac{7}{12}=\dfrac{11}{12}$

(4) 与式 $=\dfrac{5\times3}{8\times3}-\dfrac{1\times4}{6\times4}=\dfrac{15}{24}-\dfrac{4}{24}=\dfrac{15-4}{24}=\dfrac{11}{24}$

(5) 与式 $=5+3+\dfrac{1}{4}+\dfrac{5}{6}=8+\dfrac{3}{12}+\dfrac{10}{12}=8+\dfrac{13}{12}=8\dfrac{13}{12}=9\dfrac{1}{12}$

(6) 与式 $=8-3+\dfrac{4}{5}-\dfrac{3}{7}=5+\dfrac{28}{35}-\dfrac{15}{35}=5+\dfrac{28-15}{35}=5\dfrac{13}{35}$

(2)　掛け算

① 分子は分子同士で, 分母は分母同士で掛ける.
② 約分できる場合は, 約分してから①の処理を行う.
③ 帯分数は, 仮分数に直してから計算を行う.

【例題 8】　次の分数の掛け算をせよ.

(1) $\dfrac{5}{7}\times\dfrac{3}{11}$　　(2) $\dfrac{8}{45}\times\dfrac{5}{12}$　　(3) $4\dfrac{1}{15}\times5$

【解答】

(1) 与式 $=\dfrac{5\times3}{7\times11}=\dfrac{15}{77}$

(2) 与式 $=\dfrac{8\times5}{45\times12}=\dfrac{2\times1}{9\times3}=\dfrac{2}{27}$ （4, 5 で約分する）

(3) 与式 $=\dfrac{61}{15}\times\dfrac{5}{1}=\dfrac{61\times1}{3\times1}=\dfrac{61}{3}$ （5 で約分する）

(3) 割り算
分数の割り算は, 割る数 (除数) の逆数を掛ける.

【例題 9】　　次の分数の割り算をせよ.

$$(1)\quad 7 \div \frac{5}{13} \qquad (2)\quad \frac{9}{25} \div 3 \qquad (3)\quad \frac{17}{33} \div \frac{8}{21}$$

【解答】

(1)　与式 $= 7 \times \dfrac{13}{5} = \dfrac{7 \times 13}{5} = \dfrac{91}{5}$

(2)　与式 $= \dfrac{9}{25} \times \dfrac{1}{3} = \dfrac{3 \times 1}{25 \times 1} = \dfrac{3}{25}$

(3)　与式 $= \dfrac{17}{33} \times \dfrac{21}{8} = \dfrac{17 \times 7}{11 \times 8} = \dfrac{119}{88}$

ところで, 次の【例】の分数 ÷ 分数 (これを<ruby>繁分数<rt>はん</rt></ruby>という) は, 分数と分数の割り算で, 掛け算に直して計算すればよい.

【例】　$\dfrac{4/5}{2/3} = \dfrac{4}{5} \div \dfrac{2}{3} = \dfrac{4}{5} \times \dfrac{3}{2} = \dfrac{2 \times 3}{5 \times 1} = \dfrac{6}{5}$

1.5　数の表し方

1.5.1　近似値と真の値

真の値に近い値を**近似値**といい, 記号 (≒) で表す. 都市の人口など大きな数を表すのに使われる概数も近似値の一種である.

【例】　① **四捨五入**　　たとえば, 5.38 の小数第 2 位を四捨五入した 5.4 は, 真の値 5.38 の近似値である.

② **切り捨て**　　たとえば, $\sqrt{2} = 1.41421356\cdots$ を 1.414 とした値は $\sqrt{2}$ の近似値である.

③ **測定値**　　測定器具の指示値の単位未満を四捨五入した値のことで, 測定する人の視誤差によっても違いがある.

1.5.2　誤差と誤差の限界

(1)　誤差とは

誤差は, **誤差 =(近似値) − (真の値)** で表され, | 誤差 | が小さいほど真の値に近いことを意味する.

(2)　誤差の限界とは

真の値はわからないものが多い. そこで, 誤差の代わりに近似値と真の値の差が超えない値の範囲を考え, この最大値を**誤差の限界** (または, **誤差の範囲**) という.

一般に真の値をとる範囲を**不等式**で表す.

【例】　ある数 x を四捨五入して 4.35 になったとき, x の値 (真の値) は

$$4.345 \leq x < 4.355 \text{ の範囲にある. これは}$$

(近似値)　　　　　　　　(近似値)

$$4.35 - 0.005 \leq x < 4.35 + 0.005$$

　　　　　　　　(真の値)

または, $x = 4.35 \pm 0.005$ ということから, 誤差の限界は 0.005 である.

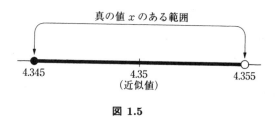

真の値 x のある範囲

4.345　　　　　4.35　　　　　4.355
　　　　　　　(近似値)

図 1.5

1.5.3　絶対誤差と相対誤差

(1)　絶対誤差とは

誤差は正, 負の値があるから, これを絶対値で表したものを**絶対誤差**といい, 近似値の確からしさを表す.

絶対誤差 = | 真の値 − 近似値 |

(2)　相対誤差とは

相対誤差は次のように表す. これは近似値の詳しさを意味する.

$$相対誤差 = \frac{|誤差|}{真の値} \times 100 \ [\%] \quad または \quad \frac{誤差の限界}{近似値} \times 100 \ [\%]$$

1.5.4 有効数字とその表し方

近似値や測定値を表す数値のうちで，意味をもった信頼できる数字を**有効数字**という．近似値や測定値の数字のうちで，有効数字がどれかをはっきりさせるために，一般に，$a \times 10^n$ ($1 \leq a < 10$，n は整数) の形で表す．

【例】 ある人の身長を測定して 170 cm とした場合

① 1 cm 未満を四捨五入したとき
有効数字は 1, 7, 0 であるから 1.70×10^2 cm で表す．

② 10cm 未満を四捨五入したとき
有効数字は 1, 7 であるから 1.7×10^2 cm で表す．

1.5.5 近似値の計算

(1) 近似値の加法・減法
有効数字の末位の最も高い位にそろえてから計算する．

【例】 二つの近似値 36.5 と 8.12 の足し算を考えてみよう．
36.5······ 有効数字が小数第 1 位までであるので，小数 1 位までが信頼できる．
8.12······ 有効数字が小数第 2 位までであるので，小数 2 位までが信頼できる．

したがって，$36.5 + 8.12 = 44.62$ の足し算をしても，答えの末位の数字に信頼がおけない．36.5 の小数第 2 位に誤差が含まれていることから，まずは，8.12 の小数第 2 位を四捨五入して 8.1 として，$36.5 + 8.1 = 44.6$ と計算する．

(2) 近似値の乗法・除法
有効数字の少ないほうに，答えも同じけた数にそろえてから計算する．

【例】 二つの近似値 2.6 と 7.15 の掛け算について考えてみよう．
これをそのまま計算すると，$2.6 \times 7.15 = 18.59$ となるが，2.6 の真の値を x，7.15 の真の値を y とすると，真の値の範囲は，$2.55 \leq x < 2.65$，$7.145 \leq y < 7.155$ であるから，$2.55 \times 7.145 \leq xy < 2.65 \times 7.155$

　したがって, 積の真の値の範囲は $18.21975 \leqq xy < 18.96075$ である. この不等式の両端の数を比較すると, 上から 2 けた目までが同じ数字であるから, 積の有効数字は 2 けたである.

　すなわち, $2.6 \times 7.2 = 18.72$, 小数第 1 を四捨五入して, 有効数字を 2 けたにすると, 答えは 19 となる.

【例題 10】　　次の真の値の範囲についての問いに答えよ.

　(1)　　6.325 について, 次に示した位で四捨五入せよ.

　　　①　小数第 3 位　　　②　小数第 2 位　　　③　小数第 1 位

　(2)　四捨五入して 3.2 となる数 x (真の値) はどんな範囲の数か.

　(3)　切り上げして 3.2 となる数 x (真の値) はどんな範囲の数か.

【解答】

　(1)　①　6.3<u>25</u> で小数第 3 位を切り上げて　6.33 となる.

　　　②　6.3<u>25</u> で小数第 2 位を切り捨てて　6.3 となる.

　　　③　6.<u>325</u> で小数第 1 位を切り捨てて　6 となる.

　(2)　四捨五入して真の値 x のある範囲は
　　　$3.2 - 0.05 \leqq x < 3.2 + 0.05$ より $3.15 \leqq x < 3.25$ となる.

　(3)　切り上げして真の値 x のある範囲は
　　　$3.2 - 0.1 < x \leqq 3.2$ より　$3.1 < x \leqq 3.2$ となる.

【例題 11】　　A 君は電圧計で 100 V の電圧を 102 V と測定し, 一方, B 君は 200 V の電圧を 197 V と測定した. どちらの測定が精密であるといえるか.

【解答】

A 君の相対誤差　$= \dfrac{|102 - 100|}{100} \times 100 = 2 \ [\%]$

B 君の相対誤差　$= \dfrac{|197 - 200|}{200} \times 100 = 1.5 \ [\%]$

この結果から, B 君の相対誤差 < A 君の相対誤差となる.
したがって, B 君のほうが精密な測定である.

【**例題 12**】　次のそれぞれの近似値の計算をせよ.

(1)　$9.45 + 12.7 + 0.613$　　(2)　$762.3 - 54.21$

(3)　3.1 m -172 cm　　(4)　308×3.2

(5)　$39.6 \div 32$　　(6)　$(5.36 \times 10^3) + (2.74 \times 10^2)$

【**解答**】

(1)　三つの数値の中で, 有効数字の位の高いものは, 12.7 (小数第 1 位), したがって, 他の数値の小数第 1 位未満を四捨五入して足し算をすればよい.

$$9.45 \to 9.5, \qquad 0.613 \to 0.6 \qquad \therefore \quad 9.5 + 12.7 + 0.6 = \mathbf{22.8}$$

(2)　引き算も, (1) の足し算と同様にして計算すると

$$762.3 - 54.2 = \mathbf{708.1}$$

(3)　まず, 単位が異なっているから単位をそろえる.

$$172 \text{cm} = 1.72 \text{m} \qquad \therefore \quad 3.1 - 1.7 = \mathbf{1.4} \text{m}$$

(4)　308 の有効数字は 3 けた, 3.2 の有効数字は 2 けた, したがって, 少ないほうの 2 けたにそろえて計算すると $310 \times 3.2 = 992$, 答えも有効数字 2 けたにすると

$$99\underline{2} \to \mathbf{990}$$

(5)　割り算も, (4) の掛け算と同様に行うと　$40 \div 32 = 1.25$, 有効数字 2 けたにすると,　　$1.\underline{2}5 = \mathbf{1.3}$

(6)　$5.36 \times 10^3 = 5360$ (有効数字は 5, 3, 6), $2.74 \times 10^2 = 274$ (有効数字は 2, 7, 4) で, 有効数字の末位の高いほうは 5360(10 位), したがって, 10 位未満を四捨五入して

$$27\underline{4} \to 270 \qquad \therefore \quad 5360 + 270 = \mathbf{5.63 \times 10^3}$$

数学が
つかめてきたワ。

第1章　練習問題

1　次の計算をせよ．　　　[注] 加減より乗除を先に計算する．

(1)　$(-8) + (-36) \div (-6)$

(2)　$7 - (-2) \times 5 - 6$

(3)　$(-3) \times (-5) - (-24) \div 2$

(4)　$(-12) - (-6) \times (-3) - (-24) \div (-8)$

2　次の計算をせよ．　　　[注] 加減乗除より累乗を先に計算する．

(1)　$(-2)^3 \times 5 + 4^2 \div 8$

(2)　$18 - (-3)^2 \times (-2^2)$

(3)　$5 \times (-6) \div (-3) - (-2)^3$

(4)　$8 - (-4)^3 \div (-2)^4 + (-6) \times (-2)$

3　次の計算をせよ．　　　[注]・カッコのある式は, カッコの中から計算する.
　　　　　　　　　　　　　　　　・帯分数は仮分数になおしてから計算する.

(1)　$10 - 6 \div \left(-\dfrac{2}{3} \right)$

(2)　$\dfrac{4}{3} \div \left(-\dfrac{1}{6} \right) \times \dfrac{3}{2} - 2 \times (-3)$

(3)　$1.8 \times 1\dfrac{2}{3} - \left(\dfrac{4}{6} - \dfrac{5}{4} \right) \div \dfrac{1}{2}$

(4)　$(-2)^4 - \left(2\dfrac{1}{2} \right) \div 1\dfrac{1}{4} - (-2^2)$

4　次の $\boxed{}$ の中に, あてはまる数を求めよ．　　　[注] カッコの中を先に計算すること.

(1)　$\left(-\dfrac{2}{3} \right) \times \left(\dfrac{5}{8} - \boxed{} \right) \div \left(-\dfrac{5}{36} \right) = 1\dfrac{2}{5}$

(2)　$9^3 \times 3^4 = 3^{\boxed{}} \times 3^4 = 3^{\boxed{}}$

(3)　$\left(2\dfrac{1}{5} \times 0.5 + \dfrac{5}{7} \div \dfrac{2}{3} \right) \times \boxed{} - \left\{ 2\dfrac{1}{3} - (-5) \right\} \div \dfrac{2}{3} = -3\dfrac{2}{5}$

5　次の計算をせよ．　　　[注] (1) は分母, 分子を別々に,　(2) は下から順にそれぞれ計算する.

(1) $\dfrac{\dfrac{3}{5} - 2}{1 - \dfrac{1}{5}}$ (2) $\dfrac{1}{1 - \dfrac{1}{1 - \dfrac{3}{4}}}$

6 次の測定値について，誤差の限界，真の値のある範囲 x を求めよ．
[注] 四捨五入による誤差の絶対値は末位の $\dfrac{1}{2}$ 以下である．
(1) 1800 kg (有効数字 2 けた)
(2) 6.40×10^3 m
(3) $7.19 \times \dfrac{1}{10^2}$ g

7 次の数の有効数字をいえ．また，有効数字がはっきりするように表現せよ．
[注] 位取りを表す 0 は有効数字でないことに注意．
(1) 8600 m^2 (有効数字 3 けた) (3) 0.0203 g
(2) 15.00 m (4) 4.90×10^3 km

8 次の場合の近似値の誤差を求めよ． [注] 誤差は絶対値で表す．
(1) ある町の人口は 12357 人である．これを 100 人未満を四捨五入したとき
(2) $\dfrac{1}{16}$ を 0.0620 としたとき
(3) 6.2835 の小数第 3 位未満を切り上げたとき

9 次の測定値の計算をせよ． [注] 加減は有効数字の位をそろえ，乗除はけた数をそろえる．
(1) $9.35 + 13.2$
(2) $53.2 - 9.374$
(3) 351×4.7
(4) $398 \div 0.12$
(5) $36.48 + 23.6 - 5.736 + 383.4$
(6) $(8.23 \times 10^3) \times (1.5 \times 10^2)$
(7) $(3.9 \times 10^4) \div (1.16 \times 10^3)$

10 次の近似値の計算をせよ．
(1) 縦が 8.5 m，横が 16.3 m の長方形の土地がある．周囲の長さと面積を求めよ．
(2) 半径が 1.68×10^2 cm の円の周の長さと面積を求めよ．

第1章　練習問題【解答】

1 (1)　与式 $= (-8) + (6) = -2$
   (2)　与式 $= 7 - (-10) - 6 = 11$
   (3)　与式 $= (15) - (-12) = 27$
   (4)　与式 $= (-12) - (18) - (3) = -33$

2 (1)　与式 $= (-8 \times 5) + (16 \div 8) = -40 + 2 = -38$
   (2)　与式 $= (18) - \{9 \times (-4)\} = 18 - \{-36\} = 54$
   (3)　与式 $= (-30) \div (-3) - (-8) = 10 + 8 = 18$
   (4)　与式 $= 8 - (-64) \div 16 + 12 = 8 - (-4) + 12 = 24$

3 (1)　与式 $= 10 - 6 \times \left(-\dfrac{3}{2}\right) = 10 - (-9) = 19$

   (2)　与式 $= \dfrac{4}{3} \times (-6) \times \dfrac{3}{2} + 6 = -8 \times \dfrac{3}{2} + 6 = -12 + 6 = -6$

   (3)　与式 $= 1.8 \times \dfrac{5}{3} - \left(\dfrac{8-15}{12}\right) \times 2 = 3 - \left(-\dfrac{7}{12}\right) \times 2 = 3 + \dfrac{7}{6} = \dfrac{25}{6}$

   (4)　与式 $= 16 - \left(\dfrac{5}{2}\right) \times \dfrac{4}{5} - (-4) = 16 - 2 + 4 = 18$

4 (1)　$\left(-\dfrac{5}{12} + \dfrac{2}{3}x\right) \times \left(-\dfrac{36}{5}\right) = \dfrac{7}{5}$

     $-\dfrac{5}{12} + \dfrac{2}{3}x = \dfrac{7}{5} \times \left(-\dfrac{5}{36}\right)$ $\therefore$ $x = \dfrac{1}{3}$ **答** $\boxed{\dfrac{1}{3}}$

   (2)　$(3^2)^3 \times 3^4 = 3^{\boxed{2 \times 3}} \times 3^4 = 3^{\boxed{6}} \times 3^4 = 3^{\boxed{6+4}} = 3^{\boxed{10}}$

   (3)　$\left(\dfrac{11}{5} \times 0.5 + \dfrac{5}{7} \times \dfrac{3}{2}\right) \times x - \left(\dfrac{7}{3} + 5\right) \times \dfrac{3}{2} = -\dfrac{17}{5}$

     $\dfrac{152}{70}x = -\dfrac{17}{5} + \dfrac{55}{5}$ $\therefore$ $x = 3\dfrac{1}{2}$ **答** $\boxed{3\dfrac{1}{2}}$

5 (1)　分子 $= \dfrac{3}{5} - 2 = -\dfrac{7}{5},$ 分母 $= 1 - \dfrac{1}{5} = \dfrac{4}{5}$ より

     $\therefore$ 式 $= -\dfrac{7}{5} \div \dfrac{4}{5} = -\dfrac{7}{5} \times \dfrac{5}{4} = -\dfrac{7}{4}$

   (2)　式 $= \dfrac{1}{1 - \dfrac{1}{1 - \dfrac{1}{4}}} = \dfrac{1}{1 - 1 \times \dfrac{4}{1}} = \dfrac{1}{1 - 4} = -\dfrac{1}{3}$

6 (1) 50 kg, 1750 kg $\leqq x <$ 1850 kg

(2) 5 m, 6395 m $\leqq x <$ 6405 m

(3) 有効数字は 7, 1, 9 であるから 0.0719, これを小数第 4 位（0.0001）未満四捨五入すると, 誤差の限界は 0.00005 g.
また真の値の範囲は 0.07185 $\leqq x <$ 0.07195

7 (1) 8, 6, 0　8.60×10^3 m^2

(2) 1, 5, 0, 0　1.500×10 m

(3) 2, 0, 3　2.03×10^{-2} g

(4) 4, 9, 0　4.90×10^3 km

8 (1) $|12400 - 12357| = 43$ 人

(2) $|0.0625 - 0.0620| = 0.0005$

(3) $|6.284 - 6.2835| = 0.0005$

9 (1)
$$\begin{array}{r} 9.4 \\ +\ 13.2 \\ \hline 22.6 \end{array}$$
　　答　22.6

(2)
$$\begin{array}{r} 53.2 \\ -\ 9.4 \\ \hline 43.8 \end{array}$$
　　答　43.8

(3)
$$\begin{array}{r} 350 \\ \times\ 4.7 \\ \hline 1645 \end{array}$$
　　答　1600

(4) $400 \div 0.12$
$$12 \overline{)40000} \quad 3333.33\cdots$$
　　答　3300

(5)
$$\begin{array}{r} 36.5 \\ +\ 23.6 \\ -\ 5.7 \\ +\ 383.4 \\ \hline 437.8 \end{array}$$
　　答　437.8

(6) $(8.2 \times 10^3) \times (1.5 \times 10^2)$
$= 1.23 \times 10^6$　答　1.2×10^6

(7) $(3.9 \times 10^4) \div (1.2 \times 10^3)$
$= 3.\underline{25} \times 10 = 3.3 \times 10$
　　答　3.3×10

10 (1) 周囲の長さ　$8.5 + 8.5 + 16.3 + 16.3 = 49.6$ m
　　　面積　$8.5 \times 16 = 13\underline{6} = 140$m^2

(2) 周囲の長さ　$2 \times 3.14 \times 1.68 \times 10^2 = 10\underline{55} = 1060$ cm
　　面積　$3.14 \times 1.68 \times 10^2 \times 1.68 \times 10^2 = 88623.36$
　　　$= 8.862\underline{336} \times 10^4 = 8.86 \times 10^4$ cm^2

第2章　式の計算

　第1章では，数学の基本である数の計算方法を学んだ．一般に，数や量を文字で表現し，それらの間を式で表現して考える機会が多い．そこで，本章では，さらに一歩進めて文字を含んだ式の基本的な計算方法を中心に学習しよう．

2.1　整式の計算

2.1.1　整式とその関係用語

(1)　単項式

　いくつかの数と文字の積で表された式を**単項式**という．

　【例】　$3a$, $\dfrac{1}{2}x$, $-5ax^2$, b^2xy^3, 6 などは単項式である．

(2)　単項式の係数と次数

　単項式のうち，着目した文字以外の部分 (文字と考えないで数と考える) を**係数**といい，着目した文字の数を**次数**という．

　【例】　$6ax^2y \rightarrow 6 \times a \times x \times x \times y$ では，係数と次数は着目のし
　　　　　(単項式)　(数)　(文字)(文字)(文字)(文字)

かたによって次のように異なる．

着目のしかた	係　数	次　数	参　考
①　　　x	$6ay$	2	$(6ay)x^2$
②　　x, y	$6a$	3	$(6a)x^2y$
③　指定なし	6	4	$(6)ax^2y$

(3)　多項式と項

　二つ以上の単項式が ＋ や － の記号でつながれた式を**多項式**という．このとき，多項式を構成する単項式を**項**という．

　【例】　$3xy + 2$,　$7a + 2b - 3c$,　$ax^2 + bx + c$ などは多項式である．

(4) 同類項

多項式の項のうち, 着目した文字の部分が同じ項を**同類項**という. 同類項は一つにまとめることができる. これを同類項を**簡約する**, または**整理する**という.

【例】　　$6x^2y - 2xy^2 - 3x^2y + xy^2$ を簡約 (整理) するには, 同類項を集め, 次の分配法則を利用する.

$$\boxed{\textbf{分配法則}\quad ab + ac = (b + c)a}$$

すなわち, $(6 - 3)x^2y + (-2 + 1)xy^2 = \boldsymbol{3x^2y - xy^2}$

(5) 整　式

単項式と多項式を合わせて**整式**といい, 多項式は整式と同じ意味にも使用される.

(6) 整式の整理

多項式を着目した文字について, 次数の高い項から低い項へ並べることを**降べきの順**, また, 次数の低い項から高い項へ並べることを**昇べきの順**という. ふつう, 降べき順を使用する. このように次数の順に整理すると, 整式の取扱いが便利になる.

【例】　　$x^3 - 5x^2 + 3x + 8$　　は降べきの順

　　　　　　$8 + 3x - 5x^2 + x^3$　　は昇べきの順

(7) 整式の次数

ある整式で, 最高次の項の次数が n であるとき, この整式を **n 次式**という. ここで, 次数が 0 の項 (着目した文字を含まない項) を**定数項**という.

【例題 1】　　次の式の同類項をまとめて簡単にせよ.

　　(1)　$a - 3a + 8a$

　　(2)　$-x^2 + 7x - 3 + 5x^2 - 2x - 8$

　　(3)　$2ab - 4bc + 9ca - bc + 8ab - 7ca$

【解答】

(1)　与式 $= (1 - 3 + 8)a = 6a$

(2)　与式 $= -x^2 + 5x^2 + 7x - 2x - 3 - 8 = (-1 + 5)x^2 + (7 - 2)x + (-3 - 8)$

　　　$= 4x^2 + 5x - 11$

(3)　与式 $= 2ab + 8ab - 4bc - bc + 9ca - 7ca$

　　　$= (2 + 8)ab + (-4 - 1)bc + (9 - 7)ca = 10ab - 5bc + 2ca$

【例題 2】 { } 内の文字に着目するとき, (1), (2) の単項式の係数と次数をいえ. また, (3), (4) の多項式は何次何項式で定数項はどれか.

$$(1) \quad aabx^2 \quad \{x\}$$
$$(2) \quad -8xyz^2 \quad \{y\}, \{yz\}$$
$$(3) \quad ax^3 + bx^2 + cx + d \quad \{x\}$$
$$(4) \quad a^3 + 2a^2b + 6b^2 \quad \{a\}, \{b\}$$

【解答】

(1) 係数 aab, 次数 2

(2) y に着目するとき, 係数 $-8xz^2$, 次数 1
yz に着目するとき, 係数 $-8x$, 次数 3

(3) 3 次 4 項式, 定数項 d

(4) a に着目するとき, 3 次 3 項式, 定数項 $6b^2$
b に着目するとき, 2 次 3 項式, 定数項 a^3

【例題 3】 次の多項式を, x について降べきの順に整理せよ. また, x に着目するとき, 何次何項式か. それに定数項を示せ.

$$(1) \quad 2x^3 - 5x + 9 - 3x^2$$
$$(2) \quad 7x^2 + 4xy + 5y^2 - x - 6y + 3$$

【解答】
(1) 与式 $= 2x^3 - 3x^2 - 5x + 9$ (降べき順), 3 次 4 項式, 定数項 9
(2) 与式 $= 7x^2 + 4xy - x + 5y^2 - 6y + 3$
$= 7x^2 + (4y-1)x + (5y^2 - 6y + 3)$ (降べき順)
2 次 3 項式, 定数項 $5y^2 - 6y + 3$

2.1.2 整式の加法・減法

整式の加法については, 次の法則が成り立つ.

$$\boxed{\begin{array}{l} \textbf{整式の加法} \\ \text{①} \quad \textbf{交換法則} \quad A + B = B + A \\ \text{②} \quad \textbf{結合法則} \quad A + (B + C) = (A + B) + C \end{array}}$$

(1) 加法 (足し算)

カッコをはずして同類項をまとめ, 降べきの順に整理する.

【例】
$$(3x^2 - 5x + 6) + (x^2 - 2x - 7)$$
$$= 3x^2 - 5x + 6 + x^2 - 2x - 7$$
$$= 3x^2 + x^2 - 5x - 2x + 6 - 7$$
$$= 4x^2 - 7x - 1$$

(2) 減法 (引き算)

引く式の各項の符号を反対にしてから加え, さらに, 降べきの順に整理する.

【例】
$$(3x^2 - 5x + 6) - (x^2 - 2x - 7)$$
$$= 3x^2 - 5x + 6 - x^2 + 2x + 7$$
$$= 3x^2 - x^2 - 5x + 2x + 6 + 7$$
$$= 2x^2 - 3x + 13$$

2.1.3 整式の乗法

(1) 単項式 × 単項式

係数は係数どうし, 文字は文字どうしを分けて掛け, アルファベット順に整理する. このとき, 次の指数の法則を使用する.

$$\boxed{\begin{array}{l} \textbf{指数計算の法則 (1)} \\ a^m \times a^n = a^{m+n} \qquad (a^m)^n = a^{mn} \qquad (ab)^m = a^m b^m \end{array}}$$

【例】
$$(2ax^2) \times (-3bx^3) = 2 \times (-3) \times a \times b \times x^{2+3}$$
$$= -6abx^5$$

(2) 多項式 × 単項式

次の分配則を利用する.

分配法則

分配法則　$a(b + c + d) = ab + ac + ad$

　多項式の各項に単項式をそれぞれ掛け, カッコをはずす. このように, 単項式の和の形に表すことを**展開する**という. 次に, アルファベット順, 高次数の順に整理する.

【例】
$$(2x^2 - 3xy + y^2) \times (-4xy)$$
$$= 2x^2 \times (-4xy) + (-3xy) \times (-4xy) + y^2 \times (-4xy)$$
$$= -8x^3y + 12x^2y^2 - 4xy^3$$

(3) 多項式 × 多項式

多項式の積のカッコをはずして単項式の和の形にする (展開する).

式を展開するには, 次の乗法公式を適切に利用するとよい.

乗法の公式

①　$(x + a)(x + b) = x^2 + (a + b)x + ab$ ‥‥‥ **1次式の積の公式**

②　$(a + b)^2 = a^2 + 2ab + b^2$ ‥‥‥‥‥‥‥‥ **和の2乗の公式**

③　$(a - b)^2 = a^2 - 2ab + b^2$ ‥‥‥‥‥‥‥‥ **差の2乗の公式**

④　$(a + b)(a - b) = a^2 - b^2$ ‥‥‥‥‥‥‥‥ **和と差の積の公式**

⑤　$(ax + b)(cx + d) = acx^2 + (ad + bc)x + bd$

⑥　$(a + b)^3 = a^3 + 3a^2b + 3ab^2 + b^3$

⑦　$(a - b)^3 = a^3 - 3a^2b + 3ab^2 - b^3$

⑧　$(a + b)(a^2 - ab + b^2) = a^3 + b^3$

⑨　$(a - b)(a^2 + ab + b^2) = a^3 - b^3$

【例】　乗法公式 ⑤ を利用して

$$(2x - y)(x + 5y) = 2x^2 + 10xy - xy - 5y^2$$
$$= 2x^2 + 9xy - 5y^2$$

2.1.4　整式の除法

(1)　単項式 ÷ 単項式

数は数どうし, 文字については文字どうしで割り算を行う. それぞれの文字については, 次の指数の法則を利用して計算する.

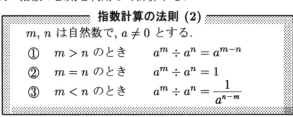

【例】　$6a^4b^2cd^3 \div 3a^2bcd^2$ の計算は割る式の逆数をとり, 分数に直してから約分する.

$$\frac{6a^4b^2cd^3}{3a^2bcd^2} = \frac{6}{3} \times \frac{a^4}{a^2} \times \frac{b^2}{b} \times \frac{c}{c} \times \frac{d^3}{d^2} = 2 \times a^{4-2} \times b^{2-1} \times c^{1-1} \times d^{3-2}$$
$$= 2a^2bd$$

＜ｐｐｍ のお話し＞

　大気汚染や水質汚濁などの公害防止の一つとして, 自動車の排気ガスの中に含まれる一酸化炭素や炭化水素など, 有害な物質の量を一定以下になるように規制されている. この量を表すものに, ppm (part per million の略で百万分率という) がある. 1 ppm は 100 万分の 1 に相当する. これを指数で表すと

$$1\ \text{ppm} = \frac{1}{1\,000\,000} = \frac{1}{10^6} = 10^{-6}$$

になる. なお, 参考までに公害対策基本法による基準量の一例を右表に示す.

不純物	基準量（質量）
カドミウム	0.01ppm以下
六価クロム	0.05ppm以下
鉛	0.1ppm以下

---

(2)　多項式 ÷ 単項式

多項式の各項をそれぞれ単項式で割る.

【例】 $(5a^2bc + 15ab^2c - 20abc^2) \div (-5abc)$

$(5a^2bc + 15ab^2c - 20abc^2) \times \dfrac{1}{(-5abc)}$　　… 分配法則

$= -\dfrac{5a^2bc}{5abc} - \dfrac{15ab^2c}{5abc} + \dfrac{20abc^2}{5abc} = \boldsymbol{-a - 3b + 4c}$

(3) 多項式 ÷ 多項式

二つの多項式を降べき順に並べかえ，[例] のように算数の割り算と同じ縦書きの方法で計算する．このとき，抜けている次数の項はあけておく．

【例】 $(9x^2 + 15 - 2x + 2x^3) \div (5 + x)$

$$
\begin{array}{r}
2x^2 - x + 3 \\
x + 5 \,\overline{)\, 2x^3 + 9x^2 - 2x + 15} \\
2x^3 + 10x^2 \\
\hline
-x^2 - 2x \\
-x^2 - 5x \\
\hline
3x + 15 \\
3x + 15 \\
\hline
0
\end{array}
$$

高次の順
から順に
0 になる
ように割っていく

答　商　$2x^2 - x + 3$,　余り　0

【例】 $(4a^2 + 5a - 6) \div (a - 2)$

$$
\begin{array}{r}
4a + 13 \\
a - 2 \,\overline{)\, 4a^2 + 5a - 6} \\
4a^2 - 8a \\
\hline
13a - 6 \\
13a - 26 \\
\hline
20
\end{array}
$$

答　商　$4x + 13$,　余り　20

【例題 4】　次の二つの整式の和を求めよ．また，第 1 式から第 2 式を引け．

$$4x^2 + 7x - 9, \qquad -x^2 + 2x + 11$$

【解答】

和　$(4x^2 + 7x - 9) + (-x^2 + 2x + 11) = 4x^2 + 7x - 9 - x^2 + 2x + 11$

　　$= 4x^2 - x^2 + 7x + 2x - 9 + 11 = \mathbf{3x^2 + 9x + 2}$

差　$(4x^2 + 7x - 9) - (-x^2 + 2x + 11) = 4x^2 + 7x - 9 + x^2 - 2x - 11$

　　$= 4x^2 + x^2 + 7x - 2x - 9 - 11 = \mathbf{5x^2 + 5x - 20}$

【例題 5】　次の計算をせよ.

(1)　$(-a^4)^3 \times a^2$　　　　(2)　$(2x^2y)^3 \times (-x^2) \times (-y)^2$

(3)　$3abc(a - 5b + 4c)$　　　(4)　$(2x^2 - 3x + 1)(4x - 1)$

【解答】

(1)　与式 $= (-1)^3 \times a^{4\times3} \times a^2 = -a^{12+2} = \mathbf{-a^{14}}$

(2)　与式 $= 2^3 \times x^{2\times3} \times y^3 \times (-x^2) \times (-1)^2 y^2$

　　　$= 8x^6y^3 \times (-x^2) \times y^2 = -8x^{6+2}y^{3+2} = \mathbf{-8x^8y^5}$

(3)　与式 $= 3abc \times a - 3abc \times (-5b) + 3abc \times 4c$

　　　$= \mathbf{3a^2bc + 15ab^2c + 12abc^2}$

(4)　与式 $= 8x^3 - 12x^2 + 4x - 2x^2 + 3x - 1$

　　　$= 8x^3 - 12x^2 - 2x^2 + 4x + 3x - 1 = \mathbf{8x^3 - 14x^2 + 7x - 1}$

【例題 6】　次の式を展開せよ.

(1)　$(2a + b)^2$　　　　　(2)　$(x + 2)(x - 3)$

(3)　$(6m - 2)(3m + 1)$　　(4)　$(x^2 + 3y)(x^2 - 3y)$

(5)　$(3a - b)^3$　　　　　(6)　$(x + y + 4)^2$

(7)　$(a + b + c)(a + b - c)$　(8)　$(a + 3b)^3(a - 3b)^3$

【解答】

式を展開するには, すでに扱った乗法の公式を利用すると便利である.

(1)　与式 $= (2a)^2 + 2(2a)b + b^2 = \mathbf{4a^2 + 4ab + b^2}$

(2)　与式 $= x^2 + (2 - 3)x - 2 \times 3 = \mathbf{x^2 - x - 6}$

(3) 　与式 $= 6 \times 3m^2 + (6 \times 1 - 2 \times 3)m - 2 \times 1 = \boldsymbol{18m^2 - 2}$

(4) 　与式 $= (x^2)^2 - (3y)^2 = \boldsymbol{x^4 - 9y^2}$

(5) 　与式 $= (3a)^3 - 3(3a)^2 b + 3 \times 3a \times b^2 - b^3$

$$= \boldsymbol{27a^3 - 27a^2 b + 9ab^2 - b^3}$$

(6) 　与式 $= (x+y)^2 + 8(x+y) + 4^2 = \boldsymbol{x^2 + 2xy + y^2 + 8x + 8y + 16}$

　　[注]　$x + y = X$ とおくと，$(X+4)^2$ になる．

(7) 　与式 $= (a+b)^2 - c^2 = a^2 + 2ab + b^2 - c^2$

　　[注]　$a + b = X$ とおくと，$(X+c)(X-c)$ になる．

(8) 　与式 $= \{(a+3b)(a-3b)\}^3 = (a^2 - 9b^2)^3$

$$= a^6 - 3(a^2)^2 \times (9b^2) + 3 \times a^2 (9b^2)^2 - (9b^2)^3$$

$$= \boldsymbol{a^6 - 27a^4 b^2 + 243a^2 b^4 - 729b^6}$$

【例題 7】　次の式を簡単にせよ．

(1) 　$x^5 \div x^2$ 　　　(2) 　$x^3 \div x^3$ 　　　(3) 　$x^7 \div x^{10}$

(4) 　$-24a^4 b^3 \div 6a^2 b$ 　　　(5) 　$(-2x^2 yz)^3 \div (-x^3 yz^2)^2$

(6) 　$15abc \times 8a \div 3ab$ 　　　(7) 　$8xy \div 6x \times 15y$

(8) 　$(3a^3 b - 4a^2 b^2 - 6ab^3) \div (-2ab)$

(9) 　$(6x^2 + 17x + 12) \div (2x + 3)$

【解答】

(1) 　与式 $= x^{5-2} = \boldsymbol{x^3}$

(2) 　与式 $= x^{3-3} = x^0 = \boldsymbol{1}$

(3) 　与式 $= \dfrac{1}{x^{10-7}} = \dfrac{\boldsymbol{1}}{\boldsymbol{x^3}}$

(4) 　与式 $= \dfrac{-24a^4 b^3}{6a^2 b} = -\dfrac{24}{6} \times \dfrac{a^4}{a^2} \times \dfrac{b^3}{b} = -4 \times a^{4-2} \times b^{3-1} = \boldsymbol{-4a^2 b^2}$

(5) 　与式 $= \dfrac{-8x^6 y^3 z^3}{x^6 y^2 z^4} = -8 \times y^{3-2} \times \dfrac{1}{z^{4-3}} = -8y \times \dfrac{1}{z} = -\dfrac{\boldsymbol{8y}}{\boldsymbol{z}}$

(6) 　与式 $= \dfrac{15abc \times 8a}{3ab} = 5c \times 8a = \boldsymbol{40ac}$

(7) 　与式 $= \dfrac{8xy \times 15y}{6x} = \dfrac{4y \times 15y}{3} = \boldsymbol{20y^2}$

(8) 　与式 $= (3a^3 b - 4a^2 b^2 - 6ab^3) \times \dfrac{1}{(-2ab)} = -\dfrac{3a^3 b}{2ab} + \dfrac{4a^2 b^2}{2ab} + \dfrac{6ab^3}{2ab}$

$$=-\frac{3}{2}a^2 + 2ab + 3b^2$$

(9)

$$
\begin{array}{r}
3x + 4 \\
2x+3\,)\overline{6x^2 + 17x + 12} \\
\underline{6x^2 + 9x} \\
8x + 12 \\
\underline{8x + 12} \\
0
\end{array}
$$

答　商　$3x+4$,　余り　0

2.2　因数分解

2.2.1　因数分解とは

　乗法公式を逆に使用すると, 整式を二つ以上の整式の積の形に変形することができる. このように, 掛け合わされた整式をそれぞれ**因数**といい, 因数の積に直す変形を**因数分解**という.

$$
\begin{array}{c}
\text{乗法公式} \\
x^2 - x - 6 \;\; \begin{array}{c}\text{因数分解}\\ \rightleftarrows \\ \text{展開}\end{array} \;\; \overbrace{(x+2)(x-3)} \\
\text{因数}\quad\text{因数} \\
\text{因数 × 因数 = 整式}
\end{array}
$$

　因数分解は, 方程式を解いたり, 分数式を計算するときなどに利用される手段である.
　【例】　$x^2 - 4y^2 = (x+2y)(x-2y)$ のように, 因数分解は式の展開の逆算である. したがって, これまで学習した乗法公式を逆向きに使用すればよい.

2.2.2　因数分解の手順

　因数分解は, 式の展開の逆算であるから, これまでに学んだ乗法公式 (31頁参照) を逆向きに使用する.

```
┌──────────── 因数分解の手順 ───────────┐
│ ① 共通な因数があれば,それをくくりだす.                │
│ ② 適当な式を一つの文字に置き換えてみる.             │
│ ③ 一つの文字について,式を整理してみる.その場合,次数 │
│    の最も低い文字に着目するとよい.                  │
│ ④ 因数分解の公式を利用する.                       │
└──────────────────────────────┘
```

2.2.3 基本的な因数分解の手法

(1) 共通な因数をくくり出す.

【例】　$a^4b + 3a^3b^2 - 4a^2b^3 = a^2b(a^2 + 3ab - 4b^2)$

(2) 適当な式を一つの文字に置き換える.

【例】　$(x+a)^2 - 3(x+a) - 10$ を因数分解するには, $x+a = A$ とおくと

$A^2 - 3A - 10 = (A+2)(A-5) = (x+a+2)(x+a-5)$

(3) 次数の低い文字で整理する.

【例】

$$x^2y - x + 1 - xy = x^2y - xy - (x-1)$$
$$= xy(x-1) - (x-1)$$
$$= (x-1)(xy-1)$$

(4) 因数分解の公式を利用する.

```
┌──────────── 因数分解の公式 ───────────┐
│                                       │
│ ① $ma + mb = m(a+b)$ ········ 共通因数でくくる  │
│                                       │
│ ② $a^2 + 2ab + b^2 = (a+b)^2$ ······ 和の平方  │
│ 【例】 $x^2 + 6x + 9 = (x+3)^2$         │
│                                       │
│ ③ $a^2 - 2ab + b^2 = (a-b)^2$ ······ 差の平方  │
│ 【例】 $x^2 - 4x + 4 = (x-2)^2$         │
│                                       │
│ ④ $a^2 - b^2 = (a+b)(a-b)$ ······ 和と差の平方 │
│ 【例】 $9x^2 - 4y^2 = (3x+2y)(3x-2y)$    │
│                                       │
│ ⑤ $x^2 + (a+b)x + ab = (x+a)(x+b)$     │
│ 【例】 $x^2 + 8x + 15 = x^2 + (3+5)x + 3 \times 5 = (x+3)(x+5)$ │
└──────────────────────────────┘
```

⑥　$abx^2 + (aq + bp)x + pq = (ax + p)(bx + q)$

　　$Ax^2 + Bx + C$ の因数分解は,A と C を 2 数の積に分け,

　　$A = ab,\ C = pq$ とし (何通りも考えられる),

　　$B = aq + bp$ になるような 4 数 a, b, p, q を**たすきがけ**

　　から見つける

$(ax + p)\ \Rightarrow \qquad a \quad\quad p \quad \rightarrow \quad bp$

$(bx + q)\ \Rightarrow \quad \times)\ b \quad\quad q \quad \rightarrow \quad aq\ (+$

$\overline{\qquad\qquad\qquad\qquad ab \quad\quad pq \quad\quad aq + bp\qquad}$

$\qquad\qquad (x^2\ の係数)(定数項)\qquad (x\ の係数)$

【例】　$2x^2 + 5x + 3$ を因数分解すると $(2x + 3)(x + 1)$

$\qquad\qquad 2 \quad\quad 3 \quad \rightarrow \quad 3$

$\qquad\qquad 1 \quad\quad 1 \quad \rightarrow \quad 2$

$\qquad\overline{\qquad\quad 2 \quad\quad 3 \quad\quad\quad 5\qquad}$

$\qquad (x^2\ の係数)\quad (定数項)\quad (x\ の係数)$

⑦　$a^3 + b^3 = (a + b)(a^2 - ab + b^2)$ ······3 乗の和

【例】　$x^3 + 8 = (x + 2)(x^2 - 2x + 4)$

⑧　$a^3 - b^3 = (a - b)(a^2 + ab + b^2)$ ······3 乗の差

【例】　$8x^3 - 27y^3 = (2x)^3 - (3y)^3$

$\qquad\qquad\qquad\quad = (2x - 3y)\{(2x)^2 + (2x) \times (3y) + (3y)^2\}$

$\qquad\qquad\qquad\quad = (2x - 3y)(4x^2 + 6xy + 9y^2)$

【**例題 8**】　次の式を因数分解せよ.

(1)　$3x^2y - 6xy^2 - 12xyz$　　　(2)　$m^2 - \dfrac{2}{3}m + \dfrac{1}{9}$

(3)　$2a^2 - 18$　　　　　　　　　(4)　$x^2 + 2xy - 3y^2$

(5)　$2x^2 - 11x - 6$　　　　　　　(6)　$x^4 - 13x^2 + 36$

(7)　$p^2 + pq + 2p + q + 1$　　　(8)　$(3x - y)^3 + y - 3x$

【解答】

(1)　共通因数でくくると, 与式 $= 3xy(x - 2y - 4z)$

(2) 公式 ③ より与式 $= \left(m - \dfrac{1}{3} \right)^2$

(3) 共通因数でくくり, 公式④ を適用すると, 与式 $= 2(a^2 - 9) = 2(a + 3)(a - 3)$

(4) 公式⑤ で, 掛けて -3 になる組み合わせは $(1, -3), (-1, 3)$ このうち加えて 2 になるものは $(-1, 3)$ である.

$\therefore$ 与式 $= (x + 3y)(x - y)$

(5) p^2 の係数が 1 でない 2 次式の因数分解は, 公式⑥ を使用する. これをたすきがけにより, a, b, p, q を求める.

与式 $= (x - 6)(2x + 1)$

$$
\begin{array}{ccccc}
1 & \diagdown & -6 & \to & -12 \\
2 & \diagup & 1 & \to & 1 \\
\hline
2 & & -6 & & -11
\end{array}
$$

(6) $x^2 = X$ とおくと; X の 2 次 3 項式になる.

与式 $= X^2 - 13X + 36 = (x^2 - 4)(x^2 - 9)$
$= (x + 2)(x - 2)(x + 3)(x - 3)$

(7) 与式 $= (p + 1)q + p^2 + 2p + 1 = (p + 1)q + (p + 1)^2$
$= (p + 1)(p + q + 1)$

(8) $3x - y = A$ とおくと, 与式 $= A^3 - A = A(A^2 - 1) = A(A + 1)(A - 1)$
$= (3x - y)(3x - y + 1)(3x - y - 1)$

2.3 分数式の計算

2.3.1 分数式とその性質

整式 A と 0 でない整式 B でつくった式, $\dfrac{A}{B}$ を**分数式**という.

【例】分数式は次のようなものである.

$$\dfrac{x + y}{3x + 6y}, \quad \dfrac{1}{5x - 2}, \quad \dfrac{2}{3a} \text{ など}$$

分数式には次のような性質がある.

分数式の性質

① 分数式に 0 でない同じ数または式を掛けてもその値は変わらない.

【例】　$\dfrac{A}{B} = \dfrac{A \times m}{B \times m}$

② 分数式に 0 でない同じ数または式で割っても分数の値は変わらない.

【例】　$\dfrac{A}{B} = \dfrac{A/n}{B/n} \quad (n \neq 0)$

この性質を利用して約分や通分を行う.

2.3.2　分数式の約分と通分

(1)　約　分

分数式の分子と分母を分子と分母の共通因数で割り, 分数を簡単化する. その結果, 分子分母に共通因数がなくなった分数式を**既約分数**という.

【例】$\dfrac{4a^2b^5}{16a^3b^2}$ を約分するには, 共通因数 $4a^2b^2$ で割ればよい.

$$\dfrac{4a^2b^5}{16a^3b^2} = \dfrac{b^3}{4a}$$

【例】$\dfrac{x^2 - 4}{x^2 + 3x + 2}$ を約分すると

$$\dfrac{x^2 - 4}{x^2 + 3x + 2} = \dfrac{(x-2)(x+2)}{(x+1)(x+2)} = \dfrac{x-2}{x+1}$$

$$\text{(共通因数 } x + 2)$$

(2)　通　分

二つ以上の分数についての値を変えずに分母の値を等しくすることを**通分**という.

【例】$\dfrac{5}{6a}, \dfrac{3c}{4b}$ を通分すると, 両式の分母 $6a$ と $4b$ の最小公倍数は

$12ab$ であるから $\dfrac{5}{6a} = \dfrac{5 \times 2b}{6a \times 2b} = \dfrac{10b}{12ab}$

共通因数

$$2\,)\ \dfrac{6a \quad 4b}{3a \quad 2b}$$

$\dfrac{3c}{4b} = \dfrac{3c \times 3a}{4b \times 3a} = \dfrac{9ac}{12ab}$

最小公倍数
$= 2 \times 3a \times 2b = 12ab$

【例】 $\dfrac{x+1}{x^2 - 3x + 2},\ \dfrac{x+3}{x^2 + x - 2}$ を通分する.

まず，それぞれの分母を因数分解すると，

$x^2 - 3x + 2 = (x-1)(x-2)$

$x^2 + x - 2 = (x-1)(x+2)$

二つの分母の最小公倍数は $(x-1)(x-2)(x+2)$ であるから，

$$\dfrac{x+1}{x^2 - 3x + 2} = \dfrac{x+1}{(x-1)(x-2)} = \dfrac{(x+1)(x+2)}{(x-1)(x-2)(x+2)}$$

$$\dfrac{x+3}{x^2 + x - 2} = \dfrac{x+3}{(x-1)(x+2)} = \dfrac{(x+3)(x-2)}{(x-1)(x-2)(x+2)}$$

2.3.3 分数式の足し算と引き算

① 分母が同じ場合は，分子だけ計算し，分母は共通分母とする.

② 分母が異なる場合は，通分して，たがいの分母を等しくした後，分子の計算を行う.

【例題 9】 次の式を計算せよ.

(1) $\dfrac{A}{C} + \dfrac{B}{C}$ (2) $\dfrac{A}{C} - \dfrac{B}{D}$ (3) $\dfrac{1}{x-1} - \dfrac{1}{x+1}$

(4) $\dfrac{3x^2 + 2x - 1}{x^2 - x - 12} - \dfrac{3x}{x-4}$ (5) $\dfrac{3m}{m-n} + \dfrac{2n}{n-m}$

【解答】

(1) 与式 $= \dfrac{A+B}{C}$ （分母が等しいから，それぞれの分子を足せばよい）

(2) 与式 $= \dfrac{AD}{CD} - \dfrac{BC}{CD} = \dfrac{AD - BC}{CD}$ （通分し分母をそろえる）

(3) 与式 $= \dfrac{x+1}{(x-1)(x+1)} - \dfrac{x-1}{(x-1)(x+1)} = \dfrac{x+1-(x-1)}{(x-1)(x+1)}$

$= \dfrac{2}{(x-1)(x+1)}$

(4) 与式 $= \dfrac{3x^2+2x-1}{(x+3)(x-4)} - \dfrac{3x(x+3)}{(x+3)(x-4)} = \dfrac{3x^2+2x-1-(3x^2+9x)}{(x+3)(x-4)}$

$= \dfrac{-7x-1}{(x+3)(x-4)}$

(5) 与式 $= \dfrac{3m}{m-n} + \dfrac{-1 \times 2n}{-1 \times (n-m)} = \dfrac{3m-2n}{m-n}$

2.3.4 分数式の掛け算と割り算

(1) 掛け算
分子は分子どうし, 分母は分母どうしを掛ける. (掛ける前に, 約分できるものは約分する)

(2) 割り算
割るほうの分数式を逆数にしてから掛ける.(逆数にしたとき, 約分できるものは約分する)

【例題 10】   次の式を計算せよ.

(1) $\dfrac{A}{B} \times \dfrac{C}{D}$ (2) $\dfrac{3ab}{2xy} \times \dfrac{8xy^2}{12a^2b}$ (3) $\dfrac{x^2}{x^2-9} \times \dfrac{x-3}{x^2-2x}$

(4) $\dfrac{A}{B} \div \dfrac{C}{D}$ (5) $\dfrac{10b^3}{3a^2} \div \dfrac{5b^2}{6a}$ (6) $\dfrac{x^2+6x}{x^2+x-2} \div \dfrac{x^2-36}{x^2-2x+1}$

【解答】

(1) 与式 $= \dfrac{AC}{BD}$

(2) 与式 $= \dfrac{3ab}{2xy} \times \dfrac{8xy^2}{12a^2b} = \dfrac{y}{a}$

(3) 与式 $= \dfrac{x^2}{(x+3)(x-3)} \times \dfrac{x-3}{x(x-2)} = \dfrac{x}{(x+3)(x-2)}$

(4) 与式 $= \dfrac{A}{B} \times \dfrac{D}{C} = \dfrac{AD}{BC}$ (割る式 $\dfrac{C}{D}$ を逆数にして掛ける)

(5) 　与式 $= \dfrac{10b^3}{3a^2} \times \dfrac{6a}{5b^2} = \dfrac{4b}{a}$ 　(割る式 $= \dfrac{5b^2}{6a}$ を逆数にして約分すると, 約分で
きない分数式 (既約分数式) になる.)

(6) 　与式 $= \dfrac{x(x+6)}{(x-1)(x+2)} \div \dfrac{(x-6)(x+6)}{(x-1)^2}$

$\qquad = \dfrac{x(x+6)}{(x-1)(x+2)} \times \dfrac{(x-1)^2}{(x-6)(x+6)} = \dfrac{x(x-1)}{(x+2)(x-6)}$

2.4 無理式の計算

2.4.1 無理数と無理式

$\sqrt{2}$, $\sqrt{3}$, π などのように, 循環しない無限の小数を**無理数**という. ここでは, $\sqrt{}$ (根号) のついた数を狭義の無理数として扱うことにする. また, $\sqrt{x+1}$, $\dfrac{1}{\sqrt{a^2+b^2}}$ などのように根号内が文字式のものを**無理式**という.

2.4.2 無理式の変形の基本

無理式を変形し, 簡単にするには, 次に示すような**平方根**の公式を利用すると便利である.

平方根の公式

$a > 0$, $b > 0$ のとき

① 　$\sqrt{ab} = \sqrt{a}\sqrt{b}$

② 　$\sqrt{\dfrac{b}{a}} = \dfrac{\sqrt{b}}{\sqrt{a}}$

③ 　$\sqrt{a^2} = a$

④ 　$(\sqrt{a})^2 = a$

⑤ 　$\sqrt{a^2 b} = \sqrt{a^2}\sqrt{b} = a\sqrt{b}$

次の公式は成り立たないので要注意.

$\sqrt{a+b} \neq \sqrt{a} + \sqrt{b}$, 　$\sqrt{a-b} \neq \sqrt{a} - \sqrt{b}$

【例題 11】　　次の無理数の根号内を簡単にせよ.

$$(1)\quad \sqrt{18} \qquad (2)\quad \sqrt{0.03} \qquad (3)\quad \sqrt{900}$$

$$(4)\quad 3\sqrt{72} \qquad (5)\quad \sqrt{2} \times \sqrt{8}$$

【解答】

(1)　$\sqrt{18} = \sqrt{9 \times 2} = \sqrt{3^2 \times 2} = \sqrt{3^2} \times \sqrt{2} = 3\sqrt{2}$

(2)　$\sqrt{0.03} = \sqrt{\dfrac{3}{100}} = \dfrac{\sqrt{3}}{\sqrt{100}} = \dfrac{\sqrt{3}}{\sqrt{10^2}} = \dfrac{\sqrt{3}}{10}$

(3)　$\sqrt{900} = \sqrt{9 \times 100} = \sqrt{9} \times \sqrt{100} = \sqrt{3^2} \times \sqrt{10^2} = 3 \times 10 = 30$

(4)　$3\sqrt{72} = 3 \times \sqrt{72} = 3 \times \sqrt{36 \times 2} = 3 \times \sqrt{6^2 \times 2} = 3 \times \sqrt{6^2} \times \sqrt{2}$

$\qquad\qquad = 3 \times 6 \times \sqrt{2} = 18\sqrt{2}$

(5)　$\sqrt{2} \times \sqrt{8} = \sqrt{2 \times 8} = \sqrt{16} = \sqrt{4^2} = 4$

2.4.3　分母の有理化

　分母が無理数または無理式を含む分数式で, 適切な数または式を分子と分母に掛けて, 分母を整数または整式に直すことを**分母の有理化**という.

【例題 12】　　次の無理式の分母を有理化せよ.

$$(1)\quad \dfrac{a}{b\sqrt{c}} \qquad (2)\quad \dfrac{c}{\sqrt{a}+\sqrt{b}} \qquad (3)\quad \dfrac{2\sqrt{3}}{\sqrt{2}} \qquad (4)\quad \dfrac{\sqrt{3}+\sqrt{2}}{\sqrt{3}-\sqrt{2}}$$

【解答】

(1)　与式 $= \dfrac{a}{b \times \sqrt{c}} \times \dfrac{\sqrt{c}}{\sqrt{c}} = \dfrac{a\sqrt{c}}{b(\sqrt{c})^2}$ 　　　（分母・分子に分母の無理数 $\sqrt{c}$ を掛ける

　　　　　　　　$\underbrace{\phantom{\dfrac{\sqrt{c}}{\sqrt{c}}}}_{\text{同じもの}}$　　　　　　　　　　　と分母は有理数になる.）

$\qquad\quad = \dfrac{a\sqrt{c}}{bc}$

(2)　与式 $= \dfrac{c}{\sqrt{a}+\sqrt{b}} \times \dfrac{\sqrt{a}-\sqrt{b}}{\sqrt{a}-\sqrt{b}} = \dfrac{c(\sqrt{a}-\sqrt{b})}{(\sqrt{a})^2-(\sqrt{b})^2} = \dfrac{c(\sqrt{a}-\sqrt{b})}{a-b}$

　　　　　　　　　　$\underbrace{\phantom{\sqrt{a}+\sqrt{b}}}_{\text{逆の符号}}$

　　（分母を $(\sqrt{a})^2 - (\sqrt{b})^2$ のような有理数にするために, 分母・分子に $\sqrt{a}-\sqrt{b}$ を掛ける.）

(3) 　与式 $= \dfrac{2\sqrt{3}}{\sqrt{2}} \times \dfrac{\sqrt{2}}{\sqrt{2}} = \dfrac{2\sqrt{3} \times \sqrt{2}}{\left(\sqrt{2}\right)^2} = \dfrac{2\sqrt{6}}{2} = \sqrt{6}$

(4) 　与式 $= \dfrac{\sqrt{3}+\sqrt{2}}{\sqrt{3}-\sqrt{2}} \times \dfrac{\sqrt{3}+\sqrt{2}}{\sqrt{3}+\sqrt{2}} = \dfrac{\left(\sqrt{3}+\sqrt{2}\right)^2}{\left(\sqrt{3}\right)^2 - \left(\sqrt{2}\right)^2}$

$\qquad\quad = \dfrac{3 + 2\sqrt{3} \times \sqrt{2} + 2}{3 - 2} = 5 + 2\sqrt{6}$

2.4.4 無理式の計算

整式の計算と同じようにして，$\sqrt{2}$, $\sqrt{3}$ などのような同類項でくくり，足し算，引き算を行えばよい．

【例題 13】 　次の各式を計算せよ．

(1) $\sqrt{18} - \sqrt{8} + \sqrt{50}$ 　　　　(2) $3\sqrt{2} \times 5\sqrt{8}$

(3) $\sqrt{2}(\sqrt{18} - \sqrt{32})$ 　　　　(4) $\dfrac{\sqrt{75}}{2} + \sqrt{27} + \sqrt{\dfrac{3}{4}}$

【解答】

(1) 　与式 $= 3\sqrt{2} - 2\sqrt{2} + 5\sqrt{2} = (3 - 2 + 5)\sqrt{2} = 6\sqrt{2}$

　　　　(因数分解の公式 ① から，$\sqrt{2}$ でくくる．)

(2) 　与式 $= 3\sqrt{2} \times 5\sqrt{2^2 \times 2} = 3 \times 5 \times 2\sqrt{2 \times 2} = 30\sqrt{2^2} = 60$

(3) 　与式 $= \sqrt{2}\left(\sqrt{3^2 \times 2} - \sqrt{4^2 \times 2}\right) = \sqrt{2}\left(3\sqrt{2} - 4\sqrt{2}\right)$

$\qquad\quad = \sqrt{2} \times (3 - 4) \times \sqrt{2} = -2$

(4) 　与式 $= \dfrac{\sqrt{5^2 \times 3}}{2} + \sqrt{3^2 \times 3} + \dfrac{\sqrt{3}}{\sqrt{2^2}} = \dfrac{5\sqrt{3}}{2} + 3\sqrt{3} + \dfrac{\sqrt{3}}{2}$

$\qquad\quad = \left(\dfrac{5}{2} + 3 + \dfrac{1}{2}\right) \times \sqrt{3} = 6\sqrt{3}$

2.5 比例式の計算

2.5.1 比とその性質

ある数 a, b があるとき，a が b の何倍であるかを表す関係を a の b に対する**比**といい，$a : b$ で表す．

ここで, a を比の**前項**, b を比の**後項**という. $a:b$ の比の値は次のように表す.

$$a:b = \frac{a}{b} \quad (b \neq 0)$$

比の性質をまとめると次のようになる.

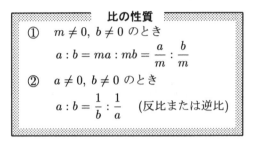

2.5.2　比例式

二つの比が等しいことを表す式を**比例式**といい, a と d を**外項**, b と c を**内項**という.

$$a:b = c:d \quad (a \neq 0, \ b \neq 0 \ c \neq 0, \ d \neq 0)$$

これを比の値で表すと次式のようになる.

$$\frac{a}{b} = \frac{c}{d}$$

上記の式の両辺に bd を掛けると
$$\frac{a}{b} \times bd = \frac{c}{d} \times bd$$
となるから

$\boxed{ad = bc}$　$\Longrightarrow$　**内項の積は外項の積に等しい**

$$a : \overset{\frown}{b} = c : d$$
内項
外項

2.5.3　連比とその性質

二組の比 $a:b$ および $b:c$ は, 前の比の後項と, 後の比の前項が等しいので, あわせて $a:b:c$ と書き, これを**連比**という.

また，二組の比例式 $a:b=x:y$ および $b:c=y:z$ を**連比例式**で表すと
$$a:b:c=x:y:z$$
となる．連比の性質をまとめると，次のようになる．

連比の性質

$$a:b:c=x:y:z \quad \text{ならば,} \quad \frac{a}{x}=\frac{b}{y}=\frac{c}{z}$$

【例題 14】　　次の比例式の x の値を求めよ.

　　　　(1)　$12:x=6:5$　　　　(2)　$9:15=3:x$

【解答】

(1)　内項の積 = 外項の積から, $6x=12\times5$

　　　両辺を 6 で割ると　$x=\dfrac{12\times5}{6}=10$

(2)　(1) と同様に，　$9x=15\times3$　　$\therefore\ x=\dfrac{15\times3}{9}=5$

【例題 15】　　200 m のロープを $a\,[\mathrm{m}]$, $b\,[\mathrm{m}]$, $c\,[\mathrm{m}]$ に切って3本にしたい. それぞれの長さの比を $a:b:c=2:3:5$ として，各ロープの長さ a,b,c を求めよ.

【解答】

連比の性質から $\dfrac{a}{2}=\dfrac{b}{3}=\dfrac{c}{5}$ である. したがって，次の式が成り立つ.

$$\frac{a}{2}=\frac{b}{3}=\frac{c}{5}=\frac{a+b+c}{2+3+5}=\frac{a+b+c}{10} \quad \text{(これを加比の理という.)}$$

ここで, $a+b+c=200$ であるから

$$\frac{a}{2}=\frac{200}{10} \qquad \therefore\ a=2\times\frac{200}{10}=40$$

同様に

$$\frac{b}{3}=\frac{200}{10} \qquad \therefore\ b=60$$

$$\frac{c}{5}=\frac{200}{10} \qquad \therefore\ c=100$$

答　$a=40\mathrm{m},\quad b=60\mathrm{m},\quad c=100\mathrm{m}$

2.6　指数式の計算

2.6.1　累乗と指数

$$\overbrace{\qquad}^{m\ \text{個}}$$

ある数 a を m 個掛けた積 $(a \times a \times a \times \cdots \times a)$ を a^m と表し，これを a の m 乗という．m を**指数**，a を**底**といい，$a^1, a^2, a^3, \cdots, a^m$ をまとめて a の**累乗**という．これについては，すでに，1.3 「正の数・負の数の計算」の取扱いでふれたところである．また，6.1 指数関数でも学ぶ．

2.6.2　指数の法則

累乗について次の法則が成り立つ．

累乗の法則

① $a^m a^n = a^{m+n}$

【例】　$2^3 \times 2^2 = (2 \times 2 \times 2) \times (2 \times 2) = 2^{3+2} = 2^5$

② $(a^m)^n = a^{mn}$

【例】　$\left(2^3\right)^2 = (2 \times 2 \times 2)^2 = (2 \times 2 \times 2) \times (2 \times 2 \times 2)$
$$= 2^{3 \times 2} = 2^6$$

③ $(ab)^n = a^n b^n$

【例】　$(2 \times 3)^3 = (2 \times 3) \times (2 \times 3) \times (2 \times 3) = 2^3 \times 3^3$

④ $\left(\dfrac{a}{b}\right)^n = \dfrac{a^n}{b^n}$　$(b \neq 0)$

【例】　$\left(\dfrac{2}{3}\right)^3 = \dfrac{2}{3} \times \dfrac{2}{3} \times \dfrac{2}{3} = \dfrac{2 \times 2 \times 2}{3 \times 3 \times 3} = \dfrac{2^3}{3^3}$

⑤ $\dfrac{a^m}{a^n} = a^{m-n}$　　・$m > n$ ならば　$a^m \div a^n = a^{m-n}$

　　　　　　　　　　　　・$m = n$ ならば　$a^m \div a^n = a^0 = 1$

　　　　　　　　　　　　・$m < n$ ならば　$a^m \div a^n = \dfrac{1}{a^{n-m}}$ $(a \neq 0)$

【例】　$2^5 \div 2^3 = \dfrac{2^5}{2^3} = \dfrac{2 \times 2 \times 2 \times 2 \times 2}{\underbrace{2 \times 2 \times 2}_{\text{分子の 2 を 3 個約分}}} = 2^{5-3} = 2^2$

⑥ $\dfrac{1}{a^n} = a^{-n}$

【例】　$\dfrac{1}{10^3} = \dfrac{1}{10^3} \times \dfrac{10^{-3}}{10^{-3}} = \dfrac{10^{-3}}{10^{3-3}} = \dfrac{10^{-3}}{10^0} = 10^{-3}$

2.6.3　累乗根

ある数 a について, 2 乗して a になる数を a の **2 乗根**または**平方根**といい, $\sqrt{a}$ と書く. 3 乗して a になる数を a の **3 乗根**または**立方根**といい, $\sqrt[3]{a}$ と書く.
　一般に, n 乗して a になる数を n **乗根**といい, $\sqrt[n]{a}$ と書く. a の n 乗根をまとめて a の**累乗根**という.
　累乗根について, 次のように定義する.

累乗根の法則

$a > 0$, m, n が整数, $n > 0$ のとき

① $\quad a^{\frac{1}{n}} = \sqrt[n]{a}$ 　　② $\quad a^{\frac{m}{n}} = (\sqrt[n]{a})^m$

【例題 16】　　次の値を計算せよ.
(1) $8^{\frac{1}{3}}$ 　(2) $16^{\frac{1}{4}}$ 　　(3) $\sqrt[4]{16}$ 　　(4) $\sqrt[3]{27}$
(5) 15^0 　(6) $\left(3^{0.4}\right)^5$ 　　(7) $32^{-0.4}$ 　　(8) $2^{1.3} \times 2^{1.7}$
(9) $\left(\dfrac{16}{27}\right)^{\frac{1}{3}} \times 32^{\frac{1}{3}}$

【解答】

(1) $8^{\frac{1}{3}} = \left(2^3\right)^{\frac{1}{3}} = 2^{3 \times \frac{1}{3}} = 2^1 = 2$

(2) $16^{\frac{1}{4}} = \left(2^4\right)^{\frac{1}{4}} = 2^{4 \times \frac{1}{4}} = 2^1 = 2$

(3) $\sqrt[4]{16} = \left(2^4\right)^{\frac{1}{4}} = 2^{4 \times \frac{1}{4}} = 2^1 = 2$

(4) $\sqrt[3]{27} = \left(3^3\right)^{\frac{1}{3}} = 3^{3 \times \frac{1}{3}} = 3^1 = 3$

(5) $15^0 = 1$

(6) $\left(3^{0.4}\right)^5 = 3^{0.4 \times 5} = 3^2 = 9$

(7) $\left(2^5\right)^{-0.4} = 2^{-5 \times 0.4} = 2^{-2} = \dfrac{1}{2^2} = \dfrac{1}{4}$

(8) $2^{1.3} \times 2^{1.7} = 2^{1.3+1.7} = 2^3 = 8$

(9) $\left(\dfrac{16}{27}\right)^{\frac{1}{3}} \times 32^{\frac{1}{3}} = \left(\dfrac{2^4}{3^3}\right)^{\frac{1}{3}} \times \left(2^5\right)^{\frac{1}{3}} = \dfrac{2^{\frac{4}{3}} \times 2^{\frac{5}{3}}}{3} = \dfrac{2^3}{3} = \dfrac{8}{3}$

【例題 17】　次の式を a^n の形で表せ. ただし, $a > 0$ とする.

(1) $a\sqrt{a}$　　(2) $\sqrt[4]{\sqrt[3]{a}}$　　(3) $\dfrac{\sqrt{a}}{\sqrt[3]{a}}$　　(4) $\left(\dfrac{\sqrt{a}}{\sqrt[4]{a}}\right)^5$

【解答】

(1) $a\sqrt{a} = a\,a^{\frac{1}{2}} = a^{\frac{2}{2}+\frac{1}{2}} = a^{\frac{3}{2}}$

(2) $\sqrt[4]{\sqrt[3]{a}} = \left(a^{\frac{1}{3}}\right)^{\frac{1}{4}} = a^{\frac{1}{3}\times\frac{1}{4}} = a^{\frac{1}{12}}$

(3) $\dfrac{\sqrt{a}}{\sqrt[3]{a}} = \dfrac{a^{\frac{1}{2}}}{a^{\frac{1}{3}}} = a^{\frac{1}{2}-\frac{1}{3}} = a^{\frac{3}{6}-\frac{2}{6}} = a^{\frac{1}{6}}$

(4) $\left(\dfrac{\sqrt{a}}{\sqrt[4]{a}}\right)^5 = \left(\dfrac{a^{\frac{1}{2}}}{a^{\frac{1}{4}}}\right)^5 = \left(a^{\frac{1}{2}-\frac{1}{4}}\right)^5 = \left(a^{\frac{2}{4}-\frac{1}{4}}\right)^5 = a^{\frac{1}{4}\times 5} = a^{\frac{5}{4}}$

つぎの努力目標をたてて頑張りましょう。

第2章 練 習 問 題

1 次の各式について，x の次数の高い項の順に整理せよ．

 (1) $5x - x^2 - 3x + 6$

 (2) $x^2 + 2x + 3y^2 - x - 8y + 7$

2 次の式の計算をせよ．

 (1) $(a^2 + ab + b^2) + (a^2 - ab + b^2)$

 (2) $3x - \{6y - 2x - (4x + y)\}$

 (3) $\left(\dfrac{1}{2}x^2 + \dfrac{1}{2}y^2 - 2xy\right) - \left(\dfrac{1}{3}x^2 - y^2 + \dfrac{1}{3}xy\right)$

3 次の式の計算をせよ．

 (1) $6x^2y \times \dfrac{1}{3}xy^2 \times \left(-x^2y\right)^3$

 (2) $\left(-4x^3y^2\right)^3 \div \left(2x^2y\right)^2$

 (3) $\left(a^2b^3\right)^3 \div \left(-\dfrac{3}{2}b\right)^2 \times \left(\dfrac{3}{2}ab^2\right)^3$

 (4) $\dfrac{a^2+a-6}{a^2-2a-15} \div \dfrac{a^2+2a-3}{a^2-4a-5}$

4 次の式を展開せよ．

 (1) $(2x + y - 3z)^2$

 (2) $(a - 3)(a^2 + 3a + 9)$

 (3) $(x^2 + xy + y^2)(x^2 - xy + y^2)$

 (4) $(a + 1)(a - 2)(a + 3)(a - 4)$

 (5) $(x - y)^2(x + y)^2(x^2 + y^2)^2$

5 次の式の計算をせよ．

 (1) $(3x^3 - 7x - 60) \div (x - 3)$

 (2) $(a^3 - a^2 - 3a + 6) \div (a^2 - 3a + 3)$

 (3) $(m^3 + 2m + 3) \div (m^2 - m + 1)$

6 次の式を因数分解せよ．

 (1) $3x^2y^2 - 12x^3y$

 (2) $2a(p + q) + p + q$

 (3) $6a^2 + 17ab + 12b^2$

 (4) $a(x + y + z) - b(x + y + z) + c(x + y + z)$

 (5) $-m^4 + 2nm^2 - n^2$

 (6) $x^2y + y^2z - y^3 - x^2z$

7　$\dfrac{x}{(x-y)(x-z)}, \ \dfrac{y}{(y-z)(y-x)}, \ \dfrac{z}{(z-x)(z-y)}$ を通分せよ.

8　次の計算をせよ.

(1)　$\dfrac{2a}{a-b} + \dfrac{2b}{b-a}$

(2)　$\dfrac{2}{k-2} - \dfrac{1}{k+2} + \dfrac{6-k}{k^2-4}$

(3)　$\dfrac{mx+my}{x^2-2xy+y^2} \times \dfrac{2x-2y}{mx^2+2mxy+my^2}$

(4)　$\dfrac{2x^2-x-1}{2x^2+5x+2} \div \dfrac{x^2-1}{4x^2+x-14}$

9　次の繁分数式を簡単にせよ.（繁分数とは, 分数式の分母, 分子がそれぞれ, さらに分数式になったものをいう.）

(1)　$\dfrac{\dfrac{8b^3}{3a^2}}{\dfrac{4b^2}{15a}}$　　(2)　$\dfrac{\dfrac{1}{p}+\dfrac{1}{q}}{\dfrac{1}{p}-\dfrac{1}{q}}$　　(3)　$\dfrac{a-2-\dfrac{3}{a}}{1+\dfrac{2}{a}+\dfrac{1}{a^2}}$

10　次の式を簡単にせよ.

(1)　$\sqrt{75} - \sqrt{48} + \sqrt{27}$

(2)　$\sqrt{4xy^2} - \sqrt{9xy^2} - \sqrt{25xy^2}$　$(x \geqq 0, \ y \geqq 0)$

(3)　$(2\sqrt{5} - 3\sqrt{6})(2\sqrt{5} + 3\sqrt{6})$

(4)　$\dfrac{6}{5+\sqrt{3}}$　　(5)　$\dfrac{\sqrt{3}-\sqrt{2}}{\sqrt{3}+\sqrt{2}}$　　(6)　$\dfrac{1}{a-\sqrt{a^2-1}}$　$(a \geqq 1)$

11　$a:b = 3:4, \quad b:c = 6:5$ のとき, $a:b:c$ を求めよ.

12　次の式を簡単にせよ.

(1)　$9^{\frac{3}{2}} - 3^{-2} + 27^{-\frac{2}{3}} - 6^0$　　　　(2)　$\left(\dfrac{4}{5}\right)^{-1} \times \dfrac{8}{3^{-2}}$

(3)　$\left(\dfrac{y}{x}\right)^{-1} \cdot \dfrac{1}{xy^{-1}}$　　　　　　　(4)　$\left(\dfrac{q}{p}\right)^{-3} \div \left(\dfrac{q}{p}\right)^4$

(5)　$\left(m^{\frac{1}{2}} + n^{-\frac{1}{2}}\right)\left(m^{\frac{1}{2}} - n^{-\frac{1}{2}}\right)$　　(6)　$\sqrt{xy^{-1}z^3} \div \sqrt[3]{x^2y^2z}$

13　次の式の □ 内に適当な指数を入れよ.

(1) $1 = 10^{\square}$ (2) $100000 = 10^{\square}$ (3) $0.0001 = 10^{\square}$

(4) $\dfrac{1}{10000} = 10^{\square}$ (5) $(0.001)^3 = 10^{\square}$

(6) $10000 \times (0.001)^2 = 10^{\square}$ (7) $(0.001)^3 \div (0.0001)^2 = 10^{\square}$

第 2 章　練習問題【解答】 ────────────

1　(1)　$-x^2 + 2x + 6$

　　(2)　$x^2 + x + 3y^2 - 8y + 7$

2　(1)　与式 $= 2a^2 + 2b^2 = 2\left(a^2 + b^2\right)$

　　(2)　与式 $= 3x - (6y - 6x - y) = 9x - 5y$

　　(3)　与式 $= \dfrac{1}{6}x^2 + \dfrac{3}{2}y^2 - \dfrac{7}{3}xy$

3　(1)　与式 $= \dfrac{6}{3}x^3y^3 \times \left(-x^6y^3\right) = -2x^9y^6$

　　(2)　与式 $= \dfrac{-64x^9y^6}{4x^4y^2} = -16x^5y^4$

　　(3)　与式 $= \left(\dfrac{a^6 \times b^9}{\frac{9}{4}b^2}\right) \times \dfrac{27}{8}a^3b^6 = \dfrac{4}{9} \times \dfrac{27}{8} \times \dfrac{a^6b^9}{b^2} \times a^3b^6$

　　　　　$= \dfrac{3}{2}a^9b^{13}$

　　(4)　与式 $= \dfrac{(a+3)(a-2)}{(a-5)(a+3)} \times \dfrac{(a-5)(a+1)}{(a+3)(a-1)} = \dfrac{(a-2)(a+1)}{(a+3)(a-1)}$

4　(1)　与式 $= \{(2x+y) - 3z\}^2 = (2x+y)^2 - 2(2x+y) \cdot 3z + 9z^2$

　　　　　$= 4x^2 + 4xy + y^2 - 12xz - 6yz + 9z^2$

　　　　　$= 4x^2 + y^2 + 9z^2 + 4xy - 12xz - 6yz$

　　(2)　乗法公式 ⑨ より, 与式 $= a^3 - 3^3 = a^3 - 27$

　　(3)　与式 $= \{(x^2+y^2) + xy\}\{(x^2+y^2) - xy\}$

　　　　　$= (x^2+y^2)^2 - xy(x^2+y^2) + xy(x^2+y^2) - x^2y^2$

　　　　　$= x^4 + 2x^2y^2 + y^4 - x^2y^2 = x^4 + x^2y^2 + y^4$

　　(4)　与式 $= (a^2 - a - 2)(a^2 - a - 12) = (a^2 - a)^2 - 14(a^2 - a) + 24$

　　　　　$= a^4 - 2a^3 + a^2 - 14a^2 + 14a + 24$

　　　　　$= a^4 - 2a^3 - 13a^2 + 14a + 24$

　　(5)　与式 $= \{(x-y)(x+y)(x^2+y^2)\}^2 = \{(x^2-y^2)(x^2+y^2)\}^2$

　　　　　$= (x^4 - y^4)^2 = x^8 - 2x^4y^4 + y^8$

5 (1)

$$
\begin{array}{r}
3x^2 + 9x + 20 \\
x - 3 \overline{\smash{\big)}\ 3x^3 - 7x - 60} \\
\underline{3x^3 - 9x^2 } \\
9x^2 - 7x \\
\underline{9x^2 - 27x } \\
20x - 60 \\
\underline{20x - 60} \\
0
\end{array}
$$

答 商 $3x^2 + 9x + 20$ 余り 0

(2)

$$
\begin{array}{r}
a + 2 \\
a^2 - 3a + 3 \overline{\smash{\big)}\ a^3 - a^2 - 3a + 6} \\
\underline{a^3 - 3a^2 + 3a } \\
2a^2 - 6a + 6 \\
\underline{2a^2 - 6a + 6} \\
0
\end{array}
$$

答 商 $a + 2$, 余り 0

(3)

$$
\begin{array}{r}
m + 1 \\
m^2 - m + 1 \overline{\smash{\big)}\ m^3 + 2m + 3} \\
\underline{m^3 - m^2 + m } \\
m^2 + m + 3 \\
\underline{m^2 - m + 1} \\
2m + 2
\end{array}
$$

答 商 $m + 1$, 余り $2m + 2$

6 (1) 与式 $= 3x^2 y(y - 4x)$

(2) 与式 $= (2a + 1)(p + q)$

(3)

$$
\begin{array}{cccc}
2 & & 3 & \rightarrow & 9 \\
3 & & 4 & \rightarrow & 8
\end{array}
$$

与式 $= (2a + 3b)(3a + 4b)$ b を省略

$$6 \qquad 12 \qquad 17$$

(4) 与式 $= (a - b + c)(x + y + z)$

(5) 与式 $= -(m^4 - 2nm^2 + n^2) = -(m^2 - n)^2$

(6) 与式 $= (y^2 - x^2)z + (x^2 y - y^3)$
$= -(x^2 - y^2)z + y(x^2 - y^2)$
$= (x^2 - y^2)(y - z) = (x + y)(x - y)(y - z)$

7 分母の配列を次のように直すと

$$\frac{x}{(x-y)(x-z)} = -\frac{x}{(x-y)(z-x)}$$

$$\frac{y}{(y-z)(y-x)} = -\frac{y}{(y-z)(x-y)}$$

$$\frac{z}{(z-x)(z-y)} = -\frac{z}{(z-x)(y-z)}$$

となり, 分母の最小公倍数は $(x-y)(y-z)(z-x)$ である. したがって,

$$\frac{x}{(x-y)(x-z)} = -\frac{x(y-z)}{(x-y)(y-z)(z-x)}$$

$$\frac{y}{(y-z)(y-x)} = -\frac{y(z-x)}{(x-y)(y-z)(z-x)}$$

$$\frac{z}{(z-x)(z-y)} = -\frac{z(x-y)}{(x-y)(y-z)(z-x)}$$

8 (1) 与式 $\dfrac{2a}{a-b} - \dfrac{2b}{a-b} = \dfrac{2a-2b}{a-b} = \dfrac{2(a-b)}{a-b} = 2$

(2) 与式 $= \dfrac{2}{k-2} - \dfrac{1}{k+2} + \dfrac{6-k}{(k+2)(k-2)}$

$$= \frac{2(k+2)-(k-2)+(6-k)}{(k+2)(k-2)} = \frac{2k+4-k+2+6-k}{(k+2)(k-2)}$$

$$= \frac{12}{(k+2)(k-2)}$$

(3) 与式 $= \dfrac{m(x+y)}{(x-y)^2} \times \dfrac{2(x-y)}{m(x+y)^2} = \dfrac{2}{(x-y)(x+y)}$

(4) 与式 $= \dfrac{(x-1)(2x+1)}{(x+2)(2x+1)} \times \dfrac{(x+2)(4x-7)}{(x+1)(x-1)} = \dfrac{4x-7}{x+1}$

9 (1) 与式 $= \dfrac{8b^3}{3a^2} \times \dfrac{15a}{4b^2} = \dfrac{10b}{a}$

(2) 与式 $= \dfrac{\dfrac{q+p}{pq}}{\dfrac{q-p}{pq}} = \dfrac{p+q}{pq} \times \dfrac{pq}{q-p} = -\dfrac{p+q}{p-q}$

(3) 与式 $= \dfrac{a^3-2a^2-3a}{a^2+2a+1} = \dfrac{a(a^2-2a-3)}{(a+1)^2} = \dfrac{a(a+1)(a-3)}{(a+1)^2} = \dfrac{a(a-3)}{a+1}$

10 (1) 与式 $= \sqrt{5^2 \times 3} - \sqrt{4^2 \times 3} + \sqrt{3^2 \times 3} = 5\sqrt{3} - 4\sqrt{3} + 3\sqrt{3} = 4\sqrt{3}$

(2) 与式 $= 2y\sqrt{x} - 3y\sqrt{x} - 5y\sqrt{x} = (2y-3y-5y)\sqrt{x} = -6y\sqrt{x}$

(3) 与式 $= (2\sqrt{5})^2 - (3\sqrt{6})^2 = 4 \times 5 - 9 \times 6 = 20 - 54 = -34$

(4) 与式 $= \dfrac{6(5-\sqrt{3})}{(5+\sqrt{3})(5-\sqrt{3})} = \dfrac{30-6\sqrt{3}}{25-3} = \dfrac{2(15-3\sqrt{3})}{22} = \dfrac{15-3\sqrt{3}}{11}$

(5) 与式 $= \dfrac{(\sqrt{3}-\sqrt{2})^2}{(\sqrt{3}+\sqrt{2})(\sqrt{3}-\sqrt{2})} = \dfrac{3-2\sqrt{3}\times\sqrt{2}+2}{3-2} = 5-2\sqrt{6}$

(6) 与式 $= \dfrac{a+\sqrt{a^2-1}}{(a-\sqrt{a^2-1})(a+\sqrt{a^2-1})} = \dfrac{a+\sqrt{a^2-1}}{a^2-(a^2-1)} = a+\sqrt{a^2-1}$

11 (1) $a : b\ \ \ = 3 : 4$
$b : c = 6 : 5$

b に相当する 4 と 6 の最小公倍数は 12 であるから

$a : b\ \ \ = 9 : 12$
$b : c = 12 : 10$

$a : b : c = 9 : 12 : 10$ **答** $a : b : c = 9 : 12 : 10$

12 (1) 与式 $= \left(3^2\right)^{\frac{3}{2}} - 3^{-2} + \left(3^3\right)^{-\frac{2}{3}} - 1 = 3^3 - \dfrac{1}{3^2} + 3^{-2} - 1 = 26$

(2) 与式 $= \dfrac{5}{4} \times 8 \times 3^2 = 10 \times 9 = 90$

(3) 与式 $= \dfrac{x}{y} \cdot \dfrac{y}{x} = 1$

(4) 与式 $= \dfrac{p^3}{q^3} \times \dfrac{p^4}{q^4} = \dfrac{p^{3+4}}{q^{3+4}} = \dfrac{p^7}{q^7}$

(5) 与式 $= \left(m^{\frac{1}{2}}\right)^2 - \left(n^{-\frac{1}{2}}\right)^2 = m - n^{-1} = m - \dfrac{1}{n}$

(6) 与式 $= \left(x^{\frac{1}{2}} \cdot y^{-1 \times \frac{1}{2}} z^{3 \times \frac{1}{2}}\right) \div \left(x^{\frac{2}{3}} \cdot y^{\frac{2}{3}} \cdot z^{\frac{1}{3}}\right)$

$= x^{\frac{1}{2}-\frac{2}{3}} \cdot y^{-\frac{1}{2}-\frac{2}{3}} \cdot z^{\frac{3}{2}-\frac{1}{3}}$

$= x^{\frac{3-4}{6}} \cdot y^{\frac{-3-4}{6}} \cdot z^{\frac{9-2}{6}} = x^{-\frac{1}{6}} \cdot y^{-\frac{7}{6}} \cdot z^{\frac{7}{6}}$

$= \sqrt[6]{x^{-1} \cdot y^{-7} \cdot z^7} = \sqrt[6]{\dfrac{z^7}{xy^7}}$

13 (1) $1 = 10^{\boxed{0}}$ (2) $100,000 = 10^{\boxed{5}}$ (3) $0.0001 = 10^{\boxed{-4}}$

(4) $\dfrac{1}{10000} = 10^{\boxed{-4}}$ (5) $(0.001)^3 = (10^{-3})^3 = 10^{\boxed{-9}}$

(6) 与式 $= 10^4 \times (10^{-3})^2 = 10^{\boxed{-2}}$

(7) 与式 $= (10^{-3})^3 \div (10^{-4})^2 = 10^{-9} \times 10^8 = 10^{\boxed{-1}}$

第3章　方程式と不等式

　方程式や不等式は, 私たちが日常生活で数学を利用するとき, 何らかの問題解決の手段として貴重なものである.

　例えば, 方程式を道具として用いた場合, 与えられた問題の解答は, **図 3.1** のようなてんびんがつり合うおもり x をさがす (方程式を解いて答えを見つける) ことにほかならない.

　本章では, 方程式, 不等式の解き方を中心に学ぶ.

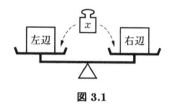

図 3.1

3.1　方程式の基本事項

3.1.1　等式とは

　二つの数または式が等しいことを等号 (記号) で表した式を**等式**という. 等号の左側にある式を**左辺**, 等号の右側にある式を**右辺**という. また, 左辺と右辺をあわせて**両辺**という.

　　【例】　　$3a + 5a = 8a$
　　　　　　　左辺　　右辺
　　　　　　　　　両辺

3.1.2　方程式と恒等式

　等式には, **方程式**と**恒等式**の 2 種類がある.

　(1)　**方程式**
　　等式に含まれている文字にある特定の数値を代入したときのみ成り立つ.
　　【例】　　$6x + 3 = 15$
　　　　　この等式は, $x = 2$ のときだけ成り立つから方程式である.

　(2)　**恒等式**
　　等式に含まれている文字に, どんな数値を代入しても成り立つ.

【例】　$3x + 5x = 8x$

　　　この等式は $x = 1, 2, 3, \cdots$, など, どんな数値を代入しても成り立つ
　　から恒等式である.

3.1.3　方程式の解

　与えられた条件から方程式をつくることを**方程式を立てる**という. 方程式で両
辺が等しくなるような特定の値をその**方程式の解**または (**根**) といい, 解を求め
ることを**方程式を解く**という. また, 方程式の文字を**未知数**という.

3.1.4　方程式の性質

　方程式も等式であるから方程式を解くためには, 次にあげる等式の性質を利用
する.

等式の性質

① 　**等式の両辺に同じ数または式を足しても等式は成り立つ.**

　　　$A = B$ ならば　$\Longrightarrow$　$A + C = B + C$

② 　**等式の両辺から同じ数または同じ数を引いても等式は成り立つ.**

　　　$A = B$ ならば　$\Longrightarrow$　$A - C = B - C$

③ 　**等式の両辺に同じ数または式を掛けても等式は成り立つ.**

　　　$A = B$ ならば　$\Longrightarrow$　$AC = BC$

④ 　**等式の両辺を 0 でない数または式で割っても等式は成り立つ.**

　　　$A = B$ ならば　$\Longrightarrow$　$\dfrac{A}{C} = \dfrac{B}{C}$　$(C \neq 0)$

3.1.5　方程式の種類

　方程式で, 未知数を表す文字を**元**という. その文字の数により, 一元, 二元, 三
元と区別する. 次数は, その未知数の最大の次数で表すと, 以下の方程式に分類さ
れる.

①	一元一次方程式	【例】	$3x + 7 = 21$
②	一元二次方程式	【例】	$5x^2 + 2x = 18$
③	二元一次方程式	【例】	$4x + 5y = 7, \ xy = 6$
④	二元二次方程式	【例】	$x^2 + 2y^2 - 9 = 0$
⑤	三元一次方程式	【例】	$2x + 5y - 3z = 18$

3.2　一次方程式

3.2.1　一次方程式とは

移項して整理したとき, $ax = b$ $(a,\ b$ は定数, $a \neq 0)$ の形に変形できる方程式を, x についての**一元一次方程式**, または単に**一次方程式**という.

3.2.2　移　項

等式の左辺にある項を, 符号を変えて右辺に移すことができる. また, 右辺にある項を符号を変えて左辺に移すこともできる. これを**移項する**という.

【例】

(左辺)　　　(右辺)
$$5x - 9 = 3x - 7$$
$$5x - 3x = -7 + 9$$

> -9 を右辺へ, $3x$ を左辺へ
> それぞれ移項する.

3.2.3　一次方程式の解き方

解く手順は次のようになる.

```
━━━━━━━━━ 一次方程式を解く手順 ━━━━━━━━━
  ① 分数は分母を払い, カッコをはずす.
  ② 文字を含む項は左辺へ, 数だけの項は右辺へ移項する.
  ③ 両辺をそれぞれ整理して ax = b の形にする.
  ④ 両辺を x の係数 a で割って解 b/a を求める.
```

③ 両辺をそれぞれ整理して $ax = b$ の形にする.

④ 両辺を x の係数 a で割って解 $\dfrac{b}{a}$ を求める.

【例題 1】　等式の性質を用いて, 次の方程式を解け.

$$(1) \quad 8x + 5 = -11 \qquad (2) \quad -4x - 12 = 3x + 9$$

【解答】

(1)　$8x + 5 = -11$ で, 5 を移項 (これは, 等式の性質②を用いて, 「この等式の両辺から 5 を引く」ということ) すると

$$8x = -5 - 11 \quad \therefore \ 8x = -16$$

両辺を 8 で割って　　$x = -2$

(2)　$-4x - 12 = 3x + 9$ で, -12 を右辺へ, $3x$ を左辺へ移項すると,

$$-4x - 3x = 9 + 12 \qquad (\text{等式の性質 ②より})$$

両辺を整理すると　　$-7x = 21$

両辺を -7 で割って　　(等式の性質 ④より)　　$x = -3$

【例題 2】　次の方程式を解け.

$$(1) \quad 2(x - 8) = -10 - 4(x + 3) \qquad (2) \quad \frac{2}{3}x - 1 = \frac{5}{8}x - \frac{1}{4}$$

$$(3) \quad \frac{x - 3}{5} - \frac{3x + 1}{2} = 8 \qquad (4) \quad 1.3x - 0.5 = 0.3x + 3$$

【解答】

(1)　カッコを含んだ方程式を解く問題である.

$2(x - 8) = -10 - 4(x + 3)$ で, まず, カッコをはずすと

$$2x - 16 = -10 - 4x - 12$$

-16 を右辺へ, $-4x$ を左辺へ移項すると

$$2x + 4x = -10 - 12 + 16$$

$$6x = -6 \quad \therefore \ x = -1$$

(2)　係数に分数を含んだ方程式を解く問題である.

$\dfrac{2}{3}x - 1 = \dfrac{5}{8}x - \dfrac{1}{4}$ で, まず, 係数を整数に直すために, 両辺に分母の最小公倍数 24 を掛けると, 　　$16x - 24 = 15x - 6$

文字は左辺, 数は右辺へ移項して,

$$16x - 15x = -6 + 24 \quad \therefore \ x = 18$$

(3)　$\dfrac{x - 3}{5} - \dfrac{3x + 1}{2} = 8$ で, 両辺に分母の最小公倍数の 10 を掛けると,

$$2(x - 3) - 5(3x + 1) = 80$$

カッコをはずすと, $\quad 2x - 6 - 15x - 5 = 80$

移項して $\qquad\qquad 2x - 15x = 80 + 6 + 5$

$\qquad -13x = 91 \qquad \therefore\ x = -7$

(4) 係数に小数を含む方程式を解く問題である.

$\quad 1.3x - 0.5 = 0.3x + 3$ で, 係数を整数に直してから計算する.

両辺を 10 倍すると, $\quad 13x - 5 = 3x + 30$

移項して $\qquad 13x - 3x = 30 + 5 \qquad \therefore\ x = 3.5$

3.2.4 文章題を一次方程式で解く

文章題を一次方程式で解く手順は, 次のようになる.

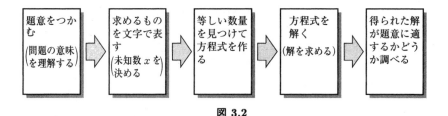

図 3.2

【**例題 3**】　次の問いについて, 一次方程式を用いて解け.

(1) A 君が自宅から学校へ行くのに, 時速 12 km の自転車で行くと, 時速 4 km で歩いて行くよりも 2 時間早く着く. A 君の自宅と学校との間の距離を求めよ.

(2) 1 位の数字が 5 である 2 けたの自然数がある. 10 位の数と 1 位の数字を入れかえると, もとの数より 27 小さくなるという. もとの数を求めよ.

【解答】

(1) 自宅と学校間の距離を x [km] とすると, 歩くときの所要時間は $\dfrac{x}{12}$ 時間, 題意より方程式は次のようになる.

$$\frac{x}{12} = \frac{x}{4} - 2$$

両辺に 12 を掛けると, $x = 3x - 24$

$\qquad -2x = -24$ より $\quad x = 12$ km

(2)　　10 の数字を x とすると, 2 けたの自然数は, $10x + 5$

　　　数字を入れかえると, $50 + x$

　　　題意より

$$10x + 5 = (50 + x) + 27$$

　　　これを整理して

　　　　$10x - x = 72$ よって, $x = 8$

　　　したがって, もとの数は

　　　　$10 \times 8 + 5 = 85$

答　もとの数　85

3.3　連立方程式

3.3.1　連立方程式とは

　二種類の文字を含む方程式を**二元方程式**といい, それらの文字について一次式であるものを**二元一次方程式**という.

　また, 二つ以上の方程式を組み合わせたものを**連立方程式**という.

　組み合わせた方程式を同時に成り立たせる文字の値の組を, その**連立方程式の解**という.

3.3.2　連立二元一次方程式の解

　二つの文字についての二元一次方程式が二つあるとき, それらの方程式に共通な解を**連立二元一次方程式の解**という.

【例】　連立方程式 $\begin{cases} x + y = 6 \\ x - y = 2 \end{cases}$

の解は, **図 3.3** のように, 二つの解 (x, y) の集まりの共通部分である (整数の範囲).

　これより $x = 4$, $y = 2$ が解になる.

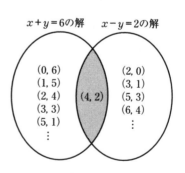

図 3.3

3.3.3 連立二元一次方程式の解き方

(1) 代入法による解き方

文字を一つの方程式にするために, 一方の方程式を x または y のどちらかについて解き, それを他方の方程式に代入し, 文字が一つの方程式にする. 代入により, 一つの文字の方程式にすることを, 他の文字を**消去**するという. **代入法**は代入によって, 一つの文字を消去して解く方法である.

【例題 4】 次の連立方程式について, 代入法を用いて解け.

(1) $\begin{cases} x = 5 \\ x + y = 8 \end{cases}$ 　　(2) $\begin{cases} x + y = 3 \\ 3x - 2y = 4 \end{cases}$

【解答】

(1) $\begin{cases} x = 5 & \cdots ① \\ x + y = 8 & \cdots ② \end{cases}$

① 式を ② 式に代入すると $5 + y = 8$,

したがって, $y = 3$

答 $\begin{cases} x = 5 \\ y = 3 \end{cases}$

(2) $\begin{cases} x + y = 3 & \cdots ① \\ 3x - 2y = 4 & \cdots ② \end{cases}$

①式から $y = 3 - x$

これを ② 式に代入すると $3x - 2(3 - x) = 4$ 　∴ $x = 2$

次に, $x = 2$ を ① 式に代入すると, $2 + y = 3$ 　∴ $y = 1$

答 $\begin{cases} x = 2 \\ y = 1 \end{cases}$

(2) 加減法による解き方

いくつかの数値を掛け, 一つの文字の係数をそろえて, 二つの方程式を加えるか, または引くかにより, 一つの文字を消去して連立方程式を解く方法を**加減法**という.

【例題 5】　次の連立方程式について加減法を用いて解け.

(1) $\begin{cases} x + y = 7 \\ 2x - y = 5 \end{cases}$　　　　　(2) $\begin{cases} \dfrac{x}{2} + \dfrac{y}{3} = 3 \\ \dfrac{x}{4} - \dfrac{2}{3}y = 4 \end{cases}$

【解答】

(1) $\begin{cases} x + y = 7 & \cdots ① \\ 2x - y = 5 & \cdots ② \end{cases}$

① 式, ② 式から y を消去するために, ① 式と ② 式の左辺どうし, 右辺どうしを加える.（① 式 + ②式）

$$\begin{array}{r} x + y = 7 \\ +)\ 2x - y = 5 \\ \hline 3x \quad\;\; = 12 \end{array} \quad \therefore\ x = 4$$

$x = 4$ を ② 式に代入して,

$2 \times 4 - y = 5$, これより $-y = 5 - 8$

したがって, 　$y = 3$

答 $\begin{cases} x = 4 \\ y = 3 \end{cases}$

(2) $\begin{cases} \dfrac{x}{2} + \dfrac{y}{3} = 3 & \cdots ① \\ \dfrac{x}{4} - \dfrac{2}{3}y = 4 & \cdots ② \end{cases}$

分数は分母を払って整数にする.

① 式 ×6 より　　$3x + 2y = 18 \cdots ③$

② 式 ×12 より　　$3x - 8y = 48 \cdots ④$

③ 式 − ④式より

$$\begin{array}{r} 3x + 2y = 18 \\ -)\ 3x - 8y = 48 \\ \hline 10y = -30 \end{array} \quad \therefore\ y = -3$$

$y = -3$ を ③ 式に代入すると,

$3x + 2 \times (-3) = 18$

これより, $3x = 18 + 6$ 　　$\therefore\ x = 8$

答 $\begin{cases} x = 8 \\ y = -3 \end{cases}$

(3) 等置法による解き方

二つの方程式がいずれも, $x = \boxed{}$, または, $y = \boxed{}$ の形の場合, 右辺どうしを等しいと置き, x または y だけの 1 文字についての一次方程式にして解く方法を**等置法**という.

【**例題 6**】 次の連立方程式について, 等置法を用いて解け.

(1) $\begin{cases} 3x + 2y = 5 \\ 4x + 3y = 6 \end{cases}$ (2) $\begin{cases} \dfrac{x}{2} + \dfrac{y}{3} = 1 \\ 4x + 5y = 1 \end{cases}$

【**解答**】

(1) $\begin{cases} 3x + 2y = 5 & \cdots ① \\ 4x + 3y = 6 & \cdots ② \end{cases}$

① 式より $x = \dfrac{5 - 2y}{3} \cdots ③$

② 式より $x = \dfrac{6 - 3y}{4} \cdots ④$

③ 式 = ④ 式より

$$\dfrac{5 - 2y}{3} = \dfrac{6 - 3y}{4}$$

これより

$$4(5 - 2y) = 3(6 - 3y)$$

$$\therefore\ 20 - 8y = 18 - 9y$$

これを解いて $y = -2$, これを ③ 式に代入すると

$$x = \dfrac{5 - 2 \times (-2)}{3} = 3$$

答 $\begin{cases} x = 3 \\ y = -2 \end{cases}$

(2) $\begin{cases} \dfrac{x}{2} + \dfrac{y}{3} = 1 & \cdots ① \\ 4x + 5y = 1 & \cdots ② \end{cases}$

①式より $x = 2 \times \left(1 - \dfrac{y}{3}\right) = 2 - \dfrac{2}{3}y \cdots ③$

②式より $x = \dfrac{1 - 5y}{4} \cdots ④$

③式 = ④式より $2 - \dfrac{2}{3}y = \dfrac{1 - 5y}{4}$

∴ $y = -3$

$y = -3$ を ③式に代入すると

$x = 2 - \dfrac{2}{3} \times (-3) = 4$

答 $\begin{cases} x = 4 \\ y = -3 \end{cases}$

3.3.4　連立三元一次方程式の解き方

　連立三元一次方程式の解き方は, ごく特殊な形のものを除いて, 一般に加減法が用いられる.

【例題 7】　　次の連立三元一次方程式を解け.

(1) $\begin{cases} x + y + z = 2 \\ x - y + z = -4 \\ -x + y + z = 6 \end{cases}$ 　　　　(2) $\begin{cases} x + y + z = 1 \\ 2x + 3y - 2z = -4 \\ 4x + 9y + 4z = 16 \end{cases}$

【解答】

(1) $\begin{cases} x + y + z = 2 & \cdots ① \\ x - y + z = -4 & \cdots ② \\ -x + y + z = 6 & \cdots ③ \end{cases}$

まず, x と z を消去すると, ① 式 − ② 式より

$$\begin{array}{r} x + y + z = 2 \\ -)\ \underline{x - y + z = -4} \\ 2y \ = 6 \end{array} \quad \therefore\ y = 3$$

次に, ② 式 − ③ 式より

$$\begin{array}{r} x - y + z = -4 \\ -)\ \underline{-x + y + z = 6} \\ 2x - 2y \ = -10 \cdots ④ \end{array}$$

$y = 3$ を ④ 式に代入すると $2x - 2 \times 3 = -10$, これより $x = -2$

$x = -2, y = 3$ を ① 式に代入, $-2 + 3 + z = 2$ ∴ $z = 1$

答　$x = -2, y = 3, z = 1$

$$(2) \quad \begin{cases} x + y + z = 1 & \cdots ① \\ 2x + 3y - 2z = -4 & \cdots ② \\ 4x + 9y + 4z = 16 & \cdots ③ \end{cases}$$

まず, z を消去すると,

① 式 $\times 2 +$ ② 式

$$\begin{array}{r} 2x + 2y + 2z = 2 \\ +)\ 2x + 3y - 2z = -4 \\ \hline 4x + 5y \qquad = -2 \cdots ④ \end{array}$$

② 式 $\times 2 +$ ③ 式

$$\begin{array}{r} 4x + 6y - 4z = -8 \\ +)\ 4x + 9y + 4z = 16 \\ \hline 8x + 15y \qquad = 8 \cdots ⑤ \end{array}$$

次に, y を消去すると

④ 式 $\times 3 -$ ⑤ 式

$$\begin{array}{r} 12x + 15y = -6 \\ -)\ 8x + 15y = 8 \\ \hline 4x \qquad = -14 \end{array} \qquad \therefore x = -\frac{14}{4} = -\frac{7}{2}$$

$x = -\dfrac{7}{2}$ を ④ 式に代入すると $4 \times \left(-\dfrac{7}{2}\right) + 5y = -2$

$\therefore y = \dfrac{12}{5}$

$x = -\dfrac{7}{2}$, $y = \dfrac{12}{5}$ を ① 式に代入して整理すると

$-\dfrac{7}{2} + \dfrac{12}{5} + z = 1 \qquad \therefore z = \dfrac{21}{10}$

答　$x = -\dfrac{7}{2}$, $y = \dfrac{12}{5}$, $z = \dfrac{21}{10}$

3.3.5 文章題を連立方程式で解く

文章題を連立方程式で解く手順は次のようになる.

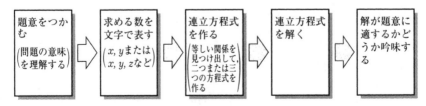

図 3.4

【例題 8】　8％の食塩水と 20％の食塩水がある. これらの食塩水を混ぜ合わせて, 10％の食塩水 600g をつくるには, 8％の食塩水と 20％の食塩水をそれぞれ何 g ずつ混ぜればよいか.

【解答】

8％の食塩水を x[g], 20％の食塩水を y[g] とし, これらを混ぜるとすると,

$x + y = 600 \cdots$ ①

溶け込んでいる食塩の量を考えると

$0.08x + 0.2y = 600 \times 0.1$

この式の両辺に $\dfrac{100}{2}$ を掛けて

$4x + 10y = 3000 \cdots$ ②

① 式 $\times 10-$ ② 式　　$6x = 3000$　　　∴ $x = 500$

$x = 500$ を ① 式に代入すると

$y = 100$

答　8％の食塩水 500g, 20％の食塩水 100g

【例題 9】　三角形の二つずつの辺の和が, 26 cm, 32 cm, 34 cm であるとき, 辺の長さはいくらか.

【解答】

3 辺の長さを x[cm], y[cm], z[cm] とすると, 題意より次のような連立方程式が成り立つ

$\begin{cases} x + y = 26 & \cdots ① \\ y + z = 32 & \cdots ② \\ x + z = 34 & \cdots ③ \end{cases}$

これを解くと次のようになる.

① 式 － ② 式より

$x - z = -6 \cdots$ ④

次に, ③ 式 ＋ ④ 式より

$2x = 28$　　∴ $x = 14$

$x = 14$ を ① 式に代入すると

$14 + y = 26$　　∴ $y = 12$

$y = 12$ を ② 式に代入すると

$12 + z = 32$　　∴ $z = 20$

答　三辺の長さは　12 cm, 14 cm, 20cm

3.4 二次方程式

3.4.1 二次方程式とは

方程式のすべての項を移項し, 簡単にしたとき, $ax^2 + bx + c = 0$ (a, b, c は定数, $a \neq 0$) の形になる方程式を**一元二次方程式**, または単に**二次方程式**という. 二次方程式を成り立たせる文字 x をその**二次方程式の解**といい, 解をすべて求めることをその**二次方程式を解く**という

3.4.2 二次方程式の解き方

二次方程式の解き方には, 次の二つの方法が主に用いられる.

(1) 因数分解による方法

二つの数, または式 A, B について **$AB = 0$ ならば**, A と B のうち, 少なくとも一方は 0 である. すなわち, **$A = 0$** または **$B = 0$**

二次方程式 $ax^2 + bx + c = 0$ の左辺 $ax^2 + bx + c$ が因数分解できる場合は, 容易に解くことができる.

【例】 $x^2 + x - 12 = 0$ を解く場合, まず, 左辺を因数分解すると,

$(x + 4)(x - 3) = 0$ $x + 4 = 0$ または $x - 3 = 0$

したがって, 解は $x = -4, 3$

(2) 解の公式による解き方

$ax^2 + bx + c = 0$ ($a \neq 0$) の左辺が因数分解できないときは, 次に示す解の公式を利用する.

$$x = \frac{-b \pm \sqrt{b^2 - 4ac}}{2a} \quad (a,\ b,\ c \text{ は実数})$$

二次方程式の解の種類は次のように分けられるが, その種類は根号 $\left(\sqrt{}\right)$ 内の式の符号によって知ることができる. $\sqrt{}$ 内の式, すなわち, **$b^2 - 4ac = D$** を**判別式**という.

解の種類

① $D > 0$ ならば, **異なる二つの実数解をもつ.**

② $D = 0$ ならば, **一つの実数解 (二重解) をもつ.**

③ $D < 0$ ならば, **異なる二つの虚数解をもつ.**

【例】　$2x^2 + 5x + 2 = 0$ を解の公式を用いて解くと, $a = 2$, $b = 5$, $c = 2$ から

$$x = \frac{-5 \pm \sqrt{5^2 - 4 \times 2 \times 2}}{2 \times 2} = \frac{-5 \pm \sqrt{25 - 16}}{4}$$

$$= \frac{-5 \pm 3}{4} \qquad \text{(二つの実数解)}$$

すなわち, 解は, $x = \dfrac{-5 - 3}{4} = -2$ または $\dfrac{-5 + 3}{4} = -\dfrac{1}{2}$

答　$-\dfrac{1}{2}$, -2

【例】　$4x^2 - 12x + 9 = 0$ を解の公式を用いて解くと

$$x = \frac{-(-12) \pm \sqrt{(-12)^2 - 4 \times 4 \times 9}}{2 \times 4} = \frac{12 \pm \sqrt{0}}{8} = \frac{3}{2} \qquad \text{(二重解)}$$

【例】　$x^2 - x + 2 = 0$ を解の公式を用いて解くと

$$x = \frac{-(-1) \pm \sqrt{(-1)^2 - 4 \times 1 \times 2}}{2 \times 1}$$

$$= \frac{1 \pm \sqrt{-7}}{2 \times 1} = \frac{1 \pm \sqrt{7}\,i}{2} \qquad \text{(二つの虚数解)}$$

すなわち, 解は, $x = \dfrac{1 + \sqrt{7}\,i}{2}$, $\dfrac{1 - \sqrt{7}\,i}{2}$ 　　答　$\dfrac{1 + \sqrt{7}\,i}{2}$, $\dfrac{1 - \sqrt{7}\,i}{2}$

【例題 10】　次の二次方程式を解け.

(1)　$9x^2 - 2 = 0$ 　　　　　　　　(2)　$4(3x - 1)^2 = 9$

(3)　$(x - 3)^2 + 2(x - 3) - 15 = 0$ 　　(4)　$\dfrac{(x-1)^2}{3} - \dfrac{x^2 - 1}{2} - 1 = 0$

(5)　$(x - 5)(x - 6) = 6$ 　　　　　　(6)　$0.5x^2 + 2.5x = 3$

【解答】

(1)　$9x^2 = 2$ 　　$x^2 = \dfrac{2}{9}$ 　　$\therefore\ x = \pm\sqrt{\dfrac{2}{9}} = \pm\dfrac{\sqrt{2}}{3}$ 　　答　$\dfrac{\sqrt{2}}{3}$, $-\dfrac{\sqrt{2}}{3}$

(2)　$(3x - 1)^2 = \dfrac{9}{4}$ 　　$3x - 1 = \pm\sqrt{\dfrac{9}{4}}$ 　　$3x - 1 = \pm\dfrac{3}{2}$

$$3x - 1 = -\frac{3}{2} \text{ のとき} \quad x = -\frac{1}{6}$$

$$3x - 1 = \frac{3}{2} \text{ のとき} \quad x = \frac{5}{6}$$

答 $\dfrac{5}{6}, \ -\dfrac{1}{6}$

(3) $x - 3 = X$ とおくと, $X^2 + 2X - 15 = 0$ $(X - 3)(X + 5) = 0$

     $\therefore X - 3 = 0$ または $X + 5 = 0$

      $x - 3 - 3 = 0$ または $x - 3 + 5 = 0$

したがって, $x = 6, -2$

答   6, -2

(4) $\dfrac{(x-1)^2}{3} - \dfrac{x^2 - 1}{2} - 1 = 0$ 両辺に 6 を掛けると

     $2(x-1)^2 - 3(x^2 - 1) - 6 = 0$ $x^2 + 4x + 1 = 0$

$$x = \frac{-4 \pm \sqrt{4^2 - 4 \times 1 \times 1}}{2 \times 1} = -2 \pm \sqrt{3}$$

答 $-2 + \sqrt{3}, \ -2 - \sqrt{3}$

(5) $(x-5)(x-6) = 6$ $x^2 - 6x - 5x + 30 - 6 = 0$

     $x^2 - 11x + 24 = 0$ $(x-3)(x-8) = 0$ 答   3, 8

(6) $0.5x^2 + 2.5x = 3$ $0.5x^2 + 2.5x - 3 = 0$

     両辺に 2 を掛けると, $x^2 + 5x - 6 = 0$ $(x-1)(x+6) = 0$

答   1, -6

3.4.3   文章題を二次方程式で解く

文章題を二次方程式で解く手順は次のようになる.

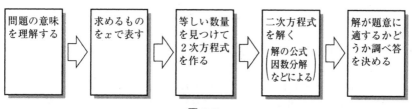

図 3.5

【例題 11】　二つの数がある.その和は 8 で,積は −33 である.この二数を求めよ.

【解答】

一方の数を x とすると他方の数は $(8-x)$ で表される.題意より

$x(8-x) = -33$　　これを解くと　　$-x^2 + 8x = -33$

$x^2 - 8x - 33 = 0$　　$(x-11)(x+3) = 0$　　$\therefore\ x = 11,\ -3$

【例題 12】　n 角形の対角線の数は $\dfrac{n(n-3)}{2}$ である.これを利用して対角線の数が 44 の多角形の辺の数を求めよ.

【解答】

求める辺の数を n とすると,題意より

$$\frac{n(n-3)}{2} = 44$$

これより,

$n^2 - 3n - 88 = 0$　$(n-11)(n+8) = 0,$　　$\therefore\ n = 11,\ -8$

題意より,求める辺の数は正の整数であるから 11 が適する.　　　　　<u>答　11</u>

【例題 13】　一辺が 10 m の正方形の土地がある.いま,この土地の各辺の長さを x[m] だけ増して面積を 324m² にするには,x をいくらにすればよいか.

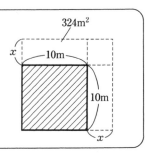

【解答】

題意より,新しい正方形の土地の一辺の長さは $(10+x)$ m である.

したがって,

$(10+x)^2 = 324$　　$\therefore\ x = -10 \pm 18$

(解の吟味)　　$x = 8$ または -28 で -28 は不適当である.　　　　　<u>答　8 m</u>

3.5 分数方程式

3.5.1 分数方程式とは

分母に未知数が含まれている方程式を**分数方程式**という. 分数の形をした方程式でも, 分母に未知数が入っていない場合は, 分数方程式とはいわない.

3.5.2 分数方程式の解き方

【例】 分数方程式 $\dfrac{2}{x+1} - \dfrac{1}{x-2} = 2$ を解く手順は, 次のようになる.

分数方程式の解法手順

① **両辺に分母の最小公倍数を掛けて分母を払い, 整方程式をつくる.**

最小公倍数 $(x+1)(x-2)$ を両辺に掛けて分母を払うと,

$$\frac{2(x+1)(x-2)}{x+1} - \frac{(x+1)(x-2)}{x-2} = 2(x+1)(x-2)$$

$$\therefore\ 2(x-2) - (x+1) = 2(x+1)(x-2)$$

② この整方程式を解く.

$$x - 5 = 2(x^2 - x - 2) \qquad 2x^2 - 3x + 1 = 0$$

$$(2x-1)(x-1) = 0 \qquad \therefore\ x = \frac{1}{2},\ 1$$

③ **解のうち, もとの分数方程式に含まれる分式の分母を 0 にするものは取り上げない.** 分母を 0 にしないものだけが求める解である (この作業を**解の吟味**という).

分数式の分母を 0 にする x の値は $-1, 2$ であるから求める解は $\dfrac{1}{2},\ 1$ である.

【例題 14】 次の分数方程式を解け

(1) $\dfrac{10}{x+2} - \dfrac{11}{x+3} = \dfrac{3}{4}$ (2) $\dfrac{2x-1}{x+1} - \dfrac{x-5}{x-1} = \dfrac{6x}{1-x^2}$

【解答】

(1) 与えられた分数方程式の両辺に分母の最小公倍数 $4(x+2)(x+3)$ を掛けて整理すると $10 \times 4(x+3) - 11 \times 4(x+2) = 3(x+2)(x+3)$

$3x^2 + 19x - 14 = 0$ $(3x-2)(x+7) = 0$ $\therefore\ x = \dfrac{2}{3},\ -7$

(2) 与えられた分数方程式の両辺に分母の最小公倍数 $(x+1)(x-1)$ を掛けて整理すると $(2x-1)(x-1) - (x-5)(x+1) = -6x$ $(x+6)(x+1) = 0$

$\therefore\ x = -6,\ -1$ ここで $x = -1$ は分母を 0 にするので不適.

3.6 無理方程式

3.6.1 無理方程式とは

未知数が根号内に入っている方程式を**無理方程式**という. 根号を含んだ方程式でも, 根号内に未知数が存在しなければ無理方程式とはいわない.

3.6.2 無理方程式の解き方

【例】 無理方程式 $x + \sqrt{x+1} = 5$ を解く手順は次のようになる.

================ **無理方程式の解法手順** ================

① 根号が一つの場合は, 根号のない項を他の辺に移項し, 両辺を2乗して有理化する (新しい方程式になる).

$$\sqrt{x+1} = 5 - x \qquad x + 1 = (5-x)^2$$

② この新しい方程式 (ここでは, 2次方程式) を解く.

$$x^2 - 11x + 24 = 0 \qquad (x-3)(x-8) = 0$$

$$\therefore\ x = 3 \quad \text{または} \quad 8$$

③ 解のうちで, もとの無理方程式を満足するものが求める解である (解の吟味).

$x = 3$ のとき   左辺 $= 3 + \sqrt{3+1} = 5$ 右辺 $= 5$

$x = 8$ のとき   左辺 $= 8 + \sqrt{8+1} = 11$ 右辺 $= 5$

(ここで, 左辺と右辺が異なるのは, 等式の両辺を2乗したために生じた余分な解である. これを**無縁解**という.)   **答 3**

【例題 15】 次の方程式を解け.

$$(1) \quad \sqrt{2x+1}+1=x \qquad (2) \quad 2\sqrt{x-1}=\sqrt{x+2}$$

$$(3) \quad \sqrt{x}+\sqrt{x+5}=5 \qquad (4) \quad x+2\sqrt{x-1}-4=0$$

【解答】

(1) $\quad \sqrt{2x+1}+1=x \qquad 2x+1=(x-1)^2 \qquad 2x+1=x^2-2x+1$

$x^2-4x=0 \qquad \therefore x(x-4)=0$

$x=0,\ 4$ のうち, $x=0$ は無縁解であるから

$\therefore\ x=4$

(2) $\quad 2\sqrt{x-1}=\sqrt{x+2}$

$4(x-1)=x+2 \qquad 4x-4=x+2$

$\therefore x=2$

(3) $\quad \sqrt{x}+\sqrt{x+5}=5$

両辺を 2 乗して

$(\sqrt{x}+\sqrt{x+5})^2=5^2$

これを移項して

$2\sqrt{x(x+5)}=20-2x$

さらに, 両辺を 2 乗して

$\{2\sqrt{x(x+5)}\}^2=(20-2x)^2$

$4x^2+20x=400-80x+4x^2 \qquad 100x=400$

$\therefore\ x=4$

(4) $\quad x+2\sqrt{x-1}-4=0$

$2\sqrt{x-1}=4-x \qquad 4(x-1)=(4-x)^2 \qquad 4x-4=16-8x+x^2$

これを整理して

$x^2-12x+20=0 \qquad (x-2)(x-10)=0$

ここで, $x=2,\ 10$ のうち $x=10$ は無縁解であるから

$\therefore\ x=2$

3.7　不等式

3.7.1　不等式とは

$<$, $>$, $\leqq$, $\geqq$ のような不等号を使用して数量, 式の大小関係を表した式を**不等式**という. この不等式で, 不等号の左側の式を**左辺**, 右側の式を**右辺**, 両方を合わせて**両辺**という.

3.7.2　不等式の表し方と数直線

(1)　不等号の意味

> ①　$a < b$　$\Rightarrow$　a は b より小さい
>
> ②　$a > b$　$\Rightarrow$　a は b より大きい
>
> ③　$a \leqq b$　$\Rightarrow$　a は b より小さいか, または等しい
>
> ④　$a \geqq b$　$\Rightarrow$　a は b より大きいか, または等しい

(2)　不等式と数直線との関係

①　$1 \leqq x$ $\Rightarrow$ x は 1 以上である.

（●印 1を含む）

②　$x \leqq 3$ $\Rightarrow$ x は 3 以下である.

③　$-1 < x \leqq 3$ $\Rightarrow$ x は -1 より大きく, 3 以下である.

（○印 -1を含まず）

④　$x < -1$, $3 < x$ $\Rightarrow$ x は -1 より小さいか, または 3 より大きい.

3.7.3 不等式の性質

不等式の性質は次のようになる.

不等式の性質

① 不等式の両辺に同じ数や式を加えても, 引いても, 不等号の向きは変わらない

$$a > b \text{ ならば,} \quad a + c > b + c, \quad a - c > b - c$$

② 不等式の両辺に同じ正の数や式を掛けても, 割っても, 不等号の向きは変わらない.

$$a > b \text{ ならば} \quad ac > bc, \quad \frac{a}{c} > \frac{b}{c}$$

③ 不等式の両辺に同じ負の数や式を掛けたり, 割ったりすると, 不等号の向きは変わる

$$a > b, \ c < 0 \text{ ならば,} \quad ac < bc, \quad \frac{a}{c} < \frac{b}{c}$$

3.7.4 一次不等式の解き方

まず, 不等式の未知数 x に数値を代入して解を求めてみる.

【例】 次の二つの方程式

① $x - 1 < 3$ （x は自然数）

② $x - 1 \geq 4$ （x はすべての数）

の解を求め, その解を数直線で表すと,

① では, $x - 1 < 3$ を解くという意味は, この不等式を満たす自然数 x の値をすべて求めることである. 自然数 $x = 1, 2, 3, \cdots$ を代入して成り立つ数を求める. $x = 1, 2, 3$

②では $x = 1, 2, 3, 4$ は成り立たないが, 5 以上については常に成り立つ.

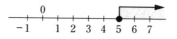

【例】 $x + 5 > 3$ を解くと, 両辺から 5 を引くと, $x + 5 - 5 > 3 - 5$

$$\therefore \ x > -2$$

【例】　　$-2x \leqq 10$ を解くと，両辺を負の数 (-2) で割ると不等号の向きは変わるから，　　$-2x \div (-2) \geqq 10 \div (-2)$

　　　$\therefore \ x \geqq -5$

不等式も一次方程式と同様に移項して解けばよい．ただし，負数の乗除は，不等号の向きは変わる．

【**例題 16**】　　次の不等式を解け．

(1)　$6x - 3 < x + 2$

(2)　$\dfrac{1}{5}x > -3$

(3)　$2(x - 3) \geqq 7 + 3x$

【解答】

(1)　$\begin{aligned} 6x - 3 &< x + 2 \\ 6x - x &< 2 + 3 \\ 5x &< 5 \\ \therefore \ x &< 1 \end{aligned}$

(2)　$\dfrac{1}{5}x > -3$

両辺に 5 を掛けると

　　$x > -3 \times 5$

　　$\therefore \ x > -15$

(3)　$\begin{aligned} 2(x - 3) &\geqq 7 + 3x \\ 2x - 6 &\geqq 7 + 3x \\ -x &\geqq 13 \qquad \therefore \ x \leqq -13 \end{aligned}$

＜パソコンで方程式を解く … その方法の一例は＞

　一例として,逐次近似法がある.この方法では,方程式の真の解は求められないが,パソコンの特技である高速の反復計算を苦にしないという機能を生かし,何回も繰り返すことにより計算精度は十分上がることになる.

　第4章 「関数とグラフ」で学ぶが,図 (a) のように,方程式を解くということは,関数グラフ $y = f(x)$ の x 軸との交点 (つまり,関数 $f(x) = 0$ のとき) の x 座標,x_1, x_2 を求めることにほかならない (実数解の場合).

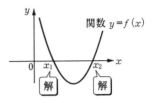

　図 (b) の方法は,はじめに,ある初期値 (解の近似値) を仮に定め,その値を反復公式に代入して新しい近似値を求めるという操作

図 (a) グラフ上の方程式を解く意味

を何度も繰り返して,しだいに近似値の精度を上げながら真の解に近づけていくしくみを示している.

　この逐次近似法は,区間を 1/2 ずつせばめていく方法ということで,**2分法**と呼ばれている.

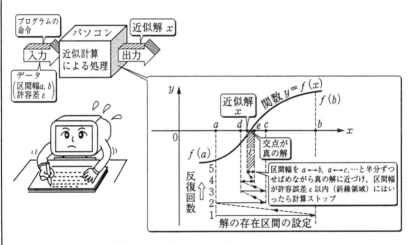

図 (b) 2分法による計算処理のしくみ

第3章　練習問題

1　次の一次方程式を解け.
  (1)　$3(x - 2) = 6(5 - x)$
  (2)　$1.5x - 0.24 = 2.4x + 1.02$
  (3)　$x + 2 - \dfrac{4x - 1}{3} = 5$
  (4)　$\dfrac{x}{3} + \dfrac{1}{4} = \dfrac{x}{6} + \dfrac{1}{2}$

2　次の問いについて, 一次方程式を用いて解け.
  (1)　ある町会の会費を集めるのに1世帯1000円ずつとすれば, 1250円余り,1世帯950円ずつとすれば, 300円不足になる. この町会の世帯数は何世帯か.
  (2)　長さが85 mで時速76 kmで走る電車が, トンネルにさしかかってから通過するまでに120秒かかった. このトンネルの長さを求めよ.

3　次の二元一次連立方程式を解け.
  (1)　$\begin{cases} 2x + 3y = -4 \\ y = 3x - 5 \end{cases}$
  (2)　$\begin{cases} -0.2x + \dfrac{y}{3} = 1.2 \\ 3x = 2y \end{cases}$
  (3)　$\begin{cases} \dfrac{x}{3} + \dfrac{y}{2} = \dfrac{5}{6} \\ -\dfrac{x}{2} + \dfrac{3y}{4} = \dfrac{1}{4} \end{cases}$
  (4)　$x + 3y - 1 = -2x + y = 4$

4　次の三元一次連立方程式を解け.
  (1)　$\begin{cases} 6x - 4y + 5z = 11 \\ 5x + 2y + 2z = 10 \\ x + y + z = 8 \end{cases}$
  (2)　$\begin{cases} 3x - y + 2z = 7 \\ 2x + 5y - z = 9 \\ x + 2y + 3z = 14 \end{cases}$

5　3けたの整数がある. 各位の数字の和は15で, 10位の数字は100位の数字の4倍である. また, 数字の順序を逆にすると, もとの数の2倍より12大きくなるという. この3けたの整数を求めよ.

6　次の二次方程式を解け.
  (1)　$x^2 + x - 2 = 0$
  (2)　$x^2 - 2\sqrt{3}x + 1 = 0$
  (3)　$(x - 3)^2 = 2(x - 1)^2$

(4)　$2(x+1)^2 = (x+2)(x-1) + 2$

7　長方形 ABCD の面積が 12 cm² で, 辺 DC の長さが辺 AB の長さよりも 1 cm 長い. この長方形の周の長さを求めよ.

8　$x^2 - 3x - 4 = 0$ の二つの解から 1 を引いた 2 数を二つの解とする二次方程式が $x^2 - ax + b = 0$ のとき, a, b の値を求めよ.

9　次の方程式を解け.

(1)　$\dfrac{4}{x-3} = x$　　(2)　$\dfrac{5}{2}x - \dfrac{3x}{x-2} = \dfrac{5x-12}{x-2}$

(3)　$\dfrac{3}{x+10} - \dfrac{1}{x+5} = 1 + \dfrac{x}{x^2 + 15x + 50}$

(4)　$\sqrt{x} + \sqrt{7x+2} = 0$　　(5)　$\sqrt{x-4} = 2\sqrt{x-7}$

10　次の不等式を解け.

(1)　$5x + 3 \geqq 2(2x - 3)$

(2)　$\dfrac{2}{3}x + \dfrac{3}{4} < \dfrac{1}{4}x + \dfrac{1}{3}$

(3)　$3x - 5 > x$　(x は $1 < x < 7$ の整数)

(4)　$\dfrac{2x+1}{3} > \dfrac{2x-5}{2}$　(x は自然数とする)

11　次の不等式に関する問いに答えよ.

(1)　$2(2x+5) - 7(2x-3) > 0$ を満たす x の値のうち, 自然数は何個あるか.

(2)　$3(2x-1) - 2(4x-5) > 3$ を満たす x の値のうち, 絶対値が 5 以下の整数を求めよ.

(3)　10 km の距離を A 君は a [km/時] で歩き, B 君ははじめの x [km] を 3 [km/時], 残りを b [km/時] で歩いたら, A 君は B 君より早く着いた. これを不等式で表せ.

第3章　練習問題【解答】

1　(1)　　$3x - 6 = 30 - 6x$
　　　　　　　　$9x = 36$
　　　　　　　　$\therefore\ x = 4$

　　(2)　　$1.5x - 2.4x = 1.02 + 0.24$
　　　　　　　　$-0.9x = 1.26$

　　　　　　　　$\therefore x = -1.4$

　　(3)　　両辺を 3 倍すると
　　　　　　　$3x + 6 - (4x - 1) = 15$
　　　　　　　$3x - 4x = 15 - 6 - 1$
　　　　　　　　$\therefore\ x = -8$

　　(4)　　両辺を 12 倍すると
　　　　　　　　$4x + 3 = 2x + 6$
　　　　　　　$4x - 2x = 6 - 3$
　　　　　　　　$\therefore\ x = \dfrac{3}{2}$

2　(1)　　この町会の世帯数を x とすると，題意により方程式は
　　　　　　$1000x - 1250 = 950x + 300$
　　　　　　これを解くと　$x = 31$　　　　　　　　　　　　　**答　31 世帯**

　　(2)　　トンネルの長さを x [km] とすると，電車が $(x + 0.085)$ km 移動した
　　　　　ときにトンネルを通り抜けるので，次の方程式が成り立つ．
　　　　　　　　$(x + 0.085) = \dfrac{120}{3600} \times 76$
　　　　　これを解くと，　$x \fallingdotseq 2.448$ [km]　　　　　　**答　2.448 km**

3

(1)
$$\begin{cases} 2x + 3y = -4 & \cdots ① \\ y = 3x - 5 & \cdots ② \end{cases}$$

② 式を ① 式に代入

$2x + 3(3x - 5) = -4$

　　　$\therefore\ x = 1$
$x = 1$ を ② 式に代入して
$y = 3 \times 1 - 5 = -2$

　　　　　答 $\begin{cases} x = 1 \\ y = -2 \end{cases}$

(2)
$$\begin{cases} -0.2x + \dfrac{y}{3} = 1.2 & \cdots ① \\ 3x = 2y & \cdots ② \end{cases}$$

② 式より　$y = \dfrac{3}{2}x \cdots ③$

$-0.2x + \dfrac{1}{3}\left(\dfrac{3}{2}x\right) = 1.2$

　　　$\therefore\ x = 4$
$x = 4$ を ③ 式に代入して
$y = \dfrac{3}{2} \times 4 = 6$

　　　　　答 $\begin{cases} x = 4 \\ y = 6 \end{cases}$

(3)

$$\begin{cases} \dfrac{x}{3} + \dfrac{y}{2} = \dfrac{5}{6} & \cdots ① \\ -\dfrac{x}{2} + \dfrac{3}{4}y = \dfrac{1}{4} & \cdots ② \end{cases}$$

① 式を 6 倍して
$2x + 3y = 5 \cdots ③$
② 式を 4 倍して
$-2x + 3y = 1 \cdots ④$
③ 式 － ④ 式

$$\begin{array}{r} 2x + 3y = 5 \\ -)\,-2x + 3y = 1 \\ \hline 4x \qquad\;\; = 4 \end{array}$$

$\therefore x = 1$ これを ③ 式に代入
すると, $y = 1$

答　$\begin{cases} x = 1 \\ y = 1 \end{cases}$

(4)

$$\begin{cases} x + 3y - 1 = 4 & \cdots ① \\ -2x + y = 4 & \cdots ② \end{cases}$$

① 式より
$x + 3y = 5 \cdots ③$
② 式 ×3－ ③式

$$\begin{array}{r} -6x + 3y = 12 \\ -)\;\; x + 3y = 5 \cdots ③ \\ \hline -7x \qquad\;\; = 7 \end{array}$$

$\therefore x = -1$ これを ③ 式に
代入すると,　$y = 2$

答　$\begin{cases} x = -1 \\ y = 2 \end{cases}$

4

(1)

$$\begin{cases} 6x - 4y + 5z = 11 & \cdots ① \\ 5x + 2y + 2z = 10 & \cdots ② \\ x + y + z = 8 & \cdots ③ \end{cases}$$

② 式 － ③式 ×2

$$\begin{array}{r} 5x + 2y + 2z = 10 \\ -)\;\; 2x + 2y + 2z = 16 \\ \hline 3x \qquad\qquad = -6 \end{array}$$

$\therefore x = -2$

① 式 － ③式 ×5

$$\begin{array}{r} 6x - 4y + 5z = 11 \\ -)\;\; 5x + 5y + 5z = 40 \\ \hline x - 9y \qquad = -29 \cdots ④ \end{array}$$

$x = -2$ を ④式に代入すると, $y = 3$, x, y の値を ③ 式に代入すると,　$z = 7$

答　$x = -2,\ y = 3,\ z = 7$

(2)

$$\begin{cases} 3x - y + 2z = 7 & \cdots ① \\ 2x + 5y - z = 9 & \cdots ② \\ x + 2y + 3z = 14 & \cdots ③ \end{cases}$$

① 式 ＋ ②式 ×2

$$\begin{array}{r} 3x \;\; - y + 2z = 7 \\ +)\;\; 4x + 10y - 2z = 18 \\ \hline 7x \;\; + 9y \qquad = 25 \cdots ④ \end{array}$$

② 式 ×3＋ ③ 式

$$\begin{array}{r} 6x + 15y - 3z = 27 \\ +)\;\; x \;\; + 2y + 3z = 14 \\ \hline 7x \;\; + 17y \qquad = 41 \cdots ⑤ \end{array}$$

⑤式 − ④ 式　$8y = 16$　∴ $y = 2$
$y = 2$ を ④ 式に代入すると　$x = 1$
x, y の値を ③ 式に代入すると　$z = 3$

答　$x = 1, y = 2, z = 3$

5　x, y, z をそれぞれ 1 けたの数とし, 3 けたの整数を $100x + 10y + z$ とする. 題意より連立方程式をたてると,

$$\begin{cases} x + y + z = 15 \\ y = 4x \\ 100z + 10y + x = 2(100x + 10y + z) + 12 \end{cases}$$

となる. これを解いて　$x = 2, y = 8, z = 5$

答　285

6　(1)　$x^2 + x - 2 = 0$
これを因数分解すると　$(x + 2)(x - 1) = 0$　　∴ $x = 1, -2$

(2)　$x^2 - 2\sqrt{3}x + 1 = 0$

$$x = \frac{2\sqrt{3} \pm \sqrt{(2\sqrt{3})^2 - 4 \times 1 \times 1}}{2 \times 1} = \frac{2\sqrt{3} \pm \sqrt{8}}{2} = \sqrt{3} \pm \sqrt{2}$$

答　$\sqrt{3} \pm \sqrt{2}$

(3)　$(x - 3)^2 = 2(x - 1)^2$
$x^2 - 6x + 9 = 2x^2 - 4x + 2$
$x^2 + 2x - 7 = 0$

$$x = \frac{-2 \pm \sqrt{2^2 - 4 \times 1 \times (-7)}}{2 \times 1} = \frac{-2 \pm \sqrt{32}}{2} = -1 \pm 2\sqrt{2}$$　　答　$-1 \pm 2\sqrt{2}$

(4)　$2(x + 1)^2 = (x + 2)(x - 1) + 2$
$2x^2 + 4x + 2 = x^2 + x$
$x^2 + 3x + 2 = 0$
$(x + 1)(x + 2) = 0$
$x = -1, -2$

答　$-1, -2$

7　AB$= x$ とすると, 題意より $x(x + 1) = 12$　　$x^2 + x - 12 = 0$
$(x + 4)(x - 3) = 0$　　$x = -4, 3$　　$x > 0$ より $x = 3$
したがって, 周の長さは　$2(\text{AB} + \text{BC}) = 2(3 + 4) = 14$

答　14 cm

8　$(x - 4)(x + 1) = 0$ より　$x = 4, -1$
題意より 3, −2 を二つの解とする方程式は
$(x - 3)(x + 2) = 0$　　$x^2 - x - 6 = 0$　　∴ $a = 1, b = -6$

9　(1)　$\dfrac{4}{x - 3} = x$

$x^2 - 3x - 4 = 0$　　$(x + 1)(x - 4) = 0$　　∴ $x = -1, 4$

(2)　$\dfrac{5}{2}x - \dfrac{3x}{x - 2} = \dfrac{5x - 12}{x - 2}$

両辺に $2(x - 2)$ を掛けて分母を払うと

$$5x(x-2) - 2 \times 3x = 2(5x-12)$$

$$x = \frac{26 \pm \sqrt{26^2 - 4 \times 5 \times 24}}{2 \times 5} = \frac{26 \pm \sqrt{196}}{10} = \frac{26 \pm 14}{10}$$

$$\therefore \quad x = \frac{26+14}{10} = 4 \quad \text{または} \quad x = \frac{12}{10} = \frac{6}{5} \qquad \qquad \text{答} \quad 4, \frac{6}{5}$$

(3) $\dfrac{3}{x+10} - \dfrac{1}{x+5} = 1 + \dfrac{x}{x^2+15x+50}$

両辺に $(x+10)(x+5)$ を掛けると

$3(x+5) - (x+10) = (x+10)(x+5) + x$

$x^2 + 14x + 45 = 0$

$x = \dfrac{-14 \pm \sqrt{14^2 - 4 \times 1 \times 45}}{2 \times 1} = -9, -5 \quad$ ただし　-5 は不適当

答　-9

(4) $\sqrt{x} + \sqrt{7x+2} = 0 \qquad \sqrt{x} = -\sqrt{7x+2}$

両辺を 2 乗して, $x = 7x + 2 \qquad \therefore \ x = -\dfrac{1}{3}$ であるが,

$\sqrt{x} = -\sqrt{7x+2}$ で, 左辺 $= \sqrt{-\dfrac{1}{3}} = \sqrt{\dfrac{1}{3}}\,i$

右辺 $= -\sqrt{7 \times \left(-\dfrac{1}{3}\right) + 2} = -\sqrt{-\dfrac{1}{3}} = -\sqrt{\dfrac{1}{3}}\,i$ より解なし (無縁解)

(5) $\sqrt{x-4} = 2\sqrt{x-7}$

両辺を 2 乗して $x - 4 = 4(x-7)$ 　これを解いて　$x = 8$

これを吟味すると, 左辺 $= 2$, 右辺 $= 2$ したがって, 解は $x = 8$

10 (1) $5x + 3 \geqq 2(2x-3) \qquad 5x + 3 \geqq 4x - 6$ より　$x \geqq -9$

(2) $\dfrac{2}{3}x + \dfrac{3}{4} < \dfrac{1}{4}x + \dfrac{1}{3}$ 　両辺に 12 を掛けて分母を払うと

$8x + 9 < 3x + 4 \qquad 5x < -5 \qquad \therefore \ x < -1$

(3) $3x - 5 > x \quad \therefore \ x > \dfrac{5}{2}$ 　　　　　答　x は $3, 4, 5, 6$

(4) $\dfrac{2x+1}{3} > \dfrac{2x-5}{2}$ 　両辺に 6 を掛けて分母を払うと

$2(2x+1) > 3(2x-5) \qquad \therefore \ x < \dfrac{17}{2}\ (8.5)$

答　$\dfrac{17}{2}$ 未満の自然数は　$1, 2, 3, 4, 5, 6, 7, 8$

11 (1) 与えられた不等式を解くと $x < 3.1$, これより $x = 1, 2, 3$

答　3 個

(2) 与えられた不等式を解くと $x < 2$, 題意より $-5 \leqq x \leqq 5$

よって, $x = -5, -4, -3, -2, -1, 0, 1$ から, これが答になる.

(3) $\dfrac{10}{a} < \dfrac{x}{3} + \dfrac{10-x}{b}$

第4章 関数とグラフ

ある二種類のことに関して一つが決まると,もう一つが決まるという対応関係,いわゆる関数が日常生活にあふれている.複雑な事象も関数で表し,グラフで書くと,すっきりと整理され見やすくなる.本章では,関数の取扱いを学ぶ.

4.1 関数とその表し方

4.1.1 関数とは

ある決まった数,または決まった数を表す文字のことを**定数**という.これに対して,いろいろな文字をとることができる文字を**変数**という.

二つの変数 x と y があって,x の値が決まると,これに対応して y の値が決まるとき,**y は x の関数**であるという.

【例】 三角形の面積 S は,底辺の長さを a,高さを h とすると,次式で表される.

$$S = \frac{1}{2}ah$$

上式で,$\frac{1}{2}$ は三角形の大きさ,形に無関係で一定であるが,a, h, S は三角形の大きさ,形によりいろいろな値をとることができる.

・ a が定数ならば $\longrightarrow$ h, S が変数となる
・ h が定数ならば $\longrightarrow$ a, S が変数となる
・ S が定数ならば $\longrightarrow$ a, h が変数となる

このように条件が変われば,定数が変数になることもあるし,反対に変数が定数になることもある.

4.1.2 関数の記号

x の関数を表すのに,$f(x)$, $F(x)$, $g(x)$ などの記号を使用し,y が x の関数であることを,$y = f(x)$, $y = F(x)$, $y = g(x)$ と書く.

一般に,$x = a$ のとき,$f(x)$ の値を $f(a)$ で表し,これを**関数の値**,または**関数値**という.

【例】　$x^2 + 3x - 1$ は x の関数であるから, $f(x) = x^2 + 3x - 1$ と書く.

　　$x = 0$ のときの関数値 $f(0)$ は, $f(0) = 0^2 + 3 \times 0 - 1 = -1$

　　同様に

　　　　$x = 1$ のとき, 　$f(1) = 1^2 + 3 \times 1 - 1 = 3$

　　　　$x = 2$ のとき, 　$f(2) = 2^2 + 3 \times 2 - 1 = 9$

　　　　$\vdots$

4.1.3 座　標

平面上の点の位置を表すには, ふつう, 2本の数直線を**図4.1**のように, 二つの原点で直角に交わるようにし, その交点を O とする.

このとき, 横の数直線を **x軸** (または横軸), 縦の数直線を **y軸** (または縦軸), x軸と y軸を合わせて**座標軸**, 点 O を**原点**という. 同図で, $(4, 3)$ を点 P の座標, 4 を P の **x座標** (または**横座標**), 3 を P の **y座標** (または**縦座標**) という. また, 点 P $(4, 3)$ とも書く. 座標軸の定めた平面を**座標平面**という.

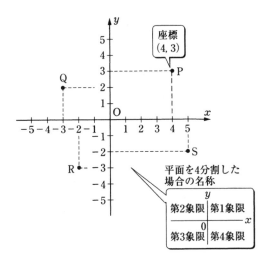

図 4.1

【例】　**図4.1**の座標平面で, 点 O (原点), Q, R, S の座標は, それぞれ
　　　$O(0, 0)$, $Q(-3, 2)$, $R(-2, -3)$, $S(5, -2)$ である.

4.1.4 関数のグラフ

関数は常に数式で表すことができる. しかし, 対応表 (数表), さらに, グラフで表した方が関数の変化が視覚でとらえることができ, 一目で分かりやすい. いま, 一つの関数 $y = f(x)$ が与えられたとき, それぞれの x に対応する関数値 y を求め, (x, y) を座標とする点を座標平面上にとれば, これらの点の集まりは一つの図形を形づくる.

これが関数 $y = f(x)$ のグラフである.

【例】　関数 $y = f(x) = 2x + 4$ のグラフを書く.
　　　手順は次のようになる.
　　　$y = f(x) = 2x + 4$ において, x に適当な値をとり, それに対応した y の値を計算して, 次に示す**表 4.1** のように, 対応表をつくる.

表 4.1

x	-4	-3	-2	-1	0	1	2	$\cdots$
y	-4	-2	0	2	4	6	8	$\cdots$

この計算に基づいて, それぞれの x, y の値を両軸に対応した目盛に当てはめ, グラフ上に点をとり, その点を結ぶと**図 4.2** のようなグラフになる.

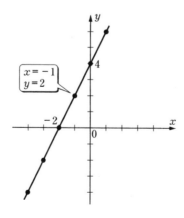

図 4.2

4.2　比例のグラフ

4.2.1　正比例とは

　二つの変数 x, y の間に $y = ax$ の関係があるとき，y は x に**正比例する**という．また，これを単に**比例する**ともいう．ここで，a を**比例定数**という．

　$y = ax$ は $x = \dfrac{1}{a}y$ でも表せるから，y が x に比例すれば，x は y に比例する．したがって，y が x に比例するという代わりに，x と y とは，たがいに**比例関係**にあるという．

4.2.2　比例のグラフ

　$y = ax$ のグラフは，**図 4.3** のように原点を通る直線で，比例定数 a を**傾き**といい，この値によって直線の傾斜の程度が定まる．

　ここで，$a > 0$ のときは，直線は右上がり，$a < 0$ のときは，直線は右下がりとなる．

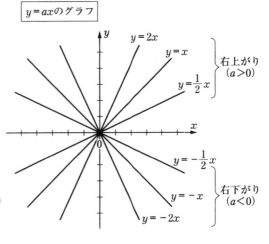

$y = ax$ のグラフ

右上がり ($a > 0$)

右下がり ($a < 0$)

図 4.3

［例］ $y = \dfrac{1}{2}x$ の対応表

x	$\cdots$	-2	-1	0	1	2	$\cdots$
y	$\cdots$	-1	$-\frac{1}{2}$	0	$\frac{1}{2}$	1	$\cdots$

4.3　反比例のグラフ

4.3.1　反比例とは

　二つの変数 x, y の間に $y = \dfrac{a}{x}$，または $xy = a$ の関係があるとき，y は x に**反比例する**という．また，単に**逆比例する**ともいう．この場合も正比例と同様に，y が x に反比例すれば，x も y に反比例するから，x と y はたがいに**反比例関係**にあるという．

4.3.2 反比例のグラフ

反比例のグラフは, **図 4.4** の形になり, 第 1 象限と第 3 象限に原点を中心にした対称な二組の**直角双曲線**になる.

グラフは, $xy = a$ であるから, 同図の長方形の面積 a に等しく, a の絶対値が大きいほど原点からより離れた双曲線になる.

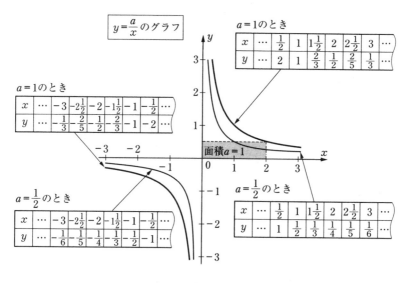

図 4.4

4.4 1次関数とそのグラフ

4.4.1 1次関数とは

変数 y が変数 x の関数であり, y が x の 1 次式 $y = ax + b$ (a, b は定数, $a \neq 0$) で表されるとき, y は x の**1 次関数**であるという. なお, 比例 ($y = ax$) は一次関数の特別な場合である.

【例】① $y = ax$ は $b = 0$ の場合で, y は x の 1 次関数である.

② $y = 3x - 6$ は $a = 3$, $b = -6$ の場合で, y は x の 1 次関数である.

③ $S = 2t + 3$ は, S は t の 1 次関数である.

4.4.2　1次関数のグラフ

$y = ax + b$ のグラフは直線で, これを**直線の方程式**という.

$$y = ax + b \cdots ① \quad \text{と}$$
$$y = ax \ \cdots\cdots ②$$

とを比べると, ① の y は ② の y に b を加えたものである. したがって, **図4.5** のように, $y = ax + b$ のグラフは, $y = ax$ のグラフを y 軸の方向に b だけ平行移動したものになる ($b > 0$ のときは上に, $b < 0$ のときは下に移動). すなわち, このグラフは, y 軸上の座標, 点 $(0, b)$ を通り, 直線 $y = ax$ に平行な直線である.

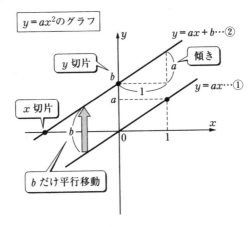

図 4.5

ここで, **a** は直線 $ax + b$ の**傾き**で, **b** を **切片**または**y 切片**という. また, この直線と x 軸との交点の x の座標を**x 切片**という.

1次関数のグラフのまとめ

(1)　1次関数 $y = ax + b$ のグラフは, 傾き a, 切片 b の直線である.

(2)　$y = ax + b$ のグラフの書き方 (2 通り)

①　点 $(0, b)$ をとり, その点から傾き a の直線を引く.

②　対応する2組の x, y の値を求め, その2点を通る直線を引く.

【例題 1】 次の1次関数のグラフを書け.

(1) $y = 2x - 3$ (2) $y = -\dfrac{2}{3}x + 1$

(3) $2x + y = 0$ (4) $2x - 3y + 6 = 0$

【解答】

(1) $y = 2x - 3$ で, $x = 0$ のとき, $y = -3$ であるから, y 切片は点 $(0, 3)$ になる.

したがって, この直線は, y 軸上の点 $(0, -3)$ を通り, 傾きが 2 であるから, x 軸上の正の向きへ 1, y 軸上の正の方向へ 2 だけ移動した点 $(1, -1)$ を通るように直線を引けばよい (図 4.6).

(2) $y = -\dfrac{2}{3}x + 1$ で, 直線は y 切片, 点 $(0, 1)$ を通る. また, $x = 3$ のとき, $y = -1$ であるから, 点 $(0, 1)$ と点 $(3, -1)$ を結べばよい (図 4.7).

(3) $2x + y = 0$ は, $y = -2x$ に変形できる. これは, 原点を通り, 傾きが -2 の直線である (図 4.8).

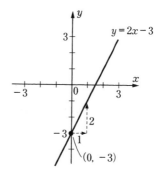

図 4.6

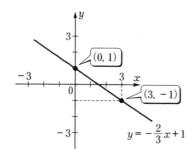

図 4.7

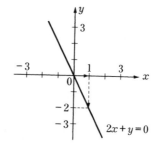

図 4.8

(4)　$2x - 3y + 6 = 0$ で, $y = 0$ のとき, $2x + 6 = 0$ から $x = -3$ となり, これが x 切片, また, $x = 0$ のとき, $y = 2$ となり, これが y 切片となる. この2点間を直線で結べばよい (図4.9).

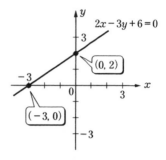

図 4.9

【例題 2】　次の条件を満たす直線の方程式を求めよ.

(1) 傾きが 2 で, $(-1, 3)$ を通る直線

(2) 2点 A$(-1, 2)$, B$(4, -3)$ を通る直線

(3) 図4.10 のグラフで表される二つの直線

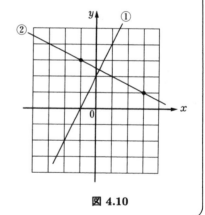

図 4.10

【解答】

(1)　傾きが 2 より, $2x + b$, これが点 $(-1, 3)$ を通るから,
$$3 = 2 \times (-1) + b \qquad \therefore b = 5 \qquad \therefore y = 2x + 5$$

(2)　求める直線を $y = ax + b$ とする.

点 $(-1, 2)$ を通るから
$$-a + b = 2 \cdots ①$$

点 $(4, -3)$ を通るから
$$4a + b = -3 \cdots ②$$

① 式 － ② 式より

$$-5a = 5 \qquad \therefore \ a = -1$$

これを ① 式に代入して

$$1 + b = 2 \qquad \therefore \ b = 1$$

よって, 求める直線の方程式は $\qquad y = -x + 1$

(3) 直線 ① については, y 切片 2, 傾き 2 から $\qquad y = 2x + 2$

直線 ② については, 直線 $y = ax + b$ が 2 点 $(-1, 3)$, $(3, 1)$ を通るから, 次の 2 式が成り立つ.

$$\begin{cases} -a + b = 3 & \cdots① \\ 3a + b = 1 & \cdots② \end{cases}$$

①式 − ②式より

$$-4a = 2 \qquad \therefore \ a = -\frac{1}{2}$$

a の値を ① 式に代入して $\qquad \dfrac{1}{2} + b = 3 \qquad \therefore \ b = \dfrac{5}{2}$

したがって, 求める直線の方程式は

$$y = -\frac{1}{2}x + \frac{5}{2}$$

4.5 2次関数とそのグラフ

4.5.1 2次関数とは

$y = ax^2 + bx + c$ のように, y が x の 2 次式で表されるとき, y は x の **2次関数**という.

2 次関数 $y = ax^2 + bx + c$ $(a, b, c$ は定数, $a \neq 0)$ において, $b = 0$, $c = 0$ のとき ax^2 となり, y は x の 2 乗に比例する関数となる.

このグラフは, **図 4.11** のように, 原点を頂点とし, y 軸を軸とする**放物線**になる.

4.5.2 2次関数のグラフ

一般的な 2 次関数のグラフ $y = ax^2 + bx + c$ について考えてみよう.

この式を変形して

$$y = ax^2 + bx + c = a\left(x^2 + \frac{b}{a}x + \frac{c}{a}\right)$$

$$= a\left\{\left(x + \frac{b}{2a}\right)^2 - \left(\frac{b}{2a}\right)^2 + \frac{c}{a}\right\}$$

$$= a\left(x + \frac{b}{2a}\right)^2 - \frac{b^2 - 4ac}{4a} \cdots ①$$

① 式を 2 次関数の**標準形**という.

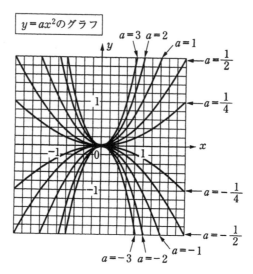

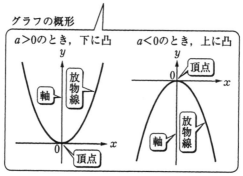

図 4.11

① 式から, 2 次関数 $y = ax^2 + bx + c$ のグラフは, **図 4.12** のように, $y = ax^2$ のグラフを x 軸方向に $-\dfrac{b}{2a}$, y 軸方向に $-\dfrac{b^2 - 4ac}{4a}$ だけ平行移動した放物線であることがわかる.

ここで, $x = 0$ のとき, $y = c$ となるから, この**放物線の y 切片は** c である.

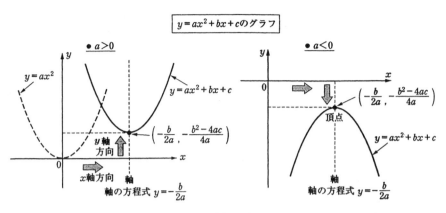

図 4.12

2次関数グラフの平行移動のまとめ

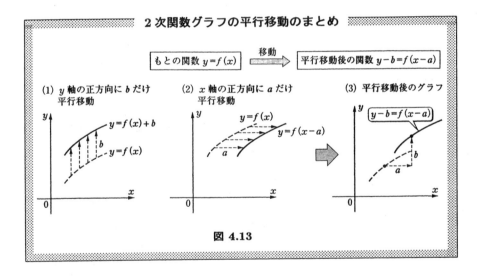

図 4.13

【例題 3】 次のグラフを x 軸の正方向に -3, y 軸の方向に 2 だけ平行移動したときの方程式を求めよ.

(1) $y = -5x^2$ (2) $y = 2x$ (3) $y = x^2 - 2x + 1$

【解答】

(1)　$y - 2 = -5\{x - (-3)\}^2 = -5(x + 3)^2$

　　$\therefore\ y = -5(x + 3)^2 + 2$

(2)　$y - 2 = 2(x + 3)$

　　$\therefore\ y = 2x + 8$

(3)　$y - 2 = (x + 3)^2 - 2(x + 3) + 1$

　　　　$= x^2 + 6x + 9 - 2x - 6 + 1$

　　$\therefore\ y = x^2 + 4x + 6$

【例題 4】　　次の2次関数のグラフの概形を書け.

(1)　$y = 3x^2$　　　　(2)　$y = -\dfrac{1}{3}x^2$　　　(3)　$y = 2(x - 3)^2$

(4)　$y = -x^2 + 2$　　(5)　$y = x^2 - 6x + 5$

【解答】

(1)

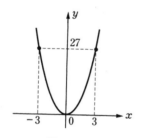

図 4.14

(2)

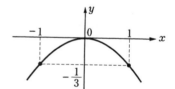

図 4.15

(3)

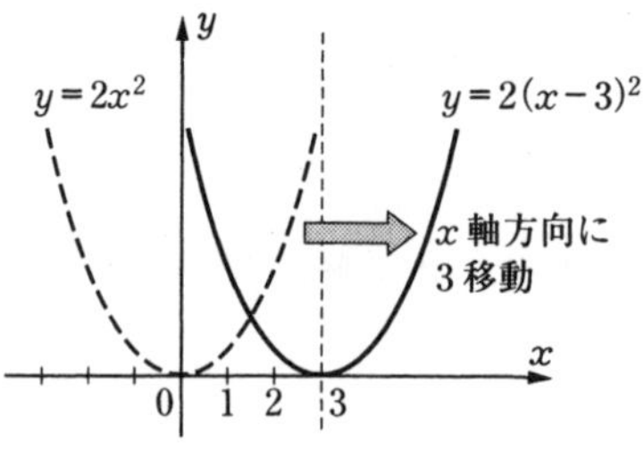

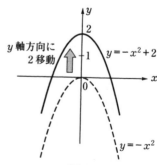

図 4.16

(4)

図 4.17

(5)　$y = x^2 - 6x + 5 = (x - 3)^2 - 4$ (標準形)
下に凸形の放物線で，$y = x^2$ のグラフを x 軸
方向に 3，y 軸方向に -4 だけ平行移動し，頂点
の座標は $(3, -4)$ になる．

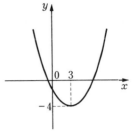

図 4.18

【例題 5】　次の2次関数を標準形に直し，軸の方程式，頂点，x 軸との交点
および y 軸との交点を求めてグラフの概形を書け．
　　　(1)　$y = 2x^2 - 12x + 11$　　　(2)　$y = -x^2 + 2x + 3$

【解答】

(1)　$y = 2x^2 - 12x + 11 = 2(x - 3)^2 - 7$
　　軸の方程式 $\cdots\cdots x = 3$
　　頂点 $\cdots\cdots\cdots\cdots$ 座標 $(3, -7)$
　　x 軸との交点 $\cdots y = 0$ より
　　　$(x - 3)^2 = \dfrac{7}{2}$　　$x - 3 = \pm\sqrt{\dfrac{7}{2}}$
　　　$\therefore \ x = 3 \pm \sqrt{\dfrac{7}{2}}$
　　座標 $\left(3 - \sqrt{\dfrac{7}{2}}, 0\right)$, $\left(3 + \sqrt{\dfrac{7}{2}}, 0\right)$
　　y 軸との交点 $\cdots x = 0$ のとき，$y = 11$
　　これより，座標 $(0, 11)$
　　グラフを図 4.19 に示す．

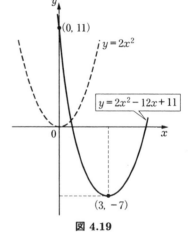

図 4.19

(2)　$y = -x^2 + 2x + 3 = -(x - 1)^2 + 4$
　　軸の方程式 $\cdots\cdots x = 1$
　　頂点 $\cdots\cdots\cdots\cdots$ 座標 $(1, 4)$
　　x 軸との交点 $\cdots y = 0$ より
　　　$(x - 1)^2 = 4$　　$x - 1 = \pm 2$
　　　$\therefore \ x = 3, \ -1$，　座標 $(3, 0)$,　$(-1, 0)$
　　y 軸との交点 $\cdots x = 0$ のとき，
　　$y = 3$ これより，座標 $(0, 3)$
　　グラフを図 4.20 に示す．

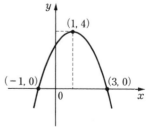

図 4.20

4.5.3 2 次関数と 2 次方程式

2 次関数を用いて 2 次方程式 $ax^2 + bx + c = 0$ $(a \neq 0)$ の解を解くことは, 2 次関数 $y = ax^2 + bx + c$ の y が 0 になるような x の値を求めることにほかならない.

そのためには, この 2 次関数のグラフと x 軸との交点 (共有点) の x 座標を求めればよい. 2 次関数のグラフと x 軸との位置関係, 2 次方程式の解および判別式の関係を**表 4.2** に示す.

表 4.2

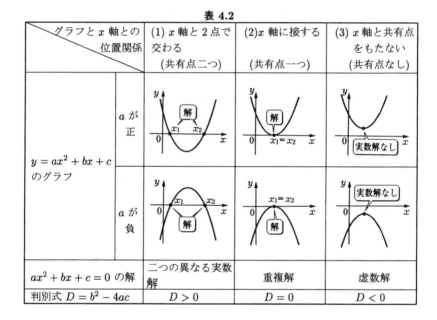

グラフと x 軸との位置関係		(1) x 軸と 2 点で交わる (共有点二つ)	(2) x 軸に接する (共有点一つ)	(3) x 軸と共有点をもたない (共有点なし)
$y = ax^2 + bx + c$ のグラフ	a が正			
	a が負			
$ax^2 + bx + c = 0$ の解		二つの異なる実数解	重複解	虚数解
判別式 $D = b^2 - 4ac$		$D > 0$	$D = 0$	$D < 0$

表 4.2 において,(1) のグラフは x 座標が x_1, x_2 の 2 点で x 軸との共有点をもち,2 次方程式 $ax^2 + bx + c = 0$ の解は実数解 x_1, x_2 である. (2) のグラフは, x 座標が $x_1 (= x_2)$ の 1 点だけで x 軸との共有点をもち, 2 次方程式 $ax^2 + bx + c = 0$ の解は実数解 $x = x_1 (= x_2)$ ただ一つである. (3) のグラフは, x のすべての実数値に対して $ax^2 + bx + c > 0 (a$ が正$)$ となり x 軸との共有点をもたない. したがって, 2 次方程式 $ax^2 + bx + c = 0$ は実数解をもたない.

【例題 6】 次の2次関数の x 軸との共有点の個数を求めよ.また,そのときの x の値を求めなさい.

(1) $y = 2x^2 + 3x + 3$　　(2) $y = -3x^2 + 6x - 3$

【解答】

(1) $y = 2x^2 + 3x + 3 = 0$ において,判別式 $D = 3^2 - 4 \times 2 \times 3 = 9 - 24 < 0$
したがって,x 軸と共有点をもたない.

(2) $-3x^2 + 6x - 3 = 0$ において,判別式 $D = 6^2 - 4 \times (-3) \times (-3) = 0$
ゆえに 解は

$$x = \frac{-b \pm \sqrt{D}}{2a} = \frac{-6 \pm \sqrt{0}}{2 \times (-3)} = 1$$

したがって,共有点 $x = 1$ で一つのみとなる.

4.6　円の方程式とグラフ

4.6.1　円の方程式とは

いま図 4.21 のように,中心の座標 $C(a, b)$ で,半径が r の円の方程式を考えてみよう.

座標 P (x, y) を円周上の点とすれば,求める方程式は,半径 r (CP) を表す式であるから,三平方の定理を適用すると,

$$\sqrt{(x-a)^2 + (y-b)^2} = r \cdots ①$$

両辺を平方して

$$(x-a)^2 + (y-b)^2 = r^2 \cdots ②$$

ただし,円の中心 C が原点 O(0,0) にあれば,$a = 0$, $b = 0$ であるから,式 ② は次のようになる.

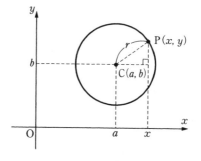

図 4.21

$$\boxed{x^2 + y^2 = r^2 \cdots ③}$$

4.6.2 円の方程式のグラフ

円の方程式のグラフは, 方程式から円の半径 r と円の中心座標 (a, b) が分かれば容易に書くことができる.

次の例題により, 円の方程式とグラフの関係について理解を深めていくことにしよう.

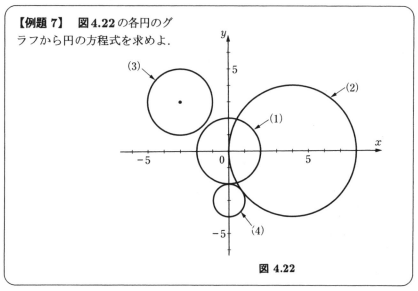

【例題 7】 図4.22 の各円のグラフから円の方程式を求めよ.

図 4.22

【解答】

(1) 円の中心座標 $(0, 0)$, 半径 2 より $x^2 + y^2 = 2^2$

(2) 円の中心座標 $(4, 0)$, 半径 4 より $(x - 4)^2 + y^2 = 4^2$

(3) 円の中心座標 $(-3, 3)$, 半径 2 より $(x + 3)^2 + (y - 3)^2 = 2^2$

(4) 円の中心座標 $(0, -3)$, 半径 1 より $x^2 + (y + 3)^2 = 1$

【例題 8】   点 $(4, 3)$ を中心とし, 原点を通る円の方程式を求めよ.

【解答】

点 $(4, 3)$ と原点との距離は $\sqrt{4^2 + 3^2} = 5$, これが半径になっているから, 求める方程式は $(x - 4)^2 + (y - 3)^2 = 5^2$

これを展開して $x^2 + y^2 - 8x - 6y = 0$ となる.

【例題 9】 $x^2 + y^2 - 6x + 4y + 4 = 0$ は, 円の方程式であることを示し, その中心と半径を求めよ.

【解答】

与えられた方程式は, 次のように変形できる.

$(x^2 - 6x + 3^2) - 3^2 + (y^2 + 4y + 2^2) - 2^2 + 4 = 0$

$(x - 3)^2 + (y + 2)^2 = 9$ より,

中心 $(3, -2)$, 半径 3

4.7 だ円の方程式とグラフ

4.7.1 だ円とは

図 4.23 のように, 二つの定点 F, F′ からの距離の和 (FP+F′P) が一定 d である点 P の軌跡を**だ円**といい, F, F′ をその**焦点**という. ただし, $d >$ FF′ とする.

また, だ円と x 軸との交点 A,A′ および y 軸との交点 B, B′ をだ円の**頂点**, 原点 O を中心, AA′ を**長軸**, BB′ を**短軸**および c/a を**離心率**という.

だ円は, 長軸および短軸に関して**線対称**であり, 中心に関して**点対称**である.

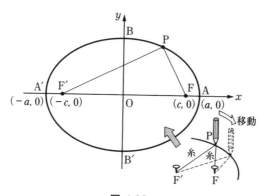

図 4.23

4.7.2 だ円の方程式

だ円の方程式の標準形は次のようになる.

だ円の方程式 (標準形)

　図 4.24 のように**焦点 F($c, 0$),F′($-c, 0$) からの距離の和が $2a$ の点 P(x, y) の軌跡であるだ円の方**

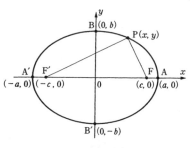

程式は次式で表される.
$$\frac{x^2}{a^2} + \frac{y^2}{b^2} = 1 \cdots ①$$
ただし, $a > c > 0$, $b = \sqrt{a^2 - c^2}$

ここで, $a = b$ のとき, 式 ① は
$$x^2 + y^2 = a^2 \text{ となり, 半径 } a \text{ の}$$
円を表すことになるから, **円はだ円**
の特別な場合ということになる.

図 4.24

【解説】

　図 4.24 において 　　　FP + F′P = $2a \cdots ②$

が成り立つ任意の点 P(x, y) の軌跡を考えてみよう.

$$\text{FP} = \sqrt{(x - c)^2 + y^2} \qquad \text{F′P} = \sqrt{(x + c)^2 + y^2}$$

より, これらを 式 ② に代入して

$$\sqrt{(x - c)^2 + y^2} + \sqrt{(x + c)^2 + y^2} = 2a$$

$$\sqrt{(x + c)^2 + y^2} = 2a - \sqrt{(x - c)^2 + y^2}$$

両辺を 2 乗して, 整理すると

$$\sqrt{(x - c)^2 + y^2} = a - \frac{c}{a}x$$

さらに, 両辺を 2 乗して, 整理すると

$$\frac{x^2}{a^2} + \frac{y^2}{a^2 - c^2} = 1$$

となる. ここで, $a > c$ であるから, $b = \sqrt{a^2 - c^2}$ とすると次式が得られる.

$$\frac{x^2}{a^2} + \frac{y^2}{b^2} = 1$$

【例題 10】 次の式で示されるだ円の頂点および焦点の座標を求めよ．また，その概形を書け．

$$\frac{x^2}{25} + \frac{y^2}{16} = 1$$

【解答】

与えられた方程式は $\frac{x^2}{5^2} + \frac{y^2}{4^2} = 1$ になるから，$a = 5$, $b = 4$ である．

よって，$c = \sqrt{a^2 - b^2} = \sqrt{5^2 - 4^2} = 3$

したがって，頂点の座標はそれぞれ，A$(5,0)$, A$'(-5,0)$, B$(0,4)$, B$'(0,-4)$, 焦点の座標は F$(3,0)$, F$'(-3,0)$ になる．

また，概形は図 **4.25** になる．

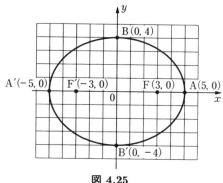

図 **4.25**

【例題 11】 次のだ円の方程式を求めよ．

焦点 $(1,0)$, $(-1,0)$ で短軸の半径が 1

【解答】

題意から $b = 1$, $c = 1$ である．これより $a^2 = b^2 + c^2 = 2^2$

したがって，だ円の方程式は $\frac{x^2}{2^2} + y^2 = 1$ となる．

4.8 双曲線の方程式とグラフ

4.8.1 双曲線とは

図 **4.26** のように，二つの定点 F, F$'$ からの距離の差が一定 d である点 P の軌跡を**双曲線**といい，F, F$'$ を**焦点**という．

ただし，FF$' > d$ とする．

また，x 軸との交点 A, A$'$ を双曲線の**頂点**，原点 O を中心，A A$'$ を**主軸**という．さらに，c/a を双曲線の**離心率**という．

双曲線は，主軸と y 軸に関して線対称であり，中心に関して点対称である．

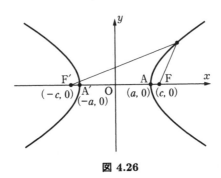

図 4.26

4.8.2　双曲線の方程式

双曲線の方程式の標準形は次のようになる.

双曲線の方程式 (標準形)

図 **4.27** のように焦点 $F(c, 0)$
$F'(-c, 0)$ からの**距離の差**が $2a$
の点 $P(x, y)$ の軌跡である**双曲
線の方程式**は次式で表される.

$$\frac{x^2}{a^2} - \frac{y^2}{b^2} = 1 \cdots ①$$

ただし, $a < c,\ b = \sqrt{c^2 - a^2}$

なお, 2 直線 $m,\ m'$ を双曲線
の**漸近線**といい, 例えば点 P が

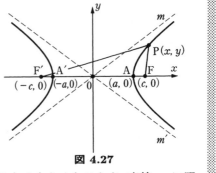

図 4.27

第 1 象限にある場合には, x が限りなく大きくなるとき, 直線 m に限
りなく近づく.

漸近線 m の方程式　　$y = \dfrac{b}{a}x$

漸近線 m' の方程式　　$y = -\dfrac{b}{a}x$

【解説】
　図 **4.27** において　　　$FP - F'P = \pm 2a \cdots ②$
が成り立つ任意の点 $P(x, y)$ を考えてみよう.

$$\sqrt{(x-c)^2+y^2} - \sqrt{(x+c)^2+y^2} = \pm 2a$$

より, だ円の場合と同様に, 両辺を2乗して整理することを繰り返すと, 双曲線の方程式が得られる.

$$\pm\sqrt{(x-c)^2+y^2} = a - \frac{c}{a}x$$

$$\therefore \ \frac{x^2}{a^2} - \frac{y^2}{c^2-a^2} = 1$$

ここで, $a < c$ より $b = \sqrt{c^2-a^2}$

なお, 方程式 $\dfrac{x^2}{a^2} - \dfrac{y^2}{b^2} = -1$ の曲線は, **y 軸上に焦点をもつ双曲線**になる.

これは式 ① で表される双曲線と同じ漸近線をもち, **共役な双曲線**という.

【例題 12】　次の方程式で示す双曲線の焦点と頂点の座標を求めよ.

$$(1)\ \ \frac{x^2}{4} - \frac{y^2}{9} = 1 \qquad (2)\ \ 4x^2 - 9y^2 = 36$$

【解答】

(1)　$\dfrac{x^2}{a^2} - \dfrac{y^2}{b^2} = 1$ において, $a = 2$, $b = 3$, $c = \sqrt{a^2+b^2} = \sqrt{13}$ である. したがって, 焦点の座標は $\mathrm{F}(\sqrt{13},0)$, $\mathrm{F}'(-\sqrt{13},0)$, 頂点の座標は $\mathrm{A}(2,0)$, $\mathrm{A}'(-2,0)$ になる.

(2)　与えられた方程式を 36 で割ると, $\dfrac{x^2}{9} - \dfrac{y^2}{4} = 1$ になる. これより, $a = 3$, $b = 2$, $c = \sqrt{13}$ となる.
　　したがって, 焦点の座標は $\mathrm{F}(\sqrt{13},0)$, $\mathrm{F}'(-\sqrt{13},0)$, 頂点の座標は $\mathrm{A}(3,0)$, $\mathrm{A}'(-3,0)$ となる.

関数とグラフ
わかりましたか。

第4章　練習問題

1　次の関数の値を求めよ.

(1)　$f(x) = x + \dfrac{1}{x}$ のとき, $f(-1)$, $f(2)$, $f\left(\dfrac{1}{2}\right)$

(2)　$g(t) = t^2 - t + 1$ のとき, $g(0)$, $g(-2)$, $g(1)$

(3)　$F(x) = (x+1)^2 - 3$ のとき, $F(-3)$, $F(0)$, $F(a)$

2　次の**図 4.28** に示す A〜G の座標を求めよ.

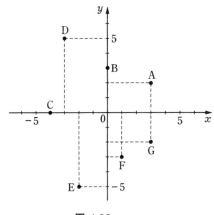

図 4.28

3　次の関数のグラフを書け.

(1)　$y = \dfrac{2}{3}x + 2$ 　　　　(2)　$y = \dfrac{1}{2}x - 4$

(3)　$y = -3x - 2$ 　　　　(4)　$y = -\dfrac{1}{2}x + 3$

4　次の条件を満たす直線の方程式を求めよ.

(1)　傾き $\dfrac{3}{2}$ で切片が -3 の直線

(2)　点 $(-2, 1)$ を通り, 傾きが 4 の直線

(3)　2 点 $(2, -1)$, $(-4, 3)$ を通る直線

(4)　$y = 2x - 3$ の直線と平行で, $y = 3x - 4$ と y 軸上で交わる直線

5 次の 2 次関数のグラフの概形を書け.

(1) $y = x^2 + 4x + 2$　　　　　(2) $y = -\dfrac{1}{2}x^2 + 2x + 1$

(3) $y = 2x^2 + 6x$　　　　　　(4) $y = -2x^2 - 4x + 1$

6 次の 2 次関数の最大値または最小値と, そのときの x の値を求めよ.

(1) $y = 5x^2 + 2x - 7$　　　　　(2) $y = -x^2 + 4x + 3$

7 次の $\boxed{}$ 内に適切なものを入れよ.

(1) $y = 2x^2$ のグラフを x 軸方向に -3, y 軸方向に -6 だけ平行移動したものは, $y = \boxed{イ}x^2 + \boxed{ロ}x + \boxed{ハ}$ のグラフである.

(2) $y = 1 + 2x - \dfrac{1}{2}x^2$ を x 軸方向に 1, y 軸方向に -2 だけ平行移動したものは, $y = \boxed{ニ}x^2 + \boxed{ホ}x + \boxed{ヘ}$ である.

8 半径および中心の座標が次のような円の方程式を求めよ.

(1) 半径 2, 中心 $(0,0)$

(2) 半径 3, 中心 $(-1,0)$

(3) 半径 $\dfrac{3}{2}$, 中心 $\left(\dfrac{5}{2}, -3\right)$

9 次の方程式を表す円の中心の座標と半径とを求めよ.

(1) $x^2 + y^2 = 49$

(2) $x^2 + y^2 - 6x - 8y = 0$

(3) $x(x - 2) + y(y + 4) = 4$

10 次の方程式を表すだ円の概形を書け.

$$\dfrac{(x + 2)^2}{4} + (y - 1)^2 = 1$$

11 次の方程式で表される双曲線の焦点および頂点の座標を求めよ. また, 双曲線および漸近線の概形を書け.

$$3x^2 - 2y^2 = -6$$

第4章　練習問題【解答】

1　(1)　$f(-1) = -1 + \dfrac{1}{(-1)} = -2, \quad f(2) = 2 + \dfrac{1}{2} = \dfrac{5}{2}$

　　　　$f\left(\dfrac{1}{2}\right) = \dfrac{1}{2} + \dfrac{1}{1/2} = \dfrac{1}{2} + 2 = \dfrac{5}{2}$

　　(2)　$g(0) = 0^2 - 0 + 1 = 1, \quad g(-2) = (-2)^2 + 2 + 1 = 7, \quad g(1) = 1^2 - 1 + 1 = 1$

　　(3)　$F(-3) = (-3+1)^2 - 3 = 1, \quad F(0) = (0+1)^2 - 3 = -2,$

　　　　$F(a) = (a+1)^2 - 3 = a^2 + 2a + 1 - 3 = a^2 + 2a - 2$

2　　点 A ～ G の座標は次のようになる.

　　　　A(3, 2), B(0,3), C(-4,0), D(-3,5), E(-2,-5), F(1,-3), G(3,-2)

3　　**図解 4.1** に示す.

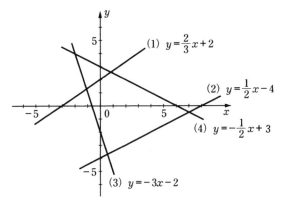

(1)　$y = \dfrac{2}{3}x + 2$

(2)　$y = \dfrac{1}{2}x - 4$

(4)　$y = -\dfrac{1}{2}x + 3$

(3)　$y = -3x - 2$

図解 4.1

4　(1)　$y = \dfrac{3}{2}x - 3$

　　(2)　$1 = -2a + b$ で $a = 4$ であるから

　　　　$1 = -2 \times 4 + b \quad b = 9$

　　　　$\therefore y = 4x + 9$

　　(3)　$-1 = 2a + b \cdots ①$

　　　　$3 = -4a + b \cdots ②$

　　　　①式 − ②式　$-4 = 6a \quad \therefore a = -\dfrac{2}{3}$　これを①式に代入して

　　　　$-1 = 2 \times \left(-\dfrac{2}{3}\right) + b \quad \therefore b = \dfrac{1}{3}$　したがって　$y = -\dfrac{2}{3}x + \dfrac{1}{3}$

　　(4)　$y = 2x - 3$ に平行であるから, 求める方程式は $y = 2x + b$

　　　　$y = 3x - 4$ と y 軸上で交わるから, $x = 0$ のとき, $y = 3 \times 0 - 4 = -4$

　　　　(これが b に相当する)

　　　　したがって,　　$y = 2x - 4$

5   (1) $y = x^2 + 4x + 2$
        $= (x+2)^2 - 2$

(2) $y = -\dfrac{1}{2}x^2 + 2x + 1$
      $= -\dfrac{1}{2}(x-2)^2 + 3$

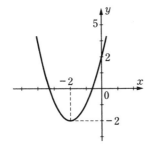

図解 4.2

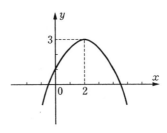

図解 4.3

(3) $y = 2x^2 + 6x$
      $= 2\left(x + \dfrac{3}{2}\right)^2 - \dfrac{9}{2}$

(4) $y = -2x^2 - 4x + 1$
      $= -2(x+1)^2 + 3$

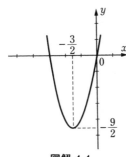

図解 4.4

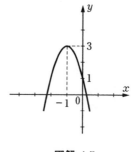

図解 4.5

6   (1) $y = 5x^2 + 2x - 7 = 5\left(x + \dfrac{1}{5}\right)^2 - \dfrac{36}{5}$ になるから,
      $x = -\dfrac{1}{5}$ のとき, y は最小, 最小値は $-\dfrac{36}{5}$ になる.

(2) $y = -x^2 + 4x + 3 = -(x-2)^2 + 7$ になるから,
      $x = 2$ のとき, y は最大, 最大値は 7 になる.

7   (1)   題意より $y = 2(x+3)^2 - 6$ になる. これを変形して,
      $y = 2x^2 + 12x + 18 - 6 = 2x^2 + 12x + 12$

答 イ = $\boxed{2}$ ロ = $\boxed{12}$ ハ = $\boxed{12}$

(2) $y = 1 + 2x - \dfrac{1}{2}x^2 = -\dfrac{1}{2}(x-2)^2 + 2 + 1 = -\dfrac{1}{2}(x-2)^2 + 3$

題意より $y = -\dfrac{1}{2}(x-2-1)^2 + 3 - 2 = -\dfrac{1}{2}(x-3)^2 + 1$

$$= -\dfrac{1}{2}x^2 + 3x - \dfrac{7}{2}$$

答 ニ = $\boxed{-\dfrac{1}{2}}$ ホ = $\boxed{3}$ ヘ = $\boxed{-\dfrac{7}{2}}$

8 (1) $x^2 + y^2 = 2^2$ より, $x^2 + y^2 = 4$

(2) $\{x - (-1)\}^2 + y^2 = 3^2$
$(x+1)^2 + y^2 = 3^2$ $\therefore$ $x^2 + y^2 + 2x - 8 = 0$

(3) $\left(x - \dfrac{5}{2}\right)^2 + \{y - (-3)\}^2 = \left(\dfrac{3}{2}\right)^2$

$x^2 - 5x + \dfrac{25}{4} + y^2 + 6y + 9 - \dfrac{9}{4} = 0$

$\therefore$ $x^2 + y^2 - 5x + 6y + 13 = 0$

9 (1) $x^2 + y^2 = 7^2$ より, 中心座標 $(0,0)$, 半径 7

(2) $x^2 + y^2 - 6x - 8y = 0$ を円の方程式 $(x-a)^2 + (y-b)^2 = r^2$ に
変形すると, 次のようになる.
$(x^2 - 6x + 3^2 - 3^2) + (y^2 - 8y + 4^2 - 4^2) = 0$
$(x-3)^2 + (y-4)^2 - 9 - 16 = 0$
$\therefore$ $(x-3)^2 + (y-4)^2 = 5^2$
したがって,
中心座標 $(3,4)$, 半径 5

(3) $x^2 - 2x + y^2 + 4y - 4 = 0$
$(x^2 - 2x + 1^2 - 1^2) + (y^2 + 4y + 2^2 - 2^2) - 4 = 0$
$(x-1)^2 + (y+2)^2 = 3^2$
$\therefore$ $(x-1)^2 + \{y - (-2)\} = 3^2$
したがって,
中心座標 $(1,-2)$, 半径 3

10 (1) 与えられた方程式は,
方程式 $\dfrac{x^2}{4} + y^2 = 1$ (原点を中心として
x 軸方向の半径 $a = 2$, y 軸の半径 $b = 1$)
で表されるだ円を x 軸方向に -2, y 軸
方向に 1 だけ平行移動したものである.
グラフを**図解 4.6** に示す

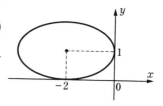

図解 4.6

11　与えられた方程式の両辺を 6 で
割ると

$$\frac{x^2}{2} - \frac{y^2}{3} = -1$$

これより, $a = \sqrt{2}, \quad b = \sqrt{3}$,
したがって, 頂点の座標は, $B(0, \sqrt{3})$
$B'(0, -\sqrt{3})$

焦点の座標は,

$$OF = OF' = \sqrt{a^2 + b^2}$$
$$= \sqrt{2 + 3} = \sqrt{5} \quad より$$
$F(0, \sqrt{5})$, $F'(0, -\sqrt{5})$

また双曲線および漸近線の概形は,
図解 4.7 に示す. ここで, 漸近線は
次の方程式で表される.

$$y = \frac{b}{a}x = \frac{\sqrt{3}}{\sqrt{2}}x = \sqrt{\frac{3}{2}}x$$
$$y = -\frac{b}{a}x = -\frac{\sqrt{3}}{\sqrt{2}}x = -\sqrt{\frac{3}{2}}x$$

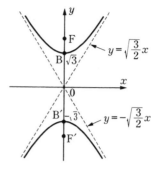

図解 4.7

第5章　三角関数

　ギリシャの数学者ターレスは, 直角三角形で一つの角を決めると, 三角形がすべて相似になることを最初に解き, ピラミッドの高さを測定したという話は有名である. その後, 土木, 建築, 機械, 電気などの幅広い技術分野で, 直角三角形の三つの辺の比を静的に扱う三角比, この三角比を動的に捉えた三角関数が活用されている場面がきわめて多い.

　本章では三角関数の取扱いを中心に学ぶ.

5.1　角度の表し方

　角度の表し方には, **60分法**と**弧度法**である.

5.1.1　60分法

　角を**図 5.1** のように, **1直角 = 90度** (**度の単位記号は°**) で表す方法である. これを**度数法**ともいう.

> **度, 分, 秒の関係**
> $1° = 60'(60 分)$
> $1' = 60''(60 秒)$

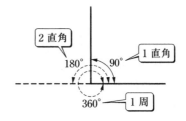

図 5.1　度で表す角

5.1.2　弧度法

　図 5.2 のように, 半径 r の円で, r に等しい円弧 $\overarc{AB}$ に対する中心角の大きさ $\angle AOB$ を **1ラジアン (単位記号は rad)** で表す方法である.

$$\boxed{\text{角 } \theta = \frac{\text{弧の長さ}}{\text{半径}} = \frac{\ell}{r} \ [\text{rad}]}$$

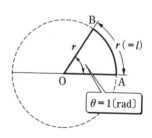

図 5.2 ラジアンで表す角

5.1.3　度とラジアンの関係

【例】　円周の角 $\theta = 360°$ のとき, これを弧度法で表すと, 円周は
$$\ell = 2\pi r \qquad \therefore \ \theta = \frac{\ell}{r} = \frac{2\pi r}{r} = 2\pi \ [\text{rad}]$$

として求められる. したがって, **$360° = 2\pi$ [rad]** になる.

【例】　1 rad を 60 分法で表すと, $2\pi[\text{rad}] = 360°$ から
$$1[\text{rad}] = \frac{360}{2\pi} = \frac{360}{2 \times 3.14} = 57.3°$$

したがって, **$1[\text{rad}] \fallingdotseq 57.3°$** になる.

表 5.1　度とラジアンの関係表

60 分法 (°)	0	30	45	57.3	60	90	120	135	150	180	$\cdots$
弧度法 [rad]	0	$\dfrac{\pi}{6}$	$\dfrac{\pi}{4}$	1	$\dfrac{\pi}{3}$	$\dfrac{\pi}{2}$	$\dfrac{2}{3}\pi$	$\dfrac{3}{4}\pi$	$\dfrac{5}{6}\pi$	π	$\cdots$

5.2　一般角

5.2.1　一般角とは

角度には, 360° をこえた角度や負の角度を扱うこともある. このように, 広い正・負の角度を考慮に入れたものを**一般角**という.

5.2.2 角度の正負

角度を表すときには, **図 5.3** のように, 平面上に固定された半直線 OX と OX から出発して回転する部分の OP があるとする. このとき, OX を **始線** OP を **動径** という.

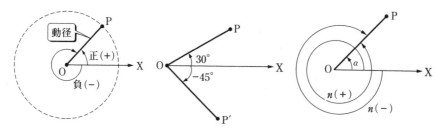

図 5.3 角度の正負 **図 5.4** 時計回りと反時計回り **図 5.5** 一般角の定義

角の正・負の決め方

動径 OP が **反時計回りの角**   ⇒   **正 (+) の角**

動径 OP が **時計回りの角**   ⇒   **負 (−) の角**

【例】 **図 5.4** において,

∠XOP = 30° (OP の反時計回りで表す角)

∠XOP′ = −45° (OP′ の時計回りで表す角)

5.2.3 一般角の定義

一般に, **図 5.5** のように, 動径 OP が n 回転して, もとの OP の位置に戻ったとき, OP のなす角, **一般角 θ** を次式で表す.

$$\theta = 360° \times n + \alpha \qquad (n = 0, \pm 1, \pm 2, \cdots)$$

【**例題 1**】　次の表の空欄をうめよ.

表 5.2

60 分法	$-300°$	㋑	$-60°$	㋓	$75°$	㋕	$390°$
弧度法	㋐	$-\dfrac{2}{3}\pi$	㋒	$\dfrac{\pi}{4}$	㋔	$\dfrac{3}{2}\pi$	㋖

【解答】

㋐　$\theta = -300° = -60° \times 5 = -\dfrac{\pi}{3} \times 5 = -\dfrac{5}{3}\pi$

㋑　$\theta = -\dfrac{\pi}{3} \times 2 = -60 \times 2 = -120°$

㋒　$\theta = -60° = -\dfrac{\pi}{3}$

㋓　$\theta = \dfrac{\pi}{4} = \dfrac{180°}{4} = 45°$

㋔　$\theta = 75° = 30° + 45° = \dfrac{\pi}{6} + \dfrac{\pi}{4} = \dfrac{5}{12}\pi$

㋕　$\theta = \dfrac{3}{2}\pi = \dfrac{\pi}{2} \times 3 = 90° \times 3 = 270°$

㋖　$\theta = 390° = 360° + 30° = 2\pi + \dfrac{\pi}{6} = \dfrac{13}{6}\pi$

5.3　三角比

5.3.1　三角比とは

　図 5.6 のような直角三角形の三つ
の辺の長さ a, b, c と角 α の関係を
表したものを**三角比**という. 2辺の
比は, 6 通り考えられるが, それぞれ
の比の値は角 α の値によって定まる.
この比が三角比で, 主に次の三つの組
み合わせが使用される.

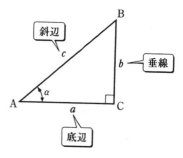

図 5.6

＜三角比の定義＞

① 正弦（サイン）　　　$\sin \alpha = \dfrac{b}{c}$

覚え方

$\dfrac{垂線}{斜辺}$

② 余弦（コサイン）　　$\cos \alpha = \dfrac{a}{c}$

$\dfrac{底辺}{斜辺}$

③ 正接（タンジェント）　$\tan \alpha = \dfrac{b}{a}$

$\dfrac{垂線}{底辺}$

【例題 2】　図 5.7 の直角三角形で
$\angle A = \alpha, \angle B = \beta$ の正弦, 余弦, 正接の
値を求めよ.

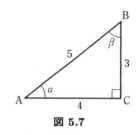

図 5.7

【解答】

$$\sin \alpha = \frac{BC}{AB} = \frac{3}{5}, \quad \cos \alpha = \frac{AC}{AB} = \frac{4}{5}, \quad \tan \alpha = \frac{BC}{AC} = \frac{3}{4}$$

$$\sin \beta = \frac{AC}{AB} = \frac{4}{5}, \quad \cos \beta = \frac{BC}{AB} = \frac{3}{5}, \quad \tan \beta = \frac{AC}{BC} = \frac{4}{3}$$

【例題 3】　図 5.8 のような,
二つの三角定規の $\angle A, \angle B$ の
正弦, 余弦, 正接を求めよ.

　(1)　30° の定規

　(2)　45° の定規

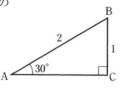
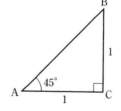

図 5.8

【解答】

(1)　30° の三角定規

$\angle B = 90° - 30° = 60°$,　　$AC = \sqrt{2^2 - 1} = \sqrt{3}$ より

$$\sin 30° = \frac{1}{2} \qquad \cos 30° = \frac{\sqrt{3}}{2} \qquad \tan 30° = \frac{1}{\sqrt{3}} = \frac{\sqrt{3}}{3}$$

$$\sin 60° = \frac{\sqrt{3}}{2} \qquad \cos 60° = \frac{1}{2} \qquad \tan 60° = \sqrt{3}$$

(2)　45° の三角定規

$\angle B = 90° - 45° = 45° = \angle A$,

$AB = \sqrt{1^2 + 1^2} = \sqrt{2}$ より

$$\sin 45° = \frac{1}{\sqrt{2}} = \frac{\sqrt{2}}{2} \qquad \cos 45° = \frac{1}{\sqrt{2}} = \frac{\sqrt{2}}{2} \qquad \tan 45° = \frac{1}{1} = 1$$

【例題 4】　高さ 30 m のビル
屋上の端 A 点からある地点 P
を見下ろした角が 30° であっ
た. その地点 P とビルの端 B
との距離および地点 P とビル
屋上端 A 点との距離を求めよ.

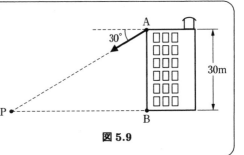

図 5.9

【解答】

まず, 求める PB は,

$\angle A = 90° - 30° = 60°$,

$\tan 60° = \dfrac{PB}{30}$ より

$PB = 30 \times \tan 60° = 30 \times \sqrt{3} = 30\sqrt{3}$

次に求める PA は,　$\cos 60° = \dfrac{30}{PA}$

より

$PA = \dfrac{30}{\cos 60°} = 30 \div \dfrac{1}{2} = 60$

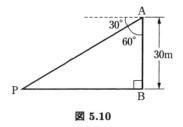

図 5.10

　答　距離 PB は $30\sqrt{3}$m,　距離 PA は 60m

5.4 三角関数

5.4.1 三角関数とは

図 **5.11** において, 一般角 θ が動径の回転に伴っ
て変化する変数とすると, その三角比の値 z は変
化する.

すなわち, $z = \sin\theta$, $z = \cos\theta$, $z = \tan\theta$ は θ
の関数となる. この関数を**三角関数**という.

5.3 節で考えた三角比は角が鋭角 ($\theta < 90°$) の
範囲に限られていたが, ここでは, 一般角の場合に
拡大して考える.

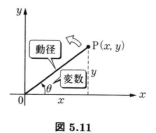

図 5.11

5.4.2 三角関数の定義

図 **5.12** のように, 原点 O を中心とする半径 r の円周上に点 P (x, y) をとり,
動径 OP が x 軸となす角を θ とする. このとき, 一般角 θ の三角関数を次のよ
うに定義する.

$$\sin\theta = \frac{y}{r} \quad \textbf{正弦 (サイン)}$$

$$\cos\theta = \frac{x}{r} \quad \textbf{余弦 (コサイン)}$$

$$\tan\theta = \frac{y}{x} \quad \textbf{正接 (タンジェント)}$$

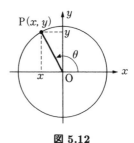

図 5.12

5.4.3 三角関数の符号

図 **5.13** のように, 三角関数の値は P の属する象限によって x, y の符号が変
わるので (r は常に $r > 0$), 三角関数の符号も変わる.

図 5.13 は角 θ の属する第 1 ～ 第 4 象限における三角関数の符号を表したも
のである.

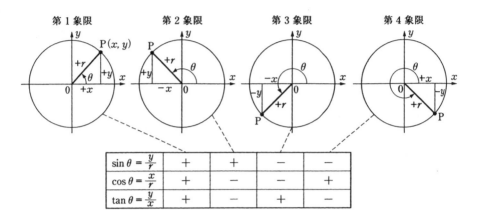

図 5.13

5.4.4　特別な角の三角関数の値

　0°, 30°, 45°, 60°, 90° のような特別な角の三角関数は, **図 5.14** に示す三角形の辺の比 (三角比) を用いると, **表 5.3** のようになる.

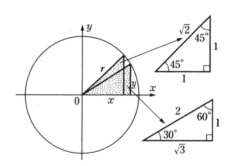

図 5.14

表 5.3 特別な角の三角関数値

角度 θ	[°]	0	30	45	60	90	
	[rad]	0	$\dfrac{\pi}{6}$	$\dfrac{\pi}{4}$	$\dfrac{\pi}{3}$	$\dfrac{\pi}{2}$	
$\sin\theta$		0	$\dfrac{1}{2}$	$\dfrac{1}{\sqrt{2}}\left(=\dfrac{\sqrt{2}}{2}\right)$	$\dfrac{\sqrt{3}}{2}$	1	
$\cos\theta$		1	$\dfrac{\sqrt{3}}{2}$	$\dfrac{1}{\sqrt{2}}\left(=\dfrac{\sqrt{2}}{2}\right)$	$\dfrac{1}{2}$	0	
$\tan\theta$		0	$\dfrac{1}{\sqrt{3}}\left(=\dfrac{\sqrt{3}}{3}\right)$	1	$\sqrt{3}$	∞	∞は無限大

【例題 5】 次の角 θ の正弦, 余弦, 正接の値を求めよ.

(1) $\theta = 210°$ (2) $\theta = -\dfrac{\pi}{4}$

【解答】

(1) **図 5.15** のように, P 点の座標は, 三角比から, $r = 2$, $x = -\sqrt{3}$, $y = -1$ として各三角関数値を求めることができる.

$$\sin 210° = \frac{y}{r} = -\frac{1}{2}$$

$$\cos 210° = \frac{x}{r} = -\frac{\sqrt{3}}{2}$$

$$\tan 210° = \frac{y}{x} = \frac{1}{\sqrt{3}}$$

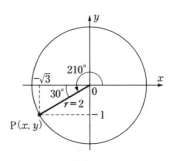

図 5.15

(2) **図 5.16** のように, 同様にして P 点の座標は三角比から, $r = \sqrt{2}$, $x = 1$, $y = -1$ として各三角関数値を求めると次のようになる.

$$\sin\left(-\frac{\pi}{4}\right) = \frac{y}{r} = -\frac{1}{\sqrt{2}} = -\frac{\sqrt{2}}{2}$$

$$\cos\left(-\frac{\pi}{4}\right) = \frac{x}{r} = \frac{1}{\sqrt{2}} = \frac{\sqrt{2}}{2}$$

$$\tan\left(-\frac{\pi}{4}\right) = \frac{y}{x} = -1$$

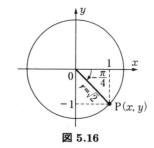

図 5.16

5.4.5　三角関数のグラフ

三角関数 $\sin\theta$, $\cos\theta$, $\tan\theta$ は変数 θ の関数であり, $f(\theta) = \sin\theta$, $f(\theta) = \cos\theta$, $f(\theta) = \tan\theta$ でそれぞれ表すことができる.

いま, 角 θ を独立変数 x で表せば三角関数は次のように書ける.

$f(x) = \sin x$

$f(x) = \cos x$

$f(x) = \tan x$

次に, これらの三角関数 $y = f(x)$ の変化の状態をグラフで表すと理解しやすい.

(1)　$y = \sin x$ のグラフ

図 5.17 のように, 単位円 (動径 $r = 1$ の円) O の円を書き, 円周上の点 A から x だけ進んだ点を P とすると, $\angle AOP = x$ になる. これは, 弧度法の定義により, $\theta = \ell/r = \ell/1 = \ell$ となり, 単位円では中心角と弧の長さが等しいからである.

したがって, 点 P の Y 座標が $\sin x$ になるから, 横軸に中心角 x をとり, 縦軸に点 P の y 座標をもつ点を $Q(x, y)$ とすると, Q の描くグラフが, $y = \sin x$ の曲線である. これを**正弦曲線**という.

x	0	$\dfrac{\pi}{4}$	$\dfrac{\pi}{2}$	$\dfrac{3}{4}\pi$	π	$\dfrac{5}{4}\pi$	$\dfrac{3}{2}\pi$	$\dfrac{7}{4}\pi$	2π
$\sin x$	0	0.7	1	0.7	0	-0.7	-1	-0.7	0
		増	増	減	減	減	減	増	増

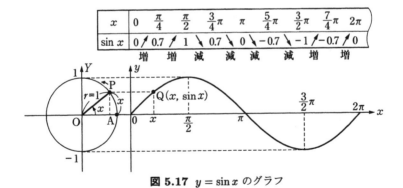

図 5.17　$y = \sin x$ のグラフ

(2)　$y = \cos x$ のグラフ

図 5.18 のように, 単位円の円周上の点 B から x だけ進んだ点 P の X 座標が $\cos x$ である. $\sin x$ のグラフと同様に, 点 $Q(x, y)$ の描くグラフが $y = \cos x$ の曲線であり, $y = \sin x$ のグラフを x 軸方向に $-\dfrac{\pi}{2}$ だけ平行移動したものにな

る. この曲線を**余弦曲線**という.

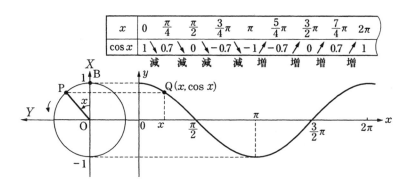

x	0	$\frac{\pi}{4}$	$\frac{\pi}{2}$	$\frac{3}{4}\pi$	π	$\frac{5}{4}\pi$	$\frac{3}{2}\pi$	$\frac{7}{4}\pi$	2π
$\cos x$	1	0.7	0	-0.7	-1	-0.7	0	0.7	1
	減	減	減	減	増	増	増	増

図 5.18 $y = \cos x$ のグラフ

(3) $y = \tan x$ のグラフ

図 5.19 において, 単位円 O の弧 AP の長さ x は, 中心角 $\angle$AOP に等しいから

$$\tan x = \frac{AQ}{OA} = \frac{AQ}{1} = AQ$$

となる. $y = \tan x$ のグラフは, 点 P が移動することにより AQ が変化するので, これを y 座標としてグラフにしたものである. このグラフを**正接曲線**という.

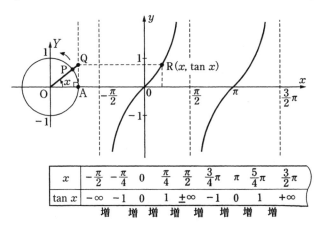

x	$-\frac{\pi}{2}$	$-\frac{\pi}{4}$	0	$\frac{\pi}{4}$	$\frac{\pi}{2}$	$\frac{3}{4}\pi$	π	$\frac{5}{4}\pi$	$\frac{3}{2}\pi$
$\tan x$	$-\infty$	-1	0	1	$\pm\infty$	-1	0	1	$+\infty$
	増	増	増	増	増	増	増	増

図 5.19 $y = \tan x$ のグラフ

5.4.6　三角関数の特徴

三角関数 $y = \sin x$, $y = \cos x$, $y = \tan x$ の特徴をまとめると**表 5.4**のようになる.

表 5.4　三角関数の特徴

① 定義域	$-\infty < x < \infty$	$-\infty < x < \infty$	$-\infty < x < \infty$ $\frac{\pi}{2}+n\pi$ を除く
② 値　域	$-1 \leqq \sin x \leqq 1$	$-1 \leqq \cos x \leqq 1$	$-\infty < \tan x < \infty$
③ 関数の種類	奇関数	偶関数	奇関数
④ グラフ	原点に関して対称	y 軸に関して対称	原点に関して対称
⑤ 周　期	2π	2π	π

(注)　関数 $y = f(x)$ において, 変数 x の動く範囲を**定義域**, x に対応して y が動く値の範囲を**値域**という.

5.4.7　三角関数の平行移動

一般に, 関数 $y = f(x - p) + q$ のグラフは, $y = f(x)$ のグラフを座標 (p, q) の位置に移動したものである. このことから, $y = \sin x$ のグラフを x 軸方向に p, y 軸方向に q だけ移動したときのグラフは, $y = \sin(x - p) + q$ のグラフになる.

```
【例題 6】　次の関数のグラフの概形をかけ.
        (1)　y = sin (x + π/3)
        (2)　y = 2 cos 3x
        (3)　y = tan 2x
```

【解答】
(1)　関数 $y = \sin\left(x + \dfrac{\pi}{3}\right)$ は, **図 5.20** のように, $y = \sin x$ を x 軸方向に $-\dfrac{\pi}{3}$ (左方向へ $\dfrac{\pi}{3}$) だけ平行移動したものである.

　　周期は 2π で $y = \sin x$ と同じである.

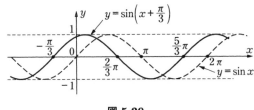

図 5.20

(2) 関数 $y = 2\cos 3x$ は**図 5.21** のように，周期が $y = \cos x$ の周期 2π の $\dfrac{1}{3}$ になり，x 軸・y 軸方向の移動はないが，$y = \cos 3x$ のグラフを y 軸方向へ 2 倍に拡大したものである．

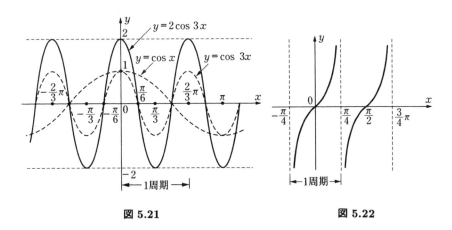

図 5.21   図 5.22

(3) 関数 $y = \tan 2x$ は**図 5.22** のように，周期が $y = \tan x$ の周期 π の $\dfrac{1}{2}$ になる．つまり，周期 $\dfrac{\pi}{2}$ の周期関数になる．

5.4.8 三角関数の性質

三角関数相互の関係についてまとめると，(その 1) ～ (その 8) のような公式で表すことができる．

```
═══ その 1 ═══
①   tan θ = sin θ / cos θ
```

【解説】　図 **5.23** において, それぞ
れの三角関数は定義から, 次式のよう
に表される.

$$\sin\theta = \frac{y}{r}$$

$$\cos\theta = \frac{x}{r}$$

$$\tan\theta = \frac{y}{x}$$

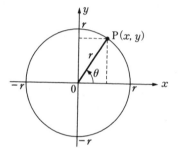

図 5.23

したがって, $\tan\theta$, $\sin\theta$, $\cos\theta$ の
間に次の関係が成り立つ.

$$\tan\theta = \frac{y}{x} = \frac{r\sin\theta}{r\cos\theta} = \frac{\sin\theta}{\cos\theta}$$

```
═══ その 2 ═══
①   sin² θ + cos² θ = 1
②   tan² θ + 1 = 1 / cos² θ
```

【解説】　図 **5.23** において, 三平方の定理より $y^2 + x^2 = r^2$, この式の両辺を
r^2 で割ると

$$\left(\frac{y}{r}\right)^2 + \left(\frac{x}{r}\right)^2 = 1 \qquad \therefore\ (\sin\theta)^2 + (\cos\theta)^2 = 1$$

一般に, $\sin\theta$ の 2 乗を $\sin^2\theta$, $\cos\theta$ の 2 乗を $\cos^2\theta$ と書く.

したがって,

$$\sin^2\theta + \cos^2\theta = 1 \cdots ①$$

と表される.

① 式の両辺を $\cos^2\theta$ で割ると, $\dfrac{\sin^2\theta}{\cos^2\theta} + 1 = \dfrac{1}{\cos^2\theta}$

したがって, $\tan^2\theta + 1 = \dfrac{1}{\cos^2\theta}$

【例題 7】 θ が第 2 象限の角で, $\sin\theta = \dfrac{3}{5}$ のとき, $\cos\theta$, $\tan\theta$ の値を求めよ.

【解答】 (その 2) ① 式より, $\cos^2\theta = 1 - \sin^2\theta = 1 - \left(\dfrac{3}{5}\right)^2 = \dfrac{16}{25}$

ゆえに $\cos\theta = \pm\dfrac{4}{5}$, ここで, θ は第 2 象限の角であるから,

$\cos\theta < 0$ である. したがって, $\cos\theta = -\dfrac{4}{5}$

また, $\tan\theta = \dfrac{\sin\theta}{\cos\theta} = \dfrac{3/5}{-4/5} = -\dfrac{3}{4}$

その 3

① $\sin(\theta + 2n\pi) = \sin\theta$

② $\cos(\theta + 2n\pi) = \cos\theta$

③ $\tan(\theta + 2n\pi) = \tan\theta$

ただし n は定数とする.

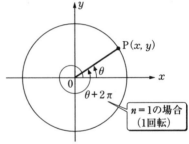

図 5.24

【解説】 一般角の定義から, 図 5.24 のように, 角 θ を表す動径と角 $\theta + 2n\pi$ を表す動径とは一致する.

その 4

① $\sin(-\theta) = -\sin\theta$

② $\cos(-\theta) = \cos\theta$

③ $\tan(-\theta) = -\tan\theta$

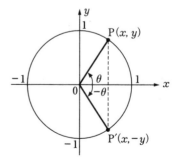

図 5.25

【解説】　図 5.25 において，角 θ の動径と角 $-\theta$ の動径とは x 軸に対して対称になる．したがって，

$$\sin\theta = y, \quad \sin(-\theta) = -y \text{ より} \quad \sin(-\theta) = -\sin\theta$$
$$\cos\theta = x, \quad \cos(-\theta) = x \text{ より} \quad \cos(-\theta) = \cos\theta$$
$$\tan\theta = \frac{y}{x}, \quad \tan(-\theta) = \frac{-y}{x} \text{ より} \quad \tan(-\theta) = -\tan\theta$$

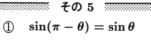

その 5

① $\quad \sin(\pi - \theta) = \sin\theta$

② $\quad \cos(\pi - \theta) = -\cos\theta$

③ $\quad \tan(\pi - \theta) = -\tan\theta$

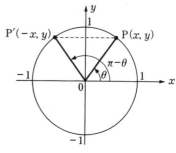

図 5.26

【解説】　図 5.26 において，角 θ の動径と角 $\pi - \theta$ の動径とは y 軸に対して対称になる．
したがって，

$$\sin(\pi - \theta) = y \text{ より} \quad \sin(\pi - \theta) = \sin\theta$$
$$\cos(\pi - \theta) = -x \text{ より} \quad \cos(\pi - \theta) = -\cos\theta$$
$$\tan(\pi - \theta) = \frac{y}{-x} = -\frac{y}{x} \text{ より} \quad \tan(\pi - \theta) = -\tan\theta$$

その 6

① $\quad \sin(\pi + \theta) = -\sin\theta$

② $\quad \cos(\pi + \theta) = -\cos\theta$

③ $\quad \tan(\pi + \theta) = \tan\theta$

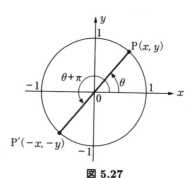

図 5.27

【解説】　図 **5.27** において，角 θ の動径と角 $\theta + \pi$ の動径とは 原点に対して対称になる．

したがって，

$$\sin(\pi + \theta) = -y \text{ より }\quad \sin(\pi + \theta) = -\sin\theta$$

$$\cos(\pi + \theta) = -x \text{ より }\quad \cos(\pi + \theta) = -\cos\theta$$

$$\tan(\pi + \theta) = \frac{-y}{-x} = \frac{y}{x} \text{ より }\quad \tan(\pi + \theta) = \tan\theta$$

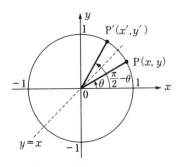

その 7

① $\quad \sin\left(\dfrac{\pi}{2} - \theta\right) = \cos\theta$

② $\quad \cos\left(\dfrac{\pi}{2} - \theta\right) = \sin\theta$

③ $\quad \tan\left(\dfrac{\pi}{2} - \theta\right) = \dfrac{1}{\tan\theta}$

図 **5.28**

【解説】　図 **5.28** において，角 θ の動径と角 $\dfrac{\pi}{2} - \theta$ の動径と単位円との交点をそれぞれ P と P′ とすると P と P′ は $y = x$ に対して対称である．

したがって，

$$x' = y, \quad y' = x$$

これより

$$\sin\left(\frac{\pi}{2} - \theta\right) = y' = x = \cos\theta$$

$$\cos\left(\frac{\pi}{2} - \theta\right) = x' = y = \sin\theta$$

$$\tan\left(\frac{\pi}{2} - \theta\right) = \frac{y'}{x'} = \frac{x}{y} = \frac{\cos\theta}{\sin\theta} = \frac{1}{\tan\theta}$$

その8

① $\sin\left(\dfrac{\pi}{2}+\theta\right)=\cos\theta$

② $\cos\left(\dfrac{\pi}{2}+\theta\right)=-\sin\theta$

③ $\tan\left(\dfrac{\pi}{2}+\theta\right)=-\dfrac{1}{\tan\theta}$

【解説】　(その7) の各式において, θ を $-\theta$ に置き換え, (その4) を利用すると,(その8) のそれぞれの式が得られる.

【例題 8】　次の三角関数の値を求めよ.

(1) $\sin\dfrac{13}{6}\pi$　　　(2) $\cos\left(-\dfrac{3}{4}\pi\right)$　　　(3) $\tan\dfrac{2}{3}\pi$

(4) $\sin\dfrac{7}{6}\pi$　　　(5) $\cos\dfrac{10}{3}\pi$　　　(6) $\tan\dfrac{17}{4}\pi$

【解答】

(1) $\sin\dfrac{13}{6}\pi=\sin\left(\dfrac{\pi}{6}+2\pi\right)=\sin\dfrac{\pi}{6}=\dfrac{1}{2}\cdots$ (その3) ① の公式

(2) $\cos\left(-\dfrac{3}{4}\pi\right)=\cos\dfrac{3}{4}\pi=\cos\left(\dfrac{\pi}{2}+\dfrac{\pi}{4}\right)=-\sin\dfrac{\pi}{4}$

$\qquad=-\dfrac{\sqrt{2}}{2}\cdots$ (その4) ②, (その8) ② の公式

(3) $\tan\left(\dfrac{2}{3}\pi\right)=\tan\left(\pi-\dfrac{\pi}{3}\right)$

$\qquad=-\tan\dfrac{\pi}{3}=-\sqrt{3}\cdots$ (その5) ③ の公式

(4) $\sin\dfrac{7}{6}\pi=\sin\left(\dfrac{\pi}{6}+\pi\right)=-\sin\dfrac{\pi}{6}$

$\qquad=-\dfrac{1}{2}\cdots$(その6) ① の公式

(5) $\cos\dfrac{10}{3}\pi=\cos\left(\dfrac{\pi}{3}+3\pi\right)=-\cos\dfrac{\pi}{3}$

$\qquad=-\dfrac{1}{2}\cdots$(その3) ② の公式

(6) $\tan\dfrac{17}{4}\pi=\tan\left(\dfrac{\pi}{4}+4\pi\right)=\tan\dfrac{\pi}{4}=1\cdots$(その3) ③ の公式

5.5 加法の定理とその応用

5.5.1 加法の定理とは

二つの角 α, β の和 $(\alpha + \beta)$ や差 $(\alpha - \beta)$ の三角関数を角 α, β の三角関数 $\sin\alpha$, $\sin\beta$ などで表す場合, 例えば, 文字式の計算で使用する分配の法則 $m(\alpha + \beta) = m\alpha + m\beta$ にしたがって

$$\sin(\alpha + \beta) = \sin\alpha + \sin\beta$$

ということにならない. これは, $\sin(\alpha + \beta)$ は, $\sin$ と $(\alpha + \beta)$ の積ではないからである. この関係を正しくまとめたものを**加法の定理**といい, 次の公式が成り立つ.

5.5.2 sin, cos の加法の定理

> **加法の定理 (その1　sin, cos に関する公式)**
>
> ① $\sin(\alpha + \beta) = \sin\alpha\cos\beta + \cos\alpha\sin\beta$
>
> ② $\sin(\alpha - \beta) = \sin\alpha\cos\beta - \cos\alpha\sin\beta$
>
> ③ $\cos(\alpha + \beta) = \cos\alpha\cos\beta - \sin\alpha\sin\beta$
>
> ④ $\cos(\alpha - \beta) = \cos\alpha\cos\beta + \sin\alpha\sin\beta$

【解説】　**図 5.29** は, 点 O を中心とする単位円の一部である. 角 α, $\alpha + \beta$ の動径と円との交点をそれぞれ A, B とし, B から OA におろした垂線を BC, B と C から x 軸におろした垂線をそれぞれ BH, CE とする. また, OA と BH との交点を I とし, C から BH におろした垂線を CD とする.

△OIH と △BIC とは相似であるから, ∠HOI = ∠CBI = α が成り立つ.

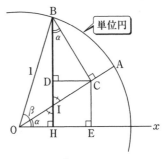

図 5.29

ゆえに

$$EC = HD = OC\sin\alpha, \quad DB = BC\cos\alpha$$

したがって,

$$\sin(\alpha + \beta) = HB = HD + DB$$

$$= \text{OC} \sin\alpha + \text{BC} \cos\alpha$$

ここで，$\text{BC} = \text{OB} \sin\beta = \sin\beta$, $\text{OC} = \text{OB} \cos\beta = \cos\beta$ より，これを上式に代入すると，

$$\sin(\alpha + \beta) = \sin\alpha \cos\beta + \cos\alpha \sin\beta \cdots 公式 ①$$

次に，$\beta = -\beta$ に置き換えると

$$\sin(\alpha - \beta) = \sin\alpha \cos(-\beta) + \cos\alpha \sin(-\beta)$$
$$= \sin\alpha \cos\beta - \cos\alpha \sin\beta \cdots 公式 ②$$

また，$\cos\theta = \sin\left(\dfrac{\pi}{2} - \theta\right)$ より

$$\cos(\alpha + \beta) = \sin\left\{\dfrac{\pi}{2} - (\alpha + \beta)\right\} = \sin\left\{\left(\dfrac{\pi}{2} - \alpha\right) - \beta\right\}$$
$$= \sin\left(\dfrac{\pi}{2} - \alpha\right)\cos\beta - \cos\left(\dfrac{\pi}{2} - \alpha\right)\sin\beta$$
$$= \cos\alpha \cos\beta - \sin\alpha \sin\beta \cdots 公式 ③$$

さらに，同様な考え方で，$\beta = -\beta$ と置き換えれば

$$\cos(\alpha - \beta) = \cos\alpha \cos\beta + \sin\alpha \sin\beta \cdots 公式 ④$$

5.5.3　tan の加法の定理

> **加法定理 (その 2　tan に関する公式)**
>
> ① $\tan(\alpha + \beta) = \dfrac{\tan\alpha + \tan\beta}{1 - \tan\alpha \tan\beta}$
>
> ② $\tan(\alpha - \beta) = \dfrac{\tan\alpha - \tan\beta}{1 + \tan\alpha \tan\beta}$

【解説】　$\tan(\alpha + \beta) = \dfrac{\sin(\alpha + \beta)}{\cos(\alpha + \beta)} = \dfrac{\sin\alpha \cos\beta + \cos\alpha \sin\beta}{\cos\alpha \cos\beta - \sin\alpha \sin\beta}$ において

分母と分子を $\cos\alpha \cos\beta$ で割ると，

$$\tan(\alpha + \beta) = \dfrac{\dfrac{\sin\alpha \cos\beta}{\cos\alpha \cos\beta} + \dfrac{\cos\alpha \sin\beta}{\cos\alpha \cos\beta}}{\dfrac{\cos\alpha \cos\beta}{\cos\alpha \cos\beta} - \dfrac{\sin\alpha \sin\beta}{\cos\alpha \cos\beta}} = \dfrac{\tan\alpha + \tan\beta}{1 - \tan\alpha \tan\beta} \cdots 公式 ①$$

さらに, $\beta = -\beta$ で置き換えて, 同様に誘導すれば,

$$\tan(\alpha - \beta) = \frac{\tan \alpha + \tan(-\beta)}{1 - \tan \alpha \tan(-\beta)} = \frac{\tan \alpha - \tan \beta}{1 + \tan \alpha \tan \beta} \cdots 公式 ②$$

【例題 9】　加法定理を用いて次の値を求めよ.

(1)　$\sin 75°$　　(2)　$\cos 15°$　　(3)　$\tan 105°$

【解答】

(1)　$\sin 75° = \sin(45° + 30°) = \sin 45° \cos 30° + \cos 45° \sin 30°$

$$= \frac{\sqrt{2}}{2} \cdot \frac{\sqrt{3}}{2} + \frac{\sqrt{2}}{2} \cdot \frac{1}{2} = \frac{\sqrt{6} + \sqrt{2}}{4}$$

(2)　$\cos 15° = \cos(45° - 30°) = \cos 45° \cos 30° + \sin 45° \sin 30°$

$$= \frac{\sqrt{2}}{2} \cdot \frac{\sqrt{3}}{2} + \frac{\sqrt{2}}{2} \cdot \frac{1}{2} = \frac{\sqrt{6} + \sqrt{2}}{4}$$

(3)　$\tan 105° = \tan(60° - 45°) = \dfrac{\tan 60° + \tan 45°}{1 - \tan 60° \tan 45} = \dfrac{\sqrt{3} + 1}{1 - \sqrt{3}}$

$$= \frac{1 + \sqrt{3}}{1 - \sqrt{3}} \cdot \frac{1 + \sqrt{3}}{1 + \sqrt{3}} = \frac{4 + 2\sqrt{3}}{-2} = -2 - \sqrt{3}$$

5.5.4　加法の定理の応用

(1)　2倍角の公式

2倍角の公式

① $\sin 2\alpha = 2 \sin \alpha \cos \alpha$

② $\cos 2\alpha = 1 - 2 \sin^2 \alpha = 2 \cos^2 \alpha - 1$

③ $\tan 2\alpha = \dfrac{2 \tan \alpha}{1 - \tan^2 \alpha}$

【解説】　加法の定理 (その 1) 公式 ① において, $\alpha = \beta$ とおくと,

$$\sin 2\alpha = 2 \sin \alpha \cos \alpha \cdots\cdots 公式 ①$$

$$\tan 2\alpha = \frac{2 \tan \alpha}{1 - \tan^2 \alpha} \cdots\cdots 公式 ③$$

加法の定理 (その 1) 公式 ③ において, $\alpha = \beta$ とおくと,

$$\cos 2\alpha = \cos^2 \alpha - \sin^2 \alpha$$

$\cos^2\alpha + \sin^2\alpha = 1$ を変形し，　$\cos^2\alpha = 1 - \sin^2\alpha$ と $\sin^2\alpha = 1 - \cos^2\alpha$ を上式に代入すると，

$$\cos 2\alpha = 1 - 2\sin^2\alpha = 2\cos^2\alpha - 1 \cdots 公式 ②$$

(2)　半角の公式

半角の公式

① $\quad \sin^2\dfrac{\alpha}{2} = \dfrac{1 - \cos\alpha}{2}$

② $\quad \cos^2\dfrac{\alpha}{2} = \dfrac{1 + \cos\alpha}{2}$

③ $\quad \tan^2\dfrac{\alpha}{2} = \dfrac{1 - \cos\alpha}{1 + \cos\alpha}$

【解説】　2倍角の公式 ② より

$$\sin^2\alpha = \frac{1 - \cos 2\alpha}{2}, \qquad \cos^2\alpha = \frac{1 + \cos 2\alpha}{2}$$

ここで，α を $\dfrac{\alpha}{2}$ と置き換えると，上式は次のようになる.

$$\sin^2\frac{\alpha}{2} = \frac{1 - \cos\alpha}{2}, \qquad \cos^2\frac{\alpha}{2} = \frac{1 + \cos\alpha}{2}$$

【例題 10】　$\cos\alpha = -\dfrac{3}{5}$ のとき，次の式の値を求めよ.ただし，$\dfrac{\pi}{2} < \alpha < \pi$

(1)　$\sin 2\alpha$　　(2)　$\cos 2\alpha$　　(3)　$\sin\dfrac{\alpha}{2}$

【解答】

(1)　$\sin\alpha = \pm\sqrt{1 - \cos^2\alpha} = \pm\sqrt{1 - \left(-\dfrac{3}{5}\right)^2} = \pm\dfrac{4}{5}$　であるが，

$\dfrac{\pi}{2} < \alpha < \pi$ より　$\sin\alpha > 0$　したがって，　$\sin\alpha = \dfrac{4}{5}$

2倍角の公式 ① より

$$\sin 2\alpha = 2\sin\alpha\cos\alpha = 2\cdot\frac{4}{5}\cdot\left(-\frac{3}{5}\right) = -\frac{24}{25}$$

(2)　2倍角の公式 ② より

$$\cos 2\alpha = 1 - 2\sin^2\alpha = 1 - 2 \cdot \left(\frac{4}{5}\right)^2 = -\frac{7}{25}$$

(3) 半角の公式 ① より

$$\sin^2\frac{\alpha}{2} = \frac{1 - \left(-\frac{3}{5}\right)}{2} = \frac{1 + \frac{3}{5}}{2} = \frac{8}{10}$$

$$\therefore \ \sin\frac{\alpha}{2} = \pm\sqrt{\frac{8}{10}} = \pm\frac{2}{\sqrt{5}}$$

$\dfrac{\pi}{2} < \alpha < \pi$ より $\dfrac{\pi}{4} < \dfrac{\alpha}{2} < \dfrac{\pi}{2}$ このとき, $\sin\dfrac{\alpha}{2} > 0$

したがって, $\sin\dfrac{\alpha}{2} = \dfrac{2}{\sqrt{5}} = \dfrac{2\sqrt{5}}{5}$

【例題 11】 半角の公式を用いて, 次の値を求めよ.

(1) $\sin 22.5°$ (2) $\cos 22.5°$ (3) $\tan 22.5°$

【解答】
半角の公式 ①, ②, ③ より

(1) $\sin^2\left(\dfrac{45°}{2}\right) = \dfrac{1 - \cos 45°}{2} = \dfrac{2 - \sqrt{2}}{4}$ より

$$\sin 22.5° = \frac{\sqrt{2 - \sqrt{2}}}{2}$$

(2) $\cos^2\left(\dfrac{45°}{2}\right) = \dfrac{1 + \cos 45°}{2} = \dfrac{2 + \sqrt{2}}{4}$ より

$$\cos 22.5° = \frac{\sqrt{2 + \sqrt{2}}}{2}$$

(3) $\tan^2\left(\dfrac{45°}{2}\right) = \dfrac{1 - \cos 45°}{1 + \cos 45°} = \dfrac{\sqrt{2} - 1}{\sqrt{2} + 1} = \left(\sqrt{2} - 1\right)^2$ より

$$\tan 22.5° = \sqrt{2} - 1$$

いずれも負の値は不適とする.

(3) 積を和に直す公式

積を和に直す公式

① $\sin\alpha\cos\beta = \dfrac{1}{2}\{\sin(\alpha+\beta) + \sin(\alpha-\beta)\}$

② $\cos\alpha\sin\beta = \dfrac{1}{2}\{\sin(\alpha+\beta) - \sin(\alpha-\beta)\}$

③ $\cos\alpha\cos\beta = \dfrac{1}{2}\{\cos(\alpha+\beta) + \cos(\alpha-\beta)\}$

④ $\sin\alpha\sin\beta = -\dfrac{1}{2}\{\cos(\alpha+\beta) - \cos(\alpha-\beta)\}$

【解説】 加法の定理 (その1) において, 公式 ① + 公式 ②, 公式 ① − 公式 ②, 公式 ③ + 公式 ④, 公式 ③ − 公式 ④ とすると

$$\sin(\alpha+\beta) + \sin(\alpha-\beta) = 2\sin\alpha\cos\beta$$
$$\sin(\alpha+\beta) - \sin(\alpha-\beta) = 2\cos\alpha\sin\beta$$
$$\cos(\alpha+\beta) + \cos(\alpha-\beta) = 2\cos\alpha\cos\beta$$
$$\cos(\alpha+\beta) - \cos(\alpha-\beta) = -2\sin\alpha\sin\beta$$

が導かれるので, 両辺を 2 で割ると, 公式 ① ～ ④ が得られる.

(4) 和と差を積に直す公式

和と差を積に直す公式

① $\sin A + \sin B = 2\sin\dfrac{A+B}{2}\cos\dfrac{A-B}{2}$

② $\sin A - \sin B = 2\cos\dfrac{A+B}{2}\sin\dfrac{A-B}{2}$

③ $\cos A + \cos B = 2\cos\dfrac{A+B}{2}\cos\dfrac{A-B}{2}$

④ $\cos A - \cos B = -2\sin\dfrac{A+B}{2}\sin\dfrac{A-B}{2}$

【解説】 積を和に直す公式において, $\alpha + \beta = A$, $\alpha - \beta = B$ とおくと,

$$\alpha = \frac{A + B}{2}, \quad \beta = \frac{A - B}{2}$$

になるから, 公式 ① ～ 公式 ④ が得られる.

【例題 12】 次の式の値を求めよ.

(1) $\sin 45° \cos 15°$ (2) $\cos 15° + \cos 75°$

【解答】

(1) 積を和に直す公式 ① より

$$\sin 45° \cos 15° = \frac{1}{2}\{\sin(45° + 15°) + \sin(45° - 15°)\}$$

$$= \frac{1}{2}(\sin 60° + \sin 30°) = \frac{1}{2}\left(\frac{\sqrt{3}}{2} + \frac{1}{2}\right) = \frac{\sqrt{3} + 1}{4}$$

(2) 和と差を積に直す公式 ③ より

$$\cos 15° + \cos 75° = 2\cos\frac{15° + 75°}{2}\cos\frac{15° - 75°}{2} = 2\cos 45° \cos(-30°)$$

$$= 2 \cdot \frac{\sqrt{2}}{2} \cdot \frac{\sqrt{3}}{2} = \frac{\sqrt{6}}{2}$$

(5) 三角関数の合成

三角関数の和や差を一つの三角関数に表すことを**三角関数を合成する**という.

三角関数の合成

$a\sin x + b\cos x$ を一つの三角関数で表すと次のようになる.

$$a\sin x + b\cos x = r\sin(x + \alpha) \cdots \text{二項式から単項式へ}$$

ただし, $a \neq 0$, $b \neq 0$, $r = \sqrt{a^2 + b^2}$, $\tan\alpha = \dfrac{b}{a}$ である.

【解説】　図 **5.30** において, 点 (a, b) について, 動径 OP の x 軸となす角を α とすると

$$a = r\cos\alpha, \quad b = r\sin\alpha$$

ここで, $r = \sqrt{a^2 + b^2}$ であるから,

$$a\sin x + b\cos x$$
$$= \sqrt{a^2 + b^2}\,(\sin x \cos\alpha + \cos x \sin\alpha)$$
$$= \sqrt{a^2 + b^2}\sin(x + \alpha)$$

ただし, $\tan\alpha = \dfrac{b}{a}$

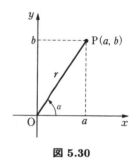

図 **5.30**

【例題 13】　次の三角関数を合成せよ.

(1)　$\sqrt{3}\sin x + \cos x$　　　(2)　$3\sin x - 4\cos x$

【解答】

(1)　三角関数の合成の公式において, $a = \sqrt{3},\ b = 1$

$$\cos\alpha = \frac{\sqrt{3}}{2}, \quad \sin\alpha = \frac{1}{2} \quad より \quad \alpha = \frac{\pi}{6}$$

したがって, 　$\sqrt{3}\,\sin x + \cos x = \sqrt{(\sqrt{3})^2 + 1^2}\,\sin\left(x + \dfrac{\pi}{6}\right)$

$$= 2\sin\left(x + \frac{\pi}{6}\right)$$

(2)　三角関数の合成の公式において, $a = 3,\ b = -4$

したがって, 　$3\sin x - 4\cos x = \sqrt{3^2 + 4^2}\,\sin(x - \alpha) = 5\sin(x - \alpha)$

ただし, 　$\tan\alpha = -\dfrac{4}{3}$

5.6　三角形の解法

三角形の三つの辺および三つの角のうち, 三つの大きさがわかっていれば, その他の三つの大きさは式を利用して計算で求められる. ただし, 三つの角が既知の場合を除く. この方法を**三角形を解く**といい, 測量や面積の計算に活用されて

いる.

以下, いろいろな定理を利用した計算方法について学ぶ.

5.6.1 正弦定理

正弦定理

(2 角と 1 辺が与えられたときに適用)

$$\frac{a}{\sin A} = \frac{b}{\sin B} = \frac{c}{\sin C} = 2R$$

ただし, R は $\triangle ABC$ の外接円の半径とする.

【解説】 **図 5.31** (a) における $\triangle ABC$ の外接円を同図 (b) のように書き, その半径を R とする.

いま, B を通る直径 BD を引き, さらに D , C を結ぶと, $\triangle BCD$ は $\angle BCD$ を直角とする直角三角形になる.

辺 $BD = 2R$, $\angle BDC = \angle BAC = \angle A$ (円周角) より

辺 $BC = a = 2R \sin A$

$\therefore \ \dfrac{a}{\sin A} = 2R$

同様にして, $b = 2R \sin B$, $c = 2R \sin C$ になるから,

$$\frac{b}{\sin B} = 2R, \quad \frac{c}{\sin C} = 2R$$

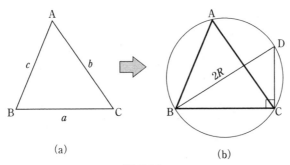

(a)　　　　　　　　　(b)

図 5.31

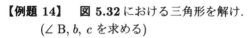

【例題 14】　図 5.32 における三角形を解け.

（∠B, b, c を求める）

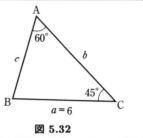

図 5.32

【解答】

$\angle B = 180° - (60° + 45°) = 75°$

正弦定理より

$$\frac{6}{\sin 60°} = \frac{b}{\sin 75°} = \frac{c}{\sin 45°} = 2R$$

ここで,

$$\sin 75° = \sin(30° + 45°) = \frac{\sqrt{6} + \sqrt{2}}{4} \quad \text{（加法の定理から）}$$

したがって,

$$b = \frac{6\sin 75°}{\sin 60°} = 6 \times \frac{\sqrt{6} + \sqrt{2}}{4} \times \frac{2}{\sqrt{3}} = 3\sqrt{2} + \sqrt{6}$$

$$c = \frac{6\sin 45°}{\sin 60°} = 6 \times \frac{\sqrt{2}}{2} \times \frac{2}{\sqrt{3}} = 2\sqrt{6}$$

<u>答</u>　∠B$= 75°$, 　$b = 3\sqrt{2} + \sqrt{6}$, 　$c = 2\sqrt{6}$

5.6.2　余弦定理

余弦定理

（2辺と狭角が与えられたときに適用）

① 　$a^2 = b^2 + c^2 - 2bc\cos A$

② 　$b^2 = c^2 + a^2 - 2ca\cos B$

③ 　$c^2 = a^2 + b^2 - 2ab\cos C$

【解説】　図 **5.33** のように，△ABC
の頂点 B から対辺へ垂線 BH をおろ
すと，△BHA, △BHC はともに直角
三角形になる．三平方の定理から，
$$AB^2 - AH^2 = BH^2 = BC^2 - CH^2$$
ここで，　AH=ABcos A $= c \cos$ A
　　　　　CH=AC$-$AH$= b - c \cos$A
　　　　　BC$= a$

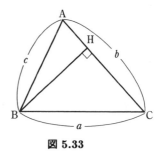

図 **5.33**

したがって，
$$c^2 - (c\cos A)^2 = a^2 - (b - c\cos A)^2$$
$$c^2 - c^2\cos^2 A = a^2 - b^2 + 2bc\cos A - c^2\cos^2 A$$
これを整理して
$$a^2 = b^2 + c^2 - 2bc\cos A$$
さらに，
b^2, c^2 も同様に求められる．

【例題 15】　図 **5.34** における三角形を解け．
　　（a, ∠B, ∠C を求める）

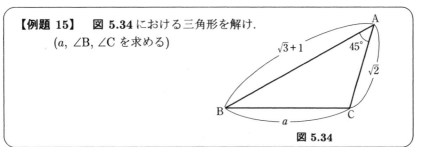

図 **5.34**

【解答】

余弦定理より，
$$a^2 = \left(\sqrt{2}\right)^2 + \left(\sqrt{3}+1\right)^2 - 2 \times \sqrt{2} \times \left(\sqrt{3}+1\right) \times \cos 45° = 4$$
$a = \pm 2$　になるが，a は三角形の一辺で正である．　∴ $a = 2$

次に，正弦定理より
$$\frac{\sqrt{2}}{\sin B} = \frac{2}{\sin 45°} \qquad \sin B = \frac{\sqrt{2}}{2} \times \sin 45° = \frac{\sqrt{2}}{2} \times \frac{1}{\sqrt{2}} = \frac{1}{2} \quad \therefore \ B = 30°$$
また，∠C$= 180° - ∠(A + B) = 180° - (45° + 30°) = 105°$

答　$a = 2$,　∠B $= 30°$,　∠C $= 105°$

5.6.3 三角形の面積

ここでは二辺と挟角がわかっている場合や三辺がわかっている場合についての三角形の面積の計算法を考える.

> ## △ABC の面積 S を求める公式　（その 1）
> ### (二辺と挟角が与えられるときに適用)
>
> $$S = \frac{1}{2}\,bc\sin A = \frac{1}{2}\,ca\sin B = \frac{1}{2}\,ab\sin C$$

【解説】　図 **5.35** のように, △ABC の頂点 A より対辺へ垂線をおろせば, 三角形 ABC の面積 S は

$$S = \frac{1}{2}\mathrm{BC} \cdot \mathrm{AH} = \frac{1}{2}ac\sin B$$

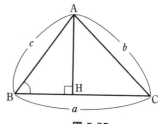

図 **5.35**

同様に, 図 **5.36** のように頂点 B および頂点 C についてまとめると,

$$S = \frac{1}{2}\mathrm{AC} \cdot \mathrm{BH} = \frac{1}{2}ba\sin C$$

$$S = \frac{1}{2}\mathrm{AB} \cdot \mathrm{CH} = \frac{1}{2}cb\sin A$$

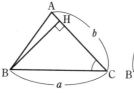 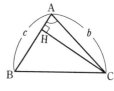

図 **5.36**

【例題 16】　次の辺と角をもつ三角形の面積を求めよ.

$$a = 4, \qquad b = 6, \qquad \angle C = 45°$$

【解答】　2 辺と挟角が与えられときに適用する公式 (その 1) により

$$S = \frac{1}{2}ab\sin C = \frac{1}{2} \times 4 \times 6 \times \sin 45° = 6\sqrt{2}$$

△ABC の面積 S を求める公式 (その 2)

(**ヘロンの公式** 三辺の長さが与えられているときに適用)

$$S = \sqrt{s(s-a)(s-b)(s-c)} \qquad ただし, \quad s = \frac{a+b+c}{2}$$

【解説】 図 **5.37** において, (その 1)
△ABC の面積 S を求める公式より
$$S = \frac{1}{2}ca \sin B$$
余弦定理の公式より
$$\cos B = \frac{c^2 + a^2 - b^2}{2ca}$$
ここで $\sin B$ は $0 < B < 180°$
の範囲で正であるから
$$\sin B = \sqrt{1 - \cos^2 B}$$
$$= \sqrt{(1 + \cos B)(1 - \cos B)}$$

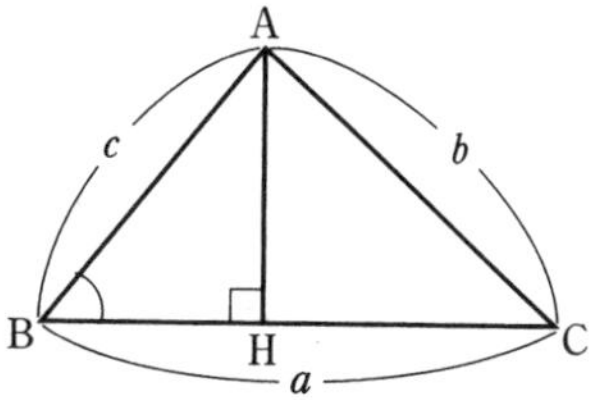

図 **5.37**

$$= \sqrt{\frac{2ca + c^2 + a^2 - b^2}{2ca} \times \frac{2ca - (c^2 + a^2 - b^2)}{2ca}}$$

$$= \frac{\sqrt{\{(a+c)^2 - b^2\}\{b^2 - (a-c)^2\}}}{2ca}$$

$$= \frac{\sqrt{(a+b+c)(a-b+c)(a+b-c)(-a+b+c)}}{2ca}$$

ここで, $2s = a + b + c$ とすれば, $a - b + c = 2(s-b)$, $a + b - c = 2(s-c)$, $-a + b + c = 2(s-a)$ であるから

$$\sin B = \frac{2\sqrt{s(s-a)(s-b)(s-c)}}{ca}$$

したがって求める面積 S は

$$S = \frac{1}{2}ca \sin B = \sqrt{s(s-a)(s-b)(s-c)}$$

ただし, $s = \frac{a+b+c}{2}$

【例題 17】　三角形 ABC の三辺が，$a = 6$, $b = 5$, $c = 4$ のとき，この三角形の面積を求めよ．

【解答】

$$s = \frac{6 + 5 + 4}{2} = \frac{15}{2}, \quad s - a = \frac{3}{2}, \quad s - b = \frac{5}{2}, \quad s - c = \frac{7}{2}$$

$$\therefore S = \sqrt{s(s-a)(s-b)(s-c)} = \sqrt{\frac{15}{2} \times \frac{3}{2} \times \frac{5}{2} \times \frac{7}{2}} = \frac{15\sqrt{7}}{4} \fallingdotseq 9.92$$

5.7　余接・正割・余割

　三角関数には，正弦（sin）・余弦（cos）・正接（tan）の他に**余接**（cot）・**正割**（sec）・**余割**（csc または cosec）がある．

定義

$$\cot \theta = \frac{a}{b} = \frac{1}{\tan} \qquad \sec \theta = \frac{c}{a} = \frac{1}{\cos \theta}$$

$$\mathrm{cosec} = \frac{c}{b} = \frac{1}{\sin \theta}$$

5.8　逆三角関数

　三角関数 $y = \sin x$, $y = \cos x$, $y = \tan x$ において，**表 5.5** のようにそれぞれの定義域の中の x を与えれば，関数 y の値はただ一つ定まる．

表 5.5

主な三角関数		定義域	値域
①	$y = \sin x$	実数全体　　$(-\infty < x < \infty)$	$-1 \leqq y \leqq 1$
②	$y = \cos x$	実数全体　　$(-\infty < x < \infty)$	$-1 \leqq y \leqq 1$
③	$y = \tan x$	$\frac{\pi}{2} + n\pi$ を除いた実数全体	実数全体 $(-\infty < x < \infty)$

逆に，たとえば，$\sin x = \frac{1}{2}$ で，y の値 $\left(\frac{1}{2}\right)$ を与えても，関数の値がその値になる角 x は無数に存在する．そこで，x の範囲をそれぞれの関数について，

正弦関数　$y = \sin x \Rightarrow -\dfrac{\pi}{2} \leqq x \leqq \dfrac{\pi}{2}$

余弦関数　$y = \cos x \Rightarrow 0 \leqq x \leqq \pi$

正接関数　$y = \tan x \Rightarrow -\dfrac{\pi}{2} < x < \dfrac{\pi}{2}$

のように制限すると, 各値域内の y が与えられたとき, x の値はその範囲でただ一つ定まる. x と y を入れかえると, $x = \sin y$, $x = \cos y$, $x = \tan y$, ここで y を x の関数と考え, 次のように表す.

$y = \sin^{-1} x$　　(アークサイン x と読む) ············· **逆正弦関数**

$y = \cos^{-1} x$　　(アークコサイン x と読む) ··········· **逆余弦関数**

$y = \tan^{-1} x$　　(アークタンジェント x と読む) ······ **逆正接関数**

これらを合わせて, **逆三角関数**という. $\sin^{-1}$ を arcsin, $\cos^{-1}$ を arccos, $\tan^{-1}$ を arctan で示されることもある.

表 5.6 に示すように, たとえば, $y = \sin^{-1} x$ では, y の値域を $-\dfrac{\pi}{2} < y < \dfrac{\pi}{2}$ とすると y の値は一つに定まる. この値を逆正弦波関数の**主値**という. $y = \cos^{-1} x$ や $y = \tan^{-1} x$ でも同様である.

表 5.6　逆三角関数の性質

逆三角関数	定義域	値域
①　　$y = \sin^{-1} x$	$-1 \leqq x \leqq 1$	$-\dfrac{\pi}{2} \leqq y < \dfrac{\pi}{2}$
②　　$y = \cos^{-1} x$	$-1 \leqq x \leqq 1$	$0 \leqq y \leqq \pi$
③　　$y = \tan^{-1} x$	$-\infty < x < \infty$	$-\dfrac{\pi}{2} < y < \dfrac{\pi}{2}$

図 5.38 に各逆三角関数のグラフを示す.

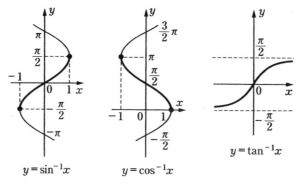

$y = \sin^{-1} x$　　　　$y = \cos^{-1} x$　　　　$y = \tan^{-1} x$

図 5.38

【例題 18】　次の逆三角関数の主値を求めよ.

$$(1)\quad \sin^{-1}\frac{1}{\sqrt{2}} \qquad (2)\quad \cos^{-1}\left(-\frac{1}{2}\right) \qquad (3)\quad \tan^{-1}\sqrt{3}$$

【解答】

(1)　$\sin x = \dfrac{1}{\sqrt{2}}$　　　$\therefore x = \dfrac{\pi}{4}$

(2)　$\cos x = -\dfrac{1}{2}$　　　$\therefore x = \dfrac{2}{3}\pi$

(3)　$\tan x = \sqrt{3}$　　　$\therefore x = \dfrac{\pi}{3}$

＜測量は三角形が主役＞

　エジプト文明は, ナイル川により多大な恩恵を受けた. ところがこのナイル川は, たびたびの氾濫からこの流域に土地測量の技術を発展させることになった. この中の一つは,「三角測量」と呼ばれ, 三角関数の「正弦定理」を利用し, 三角形の 1 辺とその両端の 2 角から他の 2 辺 (三角形の合同条件の一つに対応) を計算して求めるものである.

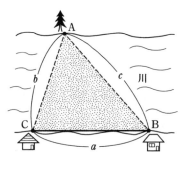

　図で, 基準となる 2 地点間の距離 a を測定し, ∠A, ∠B および ∠C がわかれば, 正弦定理より

$$b = \frac{a\sin B}{\sin A}, \quad c = \frac{a\sin C}{\sin A} \quad \text{で求めることができる.}$$

第5章　練習問題

1　図 **5.39** を利用して次の値を求めよ.
- (1)　$\sin 135°$　　　(2)　$\cos 135°$
- (3)　$\tan 135°$　　　(4)　$\sin 240°$
- (5)　$\cos 240°$　　　(6)　$\tan 240°$

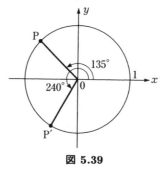

図 **5.39**

2　図 **5.40** の直角三角形において,
$\sin\alpha$, $\cos\alpha$, $\tan\alpha$, $\sin\beta$, $\cos\beta$
および $\tan\beta$ の値を求めよ.

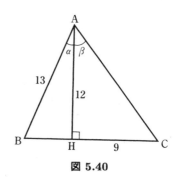

図 **5.40**

3　$38° + 52° = 90°$ を利用して次の式の値を求めよ.

$$\sin 38° \cos 52° + \sin 52° \cos 38°$$

4　$\cos\theta = -\dfrac{2}{3}$ であるとき, $\sin\theta$, $\tan\theta$ の値を求めよ.
ただし　$0 \leq \theta \leq 180°$ とする.

5　次の式の値を求めよ.
- (1)　$\sin 60° + \sin 150° + \cos^2 135°$
- (2)　$(\sin 120° + \tan 45°)(\cos 150° - \tan 135°)$

6 次の三角比を鋭角の三角関数で表せ.
(1) $\sin 150°$ (2) $\cos 165°$ (3) $\tan 115°$

7 次の三角関数のグラフを書き周期を求めよ.
(1) $y = \sin x + 1$ (2) $y = \sin\left(x - \dfrac{\pi}{3}\right)$
(3) $y = 2\sin x + 1$ (4) $y = -\sin 2x$

8 次の値を求めよ.
(1) $\sin\dfrac{20}{3}\pi$ (2) $\cos\left(-\dfrac{29}{6}\pi\right)$ (3) $y = \tan\left(-\dfrac{31}{6}\pi\right)$

9 $\cos\alpha = \dfrac{12}{13}$, $\sin\beta = \dfrac{4}{5}$ で α, β が第 1 象限の角であるとき, 次の値を求めよ.
(1) $\sin\alpha$ (2) $\cos\beta$ (3) $\sin 2\alpha$
(4) $\cos 2\beta$ (5) $\sin(\alpha + \beta)$

10 次の三角関数の最大値と最小値となる x の値を求めよ. ただし, $0 \leqq x \leqq 2\pi$ とする.
(1) $y = \sqrt{3}\sin x + \sin\left(\dfrac{\pi}{2} + x\right)$
(2) $y = \sin x - \cos x$

11 ある土地を測定したら**図 5.41** のデータを得た. この四角形 ABCD の土地の面積を求めよ. また, ∠A, ∠C の大きさを求めよ.

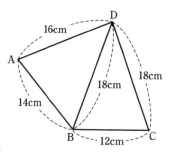

図 5.41

第5章　練習問題【解答】

1　(1)　$\sin 135° = \dfrac{\sqrt{2}}{2}$　　(2)　$\cos 135° = -\dfrac{\sqrt{2}}{2}$　　(3)　$\tan 135° = -1$

　　(4)　$\sin 240° = -\dfrac{\sqrt{3}}{2}$　　(5)　$\cos 240° = -\dfrac{1}{2}$　　(6)　$\tan 240° = \sqrt{3}$

2　$BH = \sqrt{13^2 - 12^2} = 5$ より　$\sin\alpha = \dfrac{5}{13}$,　$\cos\alpha = \dfrac{12}{13}$,　$\tan\alpha = \dfrac{5}{12}$

　　$AC = \sqrt{12^2 + 9^2} = 15$ より　$\sin\beta = \dfrac{9}{15} = \dfrac{3}{5}$,　$\cos\beta = \dfrac{12}{15} = \dfrac{4}{5}$,

　　$\tan\beta = \dfrac{9}{12} = \dfrac{3}{4}$

3　与式 $= \sin 38° \times \sin(90° - 52°) + \cos(90° - 52°) \times \cos 38° = \sin^2 38° + \cos^2 38° = 1$

4　$\sin^2\theta = 1 - \left(-\dfrac{2}{3}\right)^2 = \dfrac{5}{9}$　$\therefore\ \sin\theta = \pm\dfrac{\sqrt{5}}{3}$

　　ここで，　$\sin\theta \geqq 0$ であるから　$\sin\theta = \dfrac{\sqrt{5}}{3}$

　　また，　$\tan\theta = \dfrac{\sin\theta}{\cos\theta} = \dfrac{\sqrt{5}}{3} \div \left(-\dfrac{2}{3}\right) = -\dfrac{\sqrt{5}}{2}$

5　(1)　与式 $= \dfrac{\sqrt{3}}{2} + \dfrac{1}{2} + \left(-\dfrac{\sqrt{2}}{2}\right)^2 = \dfrac{\sqrt{3}+1}{2} + \dfrac{2}{4} = \dfrac{\sqrt{3}+2}{2}$

　　(2)　与式 $= \left(\dfrac{\sqrt{3}}{2} + 1\right)\left(-\dfrac{\sqrt{3}}{2} + 1\right) = 1^2 - \dfrac{3}{4} = \dfrac{1}{4}$

6　(1)　$\sin 150° = \sin(180° - 150°) = \sin 30°$
　　(2)　$\cos 165° = -\cos(180° - 165°) = -\cos 15°$
　　(3)　$\tan 115° = -\tan(180° - 115°) = -\tan 65°$

7　

(1)

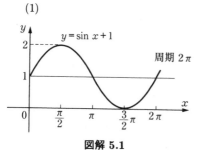

図解 5.1

(2)

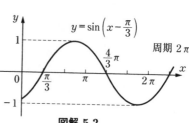

図解 5.2

(3)   (4)

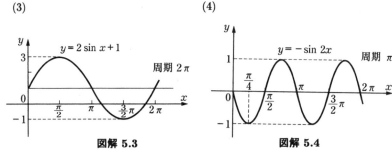

図解 5.3   図解 5.4

8 (1) $\sin \dfrac{20}{3}\pi = \sin\left(\dfrac{2}{3}\pi + 6\pi\right) = \sin\dfrac{2}{3}\pi = \sin\left(\pi - \dfrac{\pi}{3}\right) = \sin\dfrac{\pi}{3} = \dfrac{\sqrt{3}}{2}$

(2) $\cos\left(-\dfrac{29}{6}\pi\right) = \cos\dfrac{29}{6}\pi = \cos\left(\dfrac{5}{6}\pi + 4\pi\right) = \cos\dfrac{5}{6}\pi = \cos\left(\pi - \dfrac{\pi}{6}\right)$

$= -\cos\dfrac{\pi}{6} = -\dfrac{\sqrt{3}}{2}$

(3) $\tan\left(-\dfrac{31}{6}\pi\right) = -\tan\dfrac{31}{6}\pi = -\tan\left(\dfrac{\pi}{6} + 5\pi\right) = -\tan\dfrac{\pi}{6} = -\dfrac{1}{\sqrt{3}}$

9 (1) $\sin\alpha = \sqrt{1 - \left(\dfrac{12}{13}\right)^2} = \sqrt{1 - \dfrac{144}{169}} = \sqrt{\dfrac{25}{169}} = \dfrac{5}{13}$

(2) $\cos\beta = \sqrt{1 - \left(\dfrac{4}{5}\right)^2} = \sqrt{\dfrac{9}{25}} = \dfrac{3}{5}$

(3) $\sin 2\alpha = 2\sin\alpha\cos\alpha = 2 \times \dfrac{5}{13} \times \dfrac{12}{13} = \dfrac{120}{169}$

(4) $\cos 2\beta = 2\cos^2\beta - 1 = 2 \times \left(\dfrac{3}{5}\right)^2 - 1 = \dfrac{18}{25} - 1 = -\dfrac{7}{25}$

(5) $\sin(\alpha + \beta) = \dfrac{5}{13} \times \dfrac{3}{5} + \dfrac{12}{13} \times \dfrac{4}{5} = \dfrac{15}{65} + \dfrac{48}{65} = \dfrac{63}{65}$

10 (1) $y = \sqrt{3}\sin x + \sin\left(\dfrac{\pi}{2} + x\right) = \sqrt{3}\sin x + \cos x$

$= \sqrt{\left(\sqrt{3}\right)^2 + 1^2}\,\sin(x + \alpha) = 2\sin(x + \alpha)$

ここで, $\tan\alpha = \dfrac{1}{\sqrt{3}}$ より $\alpha = \dfrac{\pi}{6}$

したがって, $x + \dfrac{\pi}{6} = \dfrac{\pi}{2}$ より $x = \dfrac{\pi}{3}$ のとき最大, 最大値は 2

$x + \dfrac{\pi}{6} = \dfrac{3}{2}\pi$ より $x = \dfrac{4}{3}\pi$ のとき最小, 最小値は -2

(2) $y = \sin x - \cos x = \sqrt{1^2 + 1^2}\,\sin(x - \alpha) = \sqrt{2}\sin(x - \alpha)$

ここで、　$\tan \alpha = 1$　より　$\alpha = \dfrac{\pi}{4}$

したがって　$x - \dfrac{\pi}{4} = \dfrac{\pi}{2}$ より　$x = \dfrac{3}{4}\pi$ のとき最大, 最大値は $\sqrt{2}$

$x - \dfrac{\pi}{4} = \dfrac{3}{2}\pi$ より　$x = \dfrac{7}{4}\pi$ のとき最小, 最小値は $-\sqrt{2}$

11 $\triangle ABD$ の面積 S_1 は

$s = \dfrac{a+b+c}{2} = \dfrac{18+16+14}{2} = 24$ より

$S_1 = \sqrt{s(s-a)(s-b)(s-c)}$

$\quad = \sqrt{24(24-18)(24-16)(24-14)}$

$\quad = 48\sqrt{5}\ \text{cm}^2$

$\triangle BCD$ の面積 S_2 は

$s = \dfrac{a+b+c}{2} = \dfrac{12+18+18}{2} = 24$ より

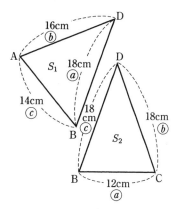

図解 5.5

$S_2 = \sqrt{s(s-a)(s-b)(s-c)}$

$\quad = \sqrt{24(24-12)(24-18)(24-18)} = 72\sqrt{2}\ \text{cm}^2$

$\therefore$ 四辺形 $ABCD$ の面積 S は, $S = S_1 + S_2 = 48\sqrt{5} + 72\sqrt{2}\ \text{cm}^2$

$\angle A$ は, $\triangle ABD$ において,

$\cos A = \dfrac{b^2 + c^2 - a^2}{2bc} = \dfrac{16^2 + 14^2 - 18^2}{2 \times 16 \times 14} = \dfrac{2}{7}$

$\therefore A = \cos^{-1} \dfrac{2}{7} \fallingdotseq 73.4°$

$\angle C$ は $\triangle BCD$ において,

$\cos C = \dfrac{a^2 + b^2 - c^2}{2ab} = \dfrac{12^2 + 18^2 - 18^2}{2 \times 12 \times 18} = \dfrac{1}{3}$

$\therefore C = \cos^{-1} \dfrac{1}{3} \fallingdotseq 70.5°$

第6章　指数関数と対数関数

　正の整数についての指数はよく知られていることであるが, 物理や化学の分野などで
は分数の指数を扱うことが多い. そこで, 分数の指数や負の指数について学び, 後半で
は, 取扱いが面倒な大きな数を小さな数に置き換えて扱うことができる対数についても
学ぶ.

6.1　指数関数

6.1.1　累乗・指数

　ある数 a を n 個掛け合わせたものを a の **n 乗** といい, a^n で表わし, これを
指数 という. また右肩の数 n を **乗数** という. たとえば, 2 を 4 個掛け合わせたと
き, $2 \times 2 \times 2 \times 2 = 2^4$ と表示し, 2 の 4 乗と読む. a^2 を a の 2 乗 (平方), a^3 を
3 乗 (立方) $\cdots$ といい, これらを総称して a の **累乗** という.

6.1.2　指数の性質

　累乗については a および b が 0 でない数 $(a \neq 0,\ b \neq 0)$ のとき
$$a^2 \times a^3 = (a \times a) \times (a \times a \times a) = a^5$$
よって $a^{2+3} = a^5$ のように乗数の和として計算できる.
$$a^3 \div a^2 = \frac{a \times a \times a}{a \times a} = a$$
よって $a^{3-2} = a$ のように乗数の差として計算できる.
$$a^2 \div a^3 = \frac{a \times a}{a \times a \times a} = \frac{1}{a} = a^{-1} \quad \text{よって} \quad a^{2-3} = a^{-1}$$
$$(a^2)^3 = a^2 \times a^2 \times a^2 = a^6 = a^{2 \times 3}$$
よって (　) の内の乗数と (　) の外の乗数の積で表せるから $(a^2)^3 = a^{2 \times 3} = a^6$
と計算する.
$$(a\,b)^3 = a^{1 \times 3} \cdot b^{1 \times 3} = a^3 \cdot b^3$$

となるから, 上の各式において, 乗数 2, 3 を 正の整数 m, n と読み替えると, 一般に次の公式が成り立つ.

指数公式

① $a^m a^n = a^{m+n}$　　② $\dfrac{a^m}{a^n} = a^{m-n}$　　③ $(a^m)^n = a^{mn}$

④ $(a\,b)^n = a^n b^n$　　⑤ $\left(\dfrac{a}{b}\right)^n = \dfrac{a^n}{b^n}$

【例】　$3^2 \times 3^6 = 3^{2+6} = 3^8$　　$(2^3)^4 = 2^{3\times4} = 2^{12}$

$(2 \times 3)^5 = 2^5 \times 3^5$　　$\left(\dfrac{2}{3}\right)^5 = \dfrac{2^5}{3^5}$　　$27 \times 9 = 3^3 \times 3^2 = 3^5$

6.1.3 負の整数の指数

正の整数 m, n に対して定められた指数公式が, $m = -n$ および $m = 0$ のときにも成り立つものとすると, 指数公式 ① は

$$a^{-n} \times a^n = a^{n-n} = a^0 \quad から \quad a^{-n} = \dfrac{1}{a^n}$$

$$a^0 \times a^n = a^{0+n} = a^n \quad から \quad a^0 = 1$$

となることがわかる. そこで, 負の整数および 0 の指数を次のように定める.

$$a^{-n} = \dfrac{1}{a^n}, \qquad a^0 = 1 \qquad (a \neq 0, \ n \ は正の整数)$$

【例】　$3^2 \div 3^6 = 3^{2-6} = 3^{-4} = \dfrac{1}{3^4}$

6.1.4 累乗根

n が整数のとき, n 乗して a となる数, すなわち $x^n = a$ のとき, x を a の **n 乗根** という. $n = 2$ のときを 2 乗根 (**平方根**ともいう), $n = 3$ のときを 3 乗根 (**立方根**ともいう) といい, これらを総称して **累乗根** という.

a の n 乗根を $\sqrt[n]{a}$ と書き, 2 乗根を $\sqrt[2]{a}$ と書き, 3 乗根は $\sqrt[3]{a}$ と表されるが, 2 乗根 $\sqrt[2]{a}$ のときは 2 を省略し, $\sqrt{a}$ と書く.

6.1.5　有理数の指数

指数法則 ③ において 整数 m, n, ℓ が $m = \dfrac{\ell}{n}$ のとき
$$\left(a^{\frac{\ell}{n}}\right)^n = a^\ell$$
となるから，$a^{\frac{\ell}{n}}$ は a^ℓ の n 乗根となる．すなわち
$$a^{\frac{\ell}{n}} = \sqrt[n]{a^\ell}$$
である．したがって，m, n が整数のとき，分数の指数を次のように定めることができる．ただし，n が偶数，m が奇数のときは，a は負でないものに限る．それは a が負，m が奇数で n が偶数のときは，負数の偶数根となって $a^{\frac{m}{n}}$ が虚数となるからである．

有理数の指数公式

$$① \quad a^{\frac{n}{m}} = \sqrt[m]{a^n} \qquad ② \quad a^{-\frac{m}{n}} = \frac{1}{a^{\frac{m}{n}}} = \frac{1}{\sqrt[n]{a^m}}$$

【例】　$5^{\frac{2}{3}} = \sqrt[3]{5^2}$　　$3^{-5} = \dfrac{1}{3^5}$　　$2^{-\frac{3}{5}} = \dfrac{1}{2^{\frac{3}{5}}} = \dfrac{1}{\sqrt[5]{2^3}}$

指数の意味が拡張されたことによって $\sqrt[n]{a^m}$ は $a \geqq 0$ なるすべての a について，また，n が奇数のときには $a < 0$ のすべての a についても成り立ち，$a^{\frac{m}{n}} = \sqrt[n]{a^m}$ は m が負数のときも成り立つことがわかった．

【例題 1】　　次の指数を計算せよ．

(1)　$8^{\frac{2}{3}}$　　　(2)　$32^{\frac{2}{5}}$　　　(3)　$\left(64^{\frac{1}{2}}\right)^{\frac{1}{3}}$　　　(4)　$\left(8^{\frac{1}{6}}\right)^{-2}$

(5)　$\sqrt[3]{27}$　　(6)　$\left(\sqrt[2]{4}\right)^{\frac{1}{2}}$　　(7)　$\left(\sqrt[2]{4}\right)^{-\frac{1}{2}}$

【解答】

(1)　$8^{\frac{2}{3}} = \left(2^3\right)^{\frac{2}{3}} = 2^{3 \times \frac{2}{3}} = 2^2 = 4$

(2)　$32^{\frac{2}{5}} = \left(2^5\right)^{\frac{2}{5}} = 2^{5 \times \frac{2}{5}} = 2^2 = 4$

(3)　$\left(64^{\frac{1}{2}}\right)^{\frac{1}{3}} = 64^{\frac{1}{2} \times \frac{1}{3}} = \left(8^2\right)^{\frac{1}{2} \times \frac{1}{3}} = 8^{2 \times \frac{1}{6}} = 8^{\frac{1}{3}} = \left(2^3\right)^{\frac{1}{3}} = 2^{3 \times \frac{1}{3}} = 2$

(4)　$\left(8^{\frac{1}{6}}\right)^{-2} = 2^{3 \times \frac{1}{6} \times (-2)} = 2^{-1} = \dfrac{1}{2}$

(5)　$\sqrt[3]{27} = 3^{3 \times \frac{1}{3}} = 3$

(6)　$\left(\sqrt[2]{4} \right)^{\frac{1}{2}} = \left(4^{\frac{1}{2}} \right)^{\frac{1}{2}} = \left(2^{2 \times \frac{1}{2}} \right)^{\frac{1}{2}} = 2^{\frac{1}{2}} = \sqrt{2} \fallingdotseq 1.414$

(7)　$\left(\sqrt[2]{4} \right)^{-\frac{1}{2}} = \left(2^{2 \times \frac{1}{2}} \right)^{-\frac{1}{2}} = 2^{-\frac{1}{2}} = \dfrac{1}{2^{\frac{1}{2}}} = \dfrac{1}{\sqrt{2}} \fallingdotseq 0.707$

【例題 2】　次の式を指数の形になおせ.

(1)　$\sqrt[3]{m} \sqrt{m}$　　　(2)　$\left(\sqrt{\sqrt[5]{m^{10}}} \right)^{-1}$　　　(3)　$\dfrac{\sqrt[5]{m}}{\sqrt[5]{m^4}}$

(4)　$\sqrt{\sqrt[3]{m} \sqrt{m}}$

【解答】

(1)　$\sqrt[3]{m} \sqrt{m} = m^{\frac{1}{3}} \cdot m^{\frac{1}{2}} = m^{\frac{1}{3} + \frac{1}{2}} = m^{\frac{5}{6}}$

(2)　$\left(\sqrt{\sqrt[5]{m^{10}}} \right)^{-1} = \left(\sqrt{(m^{10})^{\frac{1}{5}}} \right)^{-1} = \left(\sqrt{m^{10 \times \frac{1}{5}}} \right)^{-1} = \left(\sqrt{m^2} \right)^{-1} = m^{-1}$

(3)　$\dfrac{\sqrt[5]{m}}{\sqrt[5]{m^4}} = m^{\frac{1}{5}} \cdot m^{\frac{-4}{5}} = m^{\frac{1}{5} - \frac{4}{5}} = m^{-\frac{3}{5}}$

(4)　$\sqrt{\sqrt[3]{m}\sqrt{m}} = \sqrt{m^{\frac{1}{3}} \cdot m^{\frac{1}{2}}} = \sqrt{m^{\frac{2+3}{6}}} = \sqrt{m^{\frac{5}{6}}} = m^{\frac{1}{2} \times \frac{5}{6}} = m^{\frac{5}{12}}$

6.1.6　無理数の指数

ℓ が無理数のときの a^{ℓ} について考える（無理数は 43 頁参照）

無理数 ℓ に対して

$$p_1 < p_2 < p_3 < \cdots\cdots < \ell < \cdots\cdots < q_3 < q_2 < q_1$$

となる有理数が存在するから

$a > 1$ のときは

$$a^{p_1} < a^{p_2} < a^{p_3} < \cdots\cdots$$

$$a^{q_1} > a^{q_2} > a^{q_3} > \cdots\cdots$$

となり, いずれも一つの実数に限りなく近づく.

同様に, $1 > a > 0$ のときは

$$a^{p_1} > a^{p_2} > a^{p_3} > \cdots\cdots$$

$$a^{q_1} < a^{q_2} < a^{q_3} \cdots\cdots$$

となり, いずれも一つの実数に限りなく近づく.

そこで, この極限値を a^ℓ の値と定義する.

6.1.7　指数関数

これまでの指数の定義から, $a > 0$, $a \neq 1$ とすると x の一つの実数に対して a^x の一つの実数が定まることになる. すなわち, a^x は x の関数となる. このとき $y = a^x$ を a を底とする x の**指数関数**という.

ここで指数関数のグラフについてしらべてみよう.

指数関数のグラフは a が $a < 0$ のときと $a > 0$ のときでは全く異なった形となるので, $a < 0$ の場合と $a > 0$ の場合についてグラフを描くことにする.

$$y = a^x$$

は累乗および累乗根の意味から, すべての x の実数に対してつねに

$$y = a^x > 0$$

であり, グラフは x 軸より上方に存在する.

$a > 0$ のとき

x が正で増大するときは a^x も増大し, x が限りなく大きくなれば a^x も限りなく大きくなる.

x が負で絶対値が増大するときは a^x は減少し, 絶対値が限りなく大きくなると a^x は限りなく 0 に近づく. 特に $x = 0$ のときは $y = a^0 = 1$ となる. したがって, グラフは**図 6.1** のようになる.

$1 > a > 0$ のとき

$a = \dfrac{1}{\alpha}$ とおくと $\alpha > 1$ となり

$$a^x = \frac{1}{\alpha^x}$$

となる. α^x は上で説明したように増加関数であり, x が限りなく大きくなると α^x も限りなく大きくなるので, α^x の逆数である a^x は限りなく減少して 0 に近づく. このときも $x = 0$ のときは $y = a^0 = 1$ となるので, グラフは**図 6.2** のようになる.

$y = a^x$ のグラフ　（ただし, $a > 0$, $a \neq 1$）

(1)　$a > 1$ の場合
図**6.1** のように増加関数となる.

y 軸との交点は $(0, 1)$
x 軸が漸近線である.
$x \to -\infty$ のとき y は限りなく
0 に近づく.

(2)　$0 < a < 1$ の場合
図**6.2** のように減少関数となる.

y 軸との交点は $(0, 1)$
x 軸が漸近線である.
$x \to \infty$ のとき y は限りなく 0 に
近づく.

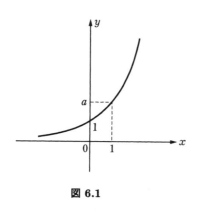

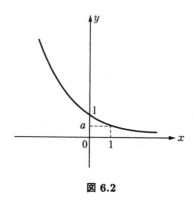

図 6.1　　　　　　　　　　　　　　　　図 6.2

【注】　いろいろな関数のグラフの形, すなわち x を増加または減少させたとき, y はどんな軌跡を描くか, どこに漸近 (収束) していくのかを注目することが工業系の現象をつかむとき重要になってくることがいずれわかるであろう. $y = 0.5^x$ を $x = -100$, -10, -5, -1, 0, 1, 5, 10, 100 などを代入して電卓で計算し, グラフを描けばよくわかる.

6.2　対数関数

　$a > 0$, $a \neq 1$ とするとき, 指数関数 $y = a^x$ において x の値が一つ定まると, それに対して y の一つの値が定まるから, 逆に y の一つの値に対して x の値が一つ定まることになる. したがって, x は y の関数である. そこで

$$x = \log_a y$$

と表し, x は a を**底**とする y の**対数**といい, y を a を底とする x の**真数**という.
　一般に関数は x を独立変数として用い, y を従属変数として用いるのが普通であるから $x = \log y$ において x と y を交換して

$$y = \log_a x$$

と表し, これを a を底とする x の**対数関数**という. ただし, 指数関数 $y = a^x$ は

すべての x に対して $y > 0$ であるから対数関数の取り得る x の範囲は $x > 0$ でなければならない.

$$\boxed{\text{対数関数} = \log_\text{底}\text{真数}}$$

【例題 3】　　指数を対数に, 対数を指数に変換せよ.

(1) $16 = 2^4$　　(2) $81 = 3^4$　　(3) $8 = \log_2 y$　　(4) $ab = \log_c d$

【解答】

(1) $4 = \log_2 16$　　(2) $4 = \log_3 81$　　(3) $y = 2^8$　　(4) $d = c^{ab}$

6.2.1 対数の性質

対数には次のような性質がある.

対数の性質

① $\log_a 1 = 0$ $\cdots$ 真数が 1 のとき, その対数は 0 となる.

② $\log_a a = 1$ $\cdots$ 底と真数が等しいとき, その対数は 1 となる.

③ $\log_a MN = \log_a M + \log_a N$ $\cdots$ 真数が 2 数の積のとき, 対数はそれぞれの数の対数の和に等しい.

④ $\log_a \dfrac{M}{N} = \log_a M - \log_a N$ $\cdots$ 真数が 2 数の商のとき, 対数はそれぞれの数の対数の差に等しい.

⑤ $\log_a M^d = d \log_a M$ $\cdots$ 真数が M の d 乗のとき, 対数は M の対数の d 倍に等しい.

⑥ $\log_a M = \dfrac{\log_b M}{\log_b a}$ $\cdots$ 底数変換 (底が a である対数を底 b の対数に変換するとき) の公式

【解説】

(1)　$a \neq 1$ の正数ならば
$a^1 = a$ であるから $\log_a 1 = 0$

(2)　$a^0 = 1$ から $\log_a a = 1$

(3)　$y_1 = \log_a M, \quad y_2 = \log_a N \cdots$ ① から

$M = a^{y_1}, \quad N = a^{y_2} \cdots$ ②

ここで 2 式を掛けると

$M N = a^{y_1} a^{y_2} = a^{y_1 + y_2} = \log_a M + \log_a N$

(4)　② 式の比をとると

$$\frac{M}{N} = \frac{a^{y_1}}{a^{y_2}} = a^{y_1 - y_2}$$

となるから, この対数をとると

$$\log_a \frac{M}{N} = y_1 - y_2 = \log_a M - \log_a N$$

(5)　$M = a^y$ において両辺を d 乗すると　　$M^d = a^{dy}$

となるから, これの対数をとると

$$\log_a M^d = dy$$

$M = a^y$ から $y = \log_a M$ であるからこれを上式に代入すると

$$\log_a M^d = d \log_a M$$

(6)　$M = a^y$ の両辺を b を底とする対数をとると

$$\log_b M = \log_b a^y = y \log_b a$$

となる. したがって

$$y = \frac{\log_b M}{\log_b a}$$

【例題 4】　次の対数の値を求めよ.

　　(1)　$\log_2 16$　　(2)　$\log_{10} \dfrac{1}{1000}$　　(3)　$\log_4 \dfrac{1}{16}$

【解答】

(1)　$\log_2 16 = \log_2 2^4 = 4 \log_2 2 = 4$　　　($\log_2 2$ は底と真数が等しいから 1 となる)

(2)　$\log_{10} 10^{-3} = -3 \log_{10} 10 = -3$

(3)　$\log_4 4^{-2} = -2 \log_4 4 = -2$

【例題 5】 底を m の対数に変換せよ.

$$y = \log_e f$$

【解答】 底の e が分母の真数, f を分子の真数とすればよい.

$$y = \frac{\log_m f}{\log_m e}$$

6.2.2 常用対数

底が 10 の対数を**常用対数**という.

$$y = \log_{10} x \qquad y \text{ は 10 を底とする } x \text{ の対数}$$

　常用対数は, 対数の中で実用的に多く使用されるので底を省略して $\log$ だけ, すなわち $y = \log_{10} x$ を $y = \log x$ で表示することが多い. 次項で述べる自然対数も底を省略することが多く, 本書では混乱が起きない限り, 常用対数も自然対数も底を省略しないで使用してある.

　常用対数は大きな数値を小さな数値に置き換えて計算をすることができるので便利な方法である. たとえば, 100000 のような大きな数を常用対数で表すと $\log_{10} 100000 = 5$ となり, 小さな数に置き換えることができるので工業系では利用価値が高い.

【例題 6】 $\log_{10} 2 = 0.3010$, $\quad \log_{10} 3 = 0.4771$ として, 次式の値を求めよ.

$$(1) \quad \log_{10} 6 \qquad (2) \quad \log_{10} 5 \qquad (3) \quad \log_3 5$$

【解答】

(1) $\quad \log_{10} 6 = \log_{10}(2 \times 3) = \log_{10} 2 + \log_{10} 3 = 0.3010 + 0.4771 = 0.7781$

(2) $\quad \log_{10} 5 = \log_{10}\left(\dfrac{10}{2}\right) = \log_{10} 10 - \log_{10} 2 = 1 - 0.3010 = 0.6990$

(3) $\quad \log_3 5 = \dfrac{\log_{10} 5}{\log_{10} 3} = \dfrac{0.6990}{0.4771} = 1.4651$

【注】　$\log 2$ と $\log 3$ の値は記憶しておくと便利である.

6.2.3　自然対数

底が e の対数を**自然対数**という.

$$\boxed{y = \log_e x \quad y \text{ は } e \text{ を底とする } x \text{ の対数}}$$

ここで e とは,

$$e = 1 + \frac{1}{1!} + \frac{1}{2!} + \frac{1}{3!} + \frac{1}{4!} + \cdots = 2.71828\cdots$$

の値である. また, $4!$ とは 4 の**階乗**といい, 1 から 4 まで整数を掛け算した値であって,

$$4! = 4 \times 3 \times 2 \times 1 = 24$$

と計算する. よって

$$3! = 3 \times 2 \times 1 = 6, \qquad 2! = 2 \times 1, \qquad 1! = 1$$

となる.

　自然対数は, 科学現象を定量的に表す場合によく使われ, 工業関係 (特に電気系) では, e の代わりに ε (エプシロン) の記号が使われている.

　自然対数でも常用対数と同様に底 e を省略することも多いが, 常用対数と区別するために自然対数は ln を使う場合がある. すなわち, 自然対数 $y = \log_e x$ (または $y = \log_\varepsilon x$) を $y = \ln x$ と表示して使用する. 自然現象に関する問題を扱う場合, この対数を使うことにより問題を解決できる場合が多い.

　ここではこれぐらいの説明にとどめるが, 工業系の分野で再び自然対数に出会うことだろう.

6.2.4　対数関数のグラフ

　$a > 0$, $a \neq 1$ のとき, $x > 0$ の x の値に対応して $\log_a x$ の値が一つ定まるから, これをグラフにしたものを**対数曲線**という. 対数関数は指数関数の逆関数であるから, 対数関数のグラフは, 指数関数 $y = a^x$ のグラフと $y = x$ に関して対称であり, 次のようなグラフになる.

　$0 < a < 1$ と $a > 1$ に分けてグラフを描いているが, 両者の共通点は a の大きさに関係なく座標 $(1, 0)$ を通ることであり, 異なる点は $a > 1$ 場合は a が大きくなると曲がりが大きくなる増加関数であり, $0 < a < 1$ の場合は a が小さくなると曲がりが大きくなる減少関数である.

$y = \log_a x$ のグラフ

$a > 1$ の場合

グラフは $x > 0$ の範囲となる.
グラフは座標 $(1, 0)$, $(a, 1)$ を通る.
y 軸が漸近線の増加関数である.

$1 > a > 0$ の場合

グラフは $x > 0$ の範囲となる.
グラフは座標 $(1, 0)$, $(a, 1)$ を通る.
y 軸が漸近線の減少関数である.

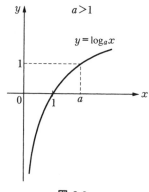

図 6.3

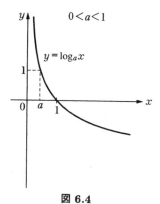

図 6.4

指数関数と対数関数
わかりましたか。

第6章　　練 習 問 題

1　次の値を求めよ.
　(1)　$16^{-\frac{1}{2}} \times 2^4$　　(2)　$81^{\frac{1}{4}}$　　(3)　$(625 \times 256)^{\frac{1}{4}}$
　(4)　$\left(\dfrac{216}{64}\right)^{\frac{2}{3}}$　　　(5)　$\sqrt[3]{27^2}$

2　次の式を簡単にせよ.
　(1)　$8^{-\frac{1}{3}} \times 8^{\frac{1}{3}} \times 8^{-\frac{2}{3}}$　　(2)　$\sqrt[3]{2} - \sqrt[3]{16} + 2\sqrt[3]{54}$　　(3)　$4^{\frac{4}{3}} \times 8^{-\frac{1}{2}} \div 16^{\frac{1}{6}}$
　(4)　$\left(3a^{\frac{1}{2}} b^{-\frac{1}{2}}\right)^3 \div \left(a^{-3}b^6\right)^{-\frac{1}{2}}$　　　(5)　$\sqrt[3]{a^2} \times \sqrt[4]{a} \div \sqrt[6]{a^3}$　$(a > 0,\ b > 0)$
　(6)　$\sqrt[4]{\sqrt{n\sqrt[3]{n\sqrt{n}}}}$　　$(a > 0,\ b > 0)$

3　指数関数 $y = 2^x$ および $y = \left(\dfrac{1}{2}\right)^x$ のグラフをかけ.

4　次の指数関数のグラフをかけ.
　(1)　$y = 2 + 2^x$　　(2)　$y = 2^{x-1}$

5　次の対数を指数関数 $y = a^x$ の形にかけ.
　(1)　$\log_3 1 = 0$　　(2)　$\log_{\frac{1}{2}} 2 = -1$　　(3)　$\log_2 256 = 8$
　(4)　$\log_a a = 1$　　(5)　$\log_a r = p$　　(6)　$\log_5 0.04 = -2$

6　次の値を求めよ.
　(1)　$\log_2 \sqrt{16}$　　(2)　$\log_2 \sqrt[6]{8}$　　　　　　(3)　$\log_{10} \sqrt[3]{10}$
　(4)　$\log_2 16$　　　(5)　$\log_{11} 121$　　　　　(6)　$\log_{10} \dfrac{1}{100}$
　(7)　$\ln \dfrac{1}{e}$　　　(8)　$\log_2 5 \times \log_5 8$　　(9)　$\log_{0.2} 125$
　(10)　$\log_{\frac{1}{2}} 8$　　(11)　$\log_2 256 - \log_3 243$　　(12)　$\dfrac{\log_5 125}{\log_6 216}$

7　$y = \log_{10} x$ のグラフの概形をかき, このグラフをもとにして次の対数関数
　　のグラフの概形をかけ.
　　　　$y = \log_{10}(x + 1)$
　　　　$y = \log_{10}(x - 1)$

8　対数関数 $y = \log_{\frac{1}{2}} x$ のグラフの概形をかけ.

第6章　練習問題 【解答】

1 (1) $16^{-\frac{1}{2}} \times 2^4 = 2^{4 \times \left(-\frac{1}{2}\right)} \times 2^4 = 2^{-2+4} = 2^2 = 4$

(2) $81^{\frac{1}{4}} = 3^{4 \times \left(\frac{1}{4}\right)} = 3$

(3) $\left(5^4 \times 4^4\right)^{\frac{1}{4}} = 5^1 \times 4^1 = 20$

(4) $\left(\dfrac{216}{64}\right)^{\frac{2}{3}} = \left(\dfrac{6^3}{4^3}\right)^{\frac{2}{3}} = \dfrac{36}{16} = \left(\dfrac{6}{4}\right)^2 = \dfrac{9}{4}$

(5) $\sqrt[3]{27^2} = 27^{\frac{2}{3}} = 3^{3 \times \frac{2}{3}} = 9$

2 (1) 与式 $= \dfrac{1}{(2^3)^{\frac{1}{3}}} \times (2^3)^{\frac{1}{3}} \times \dfrac{1}{(2^3)^{\frac{2}{3}}} = \dfrac{1}{2} \times 2 \times \dfrac{1}{2^2} = \dfrac{1}{4}$

(2) 与式 $= \sqrt[3]{2} - 2 \times \sqrt[3]{2} + 2 \times 3\sqrt[3]{2} = 5\sqrt[3]{2}$

(3) 与式 $= 2^{\frac{8}{3}} \times 2^{-\frac{3}{2}} \times 2^{-\frac{2}{3}} = 2^{\frac{8}{3} - \frac{3}{2} - \frac{2}{3}} = 2^{\frac{1}{2}} = \sqrt{2}$

(4) 与式 $= \dfrac{27 a^{\frac{3}{2}} b^{-\frac{3}{2}}}{a^{\frac{3}{2}} b^{-3}} = 27 b^{-\frac{3}{2}} \times b^3 = 27 b^{\frac{3}{2}}$

(5) 与式 $= \dfrac{a^{\frac{2}{3}} \times a^{\frac{1}{4}}}{a^{\frac{3}{6}}} = \dfrac{a^{\frac{8+3}{12}}}{a^{\frac{1}{2}}} = a^{\frac{11}{12}} \times a^{-\frac{6}{12}} = a^{\frac{5}{12}}$

(6) 与式 $= \left[\left\{n(n \cdot n^{\frac{1}{2}})^{\frac{1}{3}}\right\}^{\frac{1}{2}}\right]^{\frac{1}{4}} = \left[\left\{n(n^{\frac{3}{2} \times \frac{1}{3}})\right\}^{\frac{1}{2}}\right]^{\frac{1}{4}} = n^{\frac{3}{2} \times \frac{1}{2} \times \frac{1}{4}} = n^{\frac{3}{16}}$

3 変数 x の変化に対応する関数 y との関係表は次のようになる.

x		-2	-1.5	-1	-0.5	0	0.5	1	1.5	2	
$y = 2^x$		0.25	0.354	0.5	0.707	1	1.41	2	2.83	4	
$y = \left(\frac{1}{2}\right)^x$		4	2.82	2	1.41	1	0.707	0.5	0.354	0.25	

また, グラフは**図解 6.1** のようになる.

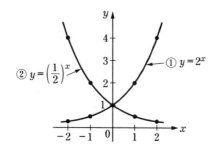

図解 6.1

4   各関数の関数表は次のようになる. $y = 2 + 2^x$ は $y = 2^x$ の曲線を y 軸方向へ 2 だけ平行移動した**図解 6.2** に示すグラフになる.

x		-2	-1.5	-1	-0.5	0	0.5	1	1.5	2
$y = 2 + 2^x$		2.25	2.354	2.5	2.707	3	3.41	4	4.83	6
$y = 2^{2x-1}$		0.125	0.177	0.25	0.354	0.5	0.707	1	1.41	2

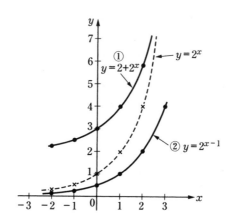

図解 6.2

5 (1) $3^0 = 1$ (2) $\left(\dfrac{1}{2}\right)^{-1} = 2$ (3) $2^8 = 256$

(4) $a^1 = a$ (5) $a^p = r$ (6) $5^{-2} = 0.04$

6 (1) $\log_2 \sqrt{16} = \log_2 16^{\frac{1}{2}} = \log_2 \left(4^2\right)^{\frac{1}{2}} = 2\log_2 2 = 2$

(2) $\log_2 \sqrt[6]{8} = \log_2 8^{\frac{1}{6}} = \log_2 \left(2^3\right)^{\frac{1}{6}} = \log_2 2^{\frac{1}{2}} = \dfrac{1}{2}$

(3) $\log_{10} 10^{\frac{1}{3}} = \dfrac{1}{3}\log_{10} 10 = \dfrac{1}{3}$

(4) $\log_2 2^4 = 4$

(5) $\log_{11} 11^2 = 2$

(6) $\log_{10} 10^{-2} = -2$

(7) $\ln \varepsilon^{-1} = \log_\varepsilon \varepsilon^{-1} = -1$

(8) $\log_2 5 \times \dfrac{\log_2 8}{\log_2 5} = \log_2 8 = 3$

(9) $\log_{0.2} 125 = \log_{0.2}(0.2)^{-3} = -3$

(10)　$\log_{\frac{1}{2}} 8 = \log_{\frac{1}{2}} \dfrac{1}{\left(\frac{1}{2}\right)^3} = \log_{\frac{1}{2}} \left(\dfrac{1}{2}\right)^{-3} = -3$

(11)　$\log_2 256 - \log_3 243 = \log_2 2^8 - \log_3 3^5 = 3$

(12)　$\dfrac{\log_5 125}{\log_6 216} = \dfrac{\log_5 5^3}{\log_6 6^3} = \dfrac{3\log_5 5}{3\log_6 6} = 1$

7　**図解 6.3** に示す.
　$y = \log_{10} x$ のグラフは, $x = 1$ のとき $y = \log_{10} 1 = 0$
　$y = \log_{10}(x + 1)$ のグラフは, $x = 0$ のとき $y = \log_{10} 1 = 0$
　$y = \log_{10}(x - 1)$ のグラフは, $x = 2$ のとき $y = \log_{10} 1 = 0$

8　**図解 6.4** に示す
　$x = 1$ のとき, $y = \log_{\frac{1}{2}} 1 = 0$
　$x = 2$ のとき, $y = \log_{\frac{1}{2}} 2 = -1$

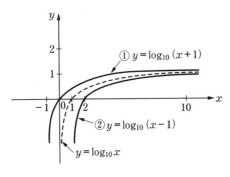

図解 6.3

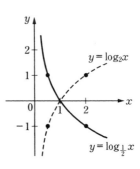

図解 6.4

第7章　複素数とベクトル

いままでは実数だけを学んできたが, 実をいうと数は実数と虚数に分類される. **実数は1を単位とする数**であり, **虚数は $i = \sqrt{-1}$ を単位とする数**である. なお, 実数と虚数の二つの単位をもつ複素数を定義すると, 複素数は実数および虚数を特別な数として含むことになるので, 複素数は一般的な数として考えられている. 本章ではこれらの基本的なことについて学ぶ.

7.1　複素数

7.1.1　複素数表示法と複素数の大きさ・偏角

正負に関わらず実数を平方 (2乗) すると正の値となる. これに対して平方すると負になる数を**虚数**という. たとえば, $\sqrt{-3}$ を平方すると -3 になるから $\sqrt{-3}$ は虚数である. 平方して負になる実数は存在しないからこれらを虚数というのである. 特に, 平方して -1 になる数を i で表す. すなわち, $\sqrt{-1}$ を2乗すると -1 になるから $i = \sqrt{-1}$ である.

この $i = \sqrt{-1}$ を用いると
$$\sqrt{-4} = \sqrt{4} \times \sqrt{-1} = \sqrt{4}\,i = 2i$$
となる. このように虚数は i に実数倍した形式で表されるので i のことを**虚数単位**という (虚数単位は電気・電子関係では j が使われている).

虚数単位は $\sqrt{-4} = i2$ のように数の前に付ける場合もあるが, 本書では後ろに付けて表すことを原則にする. ただし, 実数が $\sin\theta$ のとき i を後ろに付けて表すと $\sin\theta i$ となって, θi の $\sin$ をとるものと間違い易いおそれがあるので, このような場合は i を前に付けて $i\sin\theta$ とすることもある.

このように虚数は i を付けて表すが, ルート記号の中の数字にマイナスを付けて, 虚数とすることも多い. たとえば $\sqrt{-10}$ などで表す.

a および b を実数として, $a + bi$ のように実数と虚数からなる数を**複素数**という. この複素数は $b = 0$ のとき, 実数 a を表し, $a = 0$ のとき虚数 bi を表すから一般的な数の表し方として考えられる. $a + bi$ の a を**実数部 (実部)**, b を

虚数部 (虚部) という. 複素数が虚数部だけのとき **純虚数**ともいう. 複素数であ
ることを表すのに $\dot{A}$ (A ドットと読む) や **A**(ゴシック文字) を用いる.

図 7.1 のように, 横軸を実数, 縦軸を虚数にとった平面を**複素平面**, または**ガ
ウス平面**という. この複素平面を用いると複素数が平面上の点で表される.

たとえば, 複素平面で実軸の数値が
4 (実部が 4 という), 虚軸の数値が 3
(虚部が 3 という) の複素数を $\dot{z}$ とす
れば, 複素数 = 実部 ± 虚部 i で表示
するから $\dot{z} = 4 + 3i$ となる.

次の解説は**図 7.2** を参照されたい.

複素平面上で $\dot{z} = a + bi$ を表す点
と原点を結ぶ線分は複素数 $\dot{z}$ に対し
て 1 対 1 の対応をするから, この線分
の長さを**複素数の大きさ**と定義すれ
ば, 三平方の定理 (ピタゴラスの定理) から

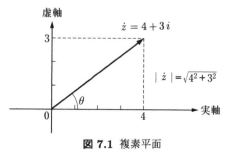

図 7.1 複素平面

$$z = \sqrt{a^2 + b^2}$$

と表せる (複素数は $\dot{z}$ のように z にドットをつけ, その大きさにはドットをつ
けない z で表す). 複素数の大きさを**絶対値**ともいい, 複素数の大きさを表す記
号として $|z|$ あるいは $|\dot{z}|$ を用いることもできる.

図 7.1 から複素数 $\dot{z} = 4 + 3i$ の大きさは $\sqrt{4^2 + 3^2} = 5$ となることがわか
るであろう.

複素数表示	絶対値 (大きさ)
$\dot{z}$ (z ドット)	z または $|\dot{z}|$
z (ゴシック)	z または $|z|$

図 7.1 において, 実軸を基準として複素数 $\dot{z}$ を表す線分の角度を θ とすれば,
$\tan\theta = \dfrac{3}{4} = 0.75$ であるから $\theta = \tan^{-1} 0.75$　　($\tan^{-1}$ はアークタンジェント
と読む) と表すことができ, この θ は実軸と複素数のなす角度で複素数の**偏角**と
いう. ただし, 偏角は反時計回りを正とする. また, 複素数 $\dot{z}$ の偏角は複素数に関
する数学では $\arg\dot{z}$ の記号を用いて表されるが, 本書では $\theta = \tan^{-1} 0.75$ の表

示法を使用することにする.

複素数の大きさと偏角を一般式で説明するために**図 7.2** において $\dot{z}$ の実部を a, 虚部を b とおけば, $\dot{z}$ の大きさと偏角は次のようになる.

複素数　$\dot{z} = a + bi$ において

　　大きさ (絶対値)　$|\dot{z}| = \sqrt{a^2 + b^2}$

実軸と複素数 $\dot{z}$ のなす角

　　偏角　$\theta = \tan^{-1}\left(\dfrac{b}{a}\right)$

複素数を $a + bi$ 形式で表すことを**直交座標表示**という.

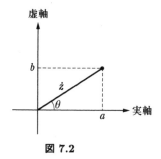

図 7.2

【例題 1】　次の (1) 式 ～ (3) 式の計算および (4) 式 ～ (6) 式における x の値を求めよ.

(1)　i^3　　(2)　i^4　　(3)　i^5　　(4)　$x^2 + 1 = 0$

(5)　$x^2 + 16 = 0$　　(6)　$x^4 - 81\,i^4 = 0$

【解答】

(1)　$i^3 = i^2 \times i = \left(\sqrt{-1}\right)^2 \times i = -1 \times i = -i$

(2)　$i^4 = i^2 \times i^2 = \left(\sqrt{-1}\right)^2 \times \left(\sqrt{-1}\right)^2 = -1 \times (-1) = 1$

(3)　$i^5 = i^2 \times i^2 \times i = \left(\sqrt{-1}\right)^2 \times \left(\sqrt{-1}\right)^2 \times i = -1 \times (-1) \times i = i$

(4)　$x^2 = -1$ より　$x = \pm\sqrt{-1} = \pm i$

(5)　$x^2 = -16$ より　$x = \pm\sqrt{-16} = \pm\sqrt{-1 \times 16} = \pm\sqrt{16} \times \sqrt{-1} = \pm 4i$

(6)　$x^4 = 81\,i^4$　$x^2 = 9\,i^2$　$\therefore\ x = \pm 3i$

【参考】　i は虚数の記号ではあるが, n が偶数のときは i^n は -1 あるいは 1 となり, i 記号がなくなる. しかし, n が奇数のときは $-i$ あるいは i となり, i が残る.

【例題 2】　図 **7.3** に示す A, B, C, D, E, F の 6 点を複素平面によって複素数で表せ.

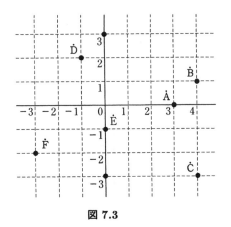

図 7.3

【解答】

(1) $\dot{A} = 3$

(2) $\dot{B} = 4 + i$

(3) $\dot{C} = 4 - 3i$

(4) $\dot{D} = -1 + 2i$

(5) $\dot{E} = -i$

(6) $\dot{F} = -3 - 2i$

【例題 3】　次の複素数を複素平面で表し，絶対値と偏角を求めよ．

(1) $\dot{x}_1 = 2i$　　(2) $\dot{x}_2 = 8 - 6i$

【解答】

(1) $|\dot{x}_1| = \sqrt{0^2 + 2^2} = 2$

$\theta = \tan^{-1}\left(\dfrac{2}{0}\right) = \tan^{-1}\infty = \dfrac{\pi}{2}$

(2) $|\dot{x}_2| = \sqrt{8^2 + (-6)^2} = 10$

$\theta = \tan\left(\dfrac{-6}{8}\right) = \tan^{-1}(-0.75)$

$= -36.9°$　　(電卓を使用)

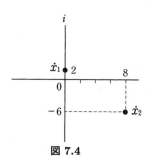

図 7.4

7.1.2　共役複素数

複素数 $\dot{z} = a + bi$ において，虚数部の符号を反対にした複素数 $a - bi$ を複素数 $\dot{z}$ の **共役複素数**[1] (共役な複素数) といい，$\bar{z} = a - bi$ と表す．

$\dot{z} = a + bi$

$\bar{z} = a - bi$

---

[1] 共役複素数は電気理論の交流電力を扱うとき，必ず使うことになる．共役複素数は共役な複素数といってもよい．

> 【例題 4】　次に示す複素数の共役複素数を求めよ.
>
> (1)　$-3-4i$　　　(2)　$5.1+7.8i$　　　(3)　$-20i$

【解答】

(1)　$-3+4i$　　　(2)　$5.1-7.8i$　　　(3)　$20i$

7.1.3　複素数の四則演算

　複素数の四則演算は, 複素数は実数を特別な場合として含むので, 実数の演算に矛盾しないように次のように定める.

和の計算　$(a+bi)+(c+di)=(a+c)+(b+d)i$

差の計算　$(a+bi)-(c+di)=(a-c)+(b-d)i$

　　　　　実数は実数どうし, 虚数は虚数どうしで足し算や引き算を行う.

積の計算　$(a+bi)\cdot(c+di)=(ac-bd)+(ad+bc)i$

　　　　　実数のときの計算と同じように式を展開してゆき $i^2=-1$ を適用する.

商の計算　$\dfrac{(a+bi)}{(c+di)}=\dfrac{(a+bi)(c-di)}{(c+di)(c-di)}=\dfrac{ac+bd}{c^2+d^2}+\dfrac{bc-ad}{c^2+d^2}i$

【注】　分母の複素数 $c+di$ の共役複素数を分母と分子に掛けて分母の虚数部を消す. つまり, 分母の実数化を行う. これは商計算の型（定石）である.

> 【例題 5】　次の複素数を計算せよ.
>
> $\dot{M}=3+2i,\ \dot{N}=-4-i$ のとき
>
> (1)　$\dot{M}+\dot{N}$　　　(2)　$\dot{M}-\dot{N}$　　　(3)　$\dot{M}\times\dot{N}$　　　(4)　$\dfrac{\dot{M}}{\dot{N}}$

【解答】

(1)　$\dot{M}+\dot{N}=(3+2i)+(-4-i)=(3-4)+(2-1)i=-1+i$

(2)　$\dot{M}-\dot{N}=(3+2i)-(-4-i)=(3+4)+(2+1)i=7+3i$

(3)　$\dot{M}\times\dot{N}=(3+2i)\times(-4-i)=\{3\times(-4)-2\times(-1)\}+\{3\times(-1)+2\times(-4)\}i$

$$= -10 - 11\,i$$

(4) $\dfrac{\dot{M}}{\dot{N}} = \dfrac{(3 + 2\,i)}{(-4 - i)} = \dfrac{(3 + 2\,i) \times (-4 + i)}{(-4 - i) \times (-4 + i)}$

$\qquad = \dfrac{\{3 \times (-4) + 2\,i^2\} + \{(2 \times (-4) + 3 \times 1\}\,i}{(-4)^2 - i^2} = \dfrac{-14 - 5\,i}{17}$

$\qquad = -\dfrac{14}{17} - \dfrac{5}{17}\,i \fallingdotseq -0.82 - 0.29\,i$

(分母の計算は　$(a + b) \times (a - b) = a^2 - b^2$ を使って展開する.)

7.1.4　極座標表示

複素数を $\dot{z} = a + bi$ のように表したとき，この表示法を**直交座標表示**という. 他方，複素数の大きさ $\sqrt{a^2 + b^2}$ と偏角 $\theta = \tan^{-1}\left(\dfrac{b}{a}\right)$ によって下記のように表したとき，これを**極座標表示**という.

$$\dot{z} = z \angle \theta = \sqrt{a^2 + b^2} \angle \tan^{-1}\dfrac{b}{a}$$

ただし　$z = \sqrt{a^2 + b^2},\ \theta = \tan^{-1}\dfrac{b}{a}$

> 極座標表示　　**複素数 = 大きさ ∠ 偏角**

偏角がマイナスのときの表示

　　　複素数 = 大きさ ∠− 偏角と表示する.

【例題 6】　　例題 3 を極座標で表示せよ.

【解答】

(1)　$a = 0,\ b = 2$ の場合であるから，大きさ $\sqrt{a^2 + b^2} = \sqrt{4} = 2$，$\dot{x}_1 = 2\,i$ は複素平面上では虚軸上にあるから，偏角は 90° であり，したがって

　　$\dot{x}_1 = 2\angle 90°$　または　$\dot{x}_1 = 2\angle\dfrac{\pi}{2}\,[\text{rad}]$

(2)　$a = 8,\ b = -6$ の場合であるから，大きさ $\sqrt{a^2 + b^2} = \sqrt{8^2 + (-6)^2} = \sqrt{100}$
$= 10$，偏角は $\theta = -\tan^{-1}\dfrac{6}{8} = -\tan^{-1}0.75 = -36.9°$ となり，したがって

　　$\dot{x}_2 = 10\angle -36.9°$

---

[2]極座標表示も大きさと方向の両方を表現する方法である.

【例題 7】 図 7.5 に示す複素平面上の 4 つの点 L, M, N, O を極座標で表示せよ.

(1) L   (2) M

(3) N   (4) O

ただし,

$\tan^{-1}\left(\dfrac{1}{2}\right) = 26.6°$ とする.

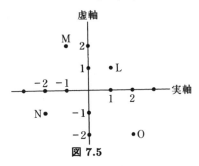

図 7.5

【解答】

(1) $\dot{L} = 1 + i$ から $|\dot{L}| = \sqrt{1^2 + 1^2} = \sqrt{2}$

$\theta = \tan^{-1}\left(\dfrac{1}{1}\right) = 45°$ （125 頁参照）

∴ $\dot{L} = \sqrt{2} \angle 45°$ または $\dot{L} = \sqrt{2} \angle \dfrac{\sqrt{2}}{2}$ [rad]

(2) $\dot{M} = -1 + 2i$ から $|\dot{M}| = \sqrt{(-1)^2 + 2^2} = \sqrt{5}$

$\theta = 90° + \tan^{-1}\left(\dfrac{1}{2}\right) \fallingdotseq 90° + 26.6° = 116.6°$

∴ $\dot{M} = \sqrt{5} \angle 116.6°$

(3) $\dot{N} = -2 - i$ から $\dot{N} = \sqrt{2^2 + 1^2} = \sqrt{5}$

$\theta = 180° + \tan^{-1}\left(\dfrac{1}{2}\right) \fallingdotseq 206.6°$

∴ $\dot{N} = \sqrt{5} \angle 206.6°$

(4) $\dot{O} = 2 - 2i$ から $|\dot{O}| = \sqrt{2^2 + 2^2} = \sqrt{8}$

$\theta = 270° + 45° = 315°$

∴ $\dot{O} = \sqrt{8} \angle 315°$ または $\sqrt{8} \angle -45°$

【例題 8】 次の複素数を極座標で表示せよ. 角度は弧度法表示とする.

(1) $\dot{A} = -\sqrt{3} + i$ (2) $\dot{B} = 1 - \sqrt{3}\,i$

【解答】

(1) $|\dot{A}| = \sqrt{(-\sqrt{3}\,)^2 + 1^2} = 2$

$$\theta = \frac{\pi}{2} + \tan^{-1}\left(\frac{\sqrt{3}}{1}\right)$$
$$= \frac{\pi}{2} + \frac{\pi}{3} = \frac{5}{6}\pi$$

であるから

$$\dot{A} = 2 \angle \frac{5}{6}\pi$$

(2) $\left|\dot{B}\right| = \sqrt{1^2 + (-\sqrt{3})^2} = 2$

$$\theta = \tan^{-1}\left(\frac{-\sqrt{3}}{1}\right) = -\frac{\pi}{3}$$

であるから
$$\dot{B} = 2\angle -\frac{\pi}{3}$$

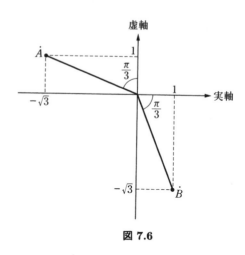

図 7.6

【参考】　電気では，電圧に対して，電流が遅れたり，進んだりする．この現象を極座標表示することが多い．電気は目にみえない現象なので，どうしても数学の力をフルに活用することになる．電気と数学は切っても切れない関係にある．

　偏角の表示は弧度法（ラジアン表示）に充分慣れておこう．電気回路の計算には，弧度法が使用されている．

7.1.5　三角関数表示

複素数 $\dot{z} = a + bi$ において偏角を θ とすれば，**図 7.7** からわかるように

複素数の大きさ　　$|\dot{z}| = \sqrt{a^2 + b^2}$

実部の大きさ　　　$a = |\dot{z}|\cos\theta$

虚部の大きさ　　　$b = |\dot{z}|\sin\theta$

であるから

$$\dot{z} = a + bi = |\dot{z}|\cos\theta + i|\dot{z}|\sin\theta$$
$$= |\dot{z}|(\cos\theta + i\sin\theta)$$

となる．したがって，複素数 $\dot{z}$ を

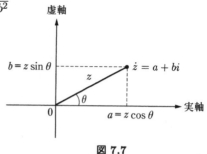

$$\boxed{\dot{z} = |\dot{z}|(\cos\theta + i\sin\theta)}$$

図 7.7

と表し，上式を複素数の**三角関数表示**という．ただし，$|\dot{z}| = z$ でも良い．

【**例題 9**】 次の複素数を三角関数表示せよ. ただし, 角度はラジアン表示とする.

(1) $\dot{z}_1 = 2 + 2i$ (2) $\dot{z}_2 = 1 - \sqrt{3}\,i$ (3) $\dot{z}_3 = -5$

(4) $\dot{z}_4 = -\sqrt{3} - i$ (5) $\dot{z}_5 = -10i$ (6) $\dot{z}_6 = 3\angle 30°$

(7) $\dot{z}_7 = 2\angle -60°$ (8) $\dot{z}_8 = 5\angle 0$ (9) $\dot{z}_9 = 1\angle \dfrac{2}{3}\pi$

【**解答**】

(1) 大きさ $\sqrt{2^2 + 2^2} = \sqrt{8} = 2\sqrt{2}$

  偏角 $\theta = \tan^{-1}\left(\dfrac{2}{2}\right) = \dfrac{\pi}{4}$

  であるから

  $\dot{z}_1 = 2\sqrt{2}\left(\cos\dfrac{\pi}{4} + i\sin\dfrac{\pi}{4}\right)$

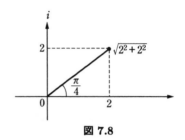

図 **7.8**

(2) 大きさ $\sqrt{1^2 + \left(\sqrt{3}\right)^2} = 2$

  偏角 $\theta = \tan^{-1}\left(\dfrac{-\sqrt{3}}{1}\right)$

     $= -\dfrac{\pi}{3}$

  であるから

  $\dot{z}_2 = 2\left\{\cos\left(-\dfrac{\pi}{3}\right) + i\sin\left(-\dfrac{\pi}{3}\right)\right\}$

   $= 2\left\{\cos\left(\dfrac{\pi}{3}\right) - i\sin\left(\dfrac{\pi}{3}\right)\right\}$

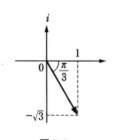

図 **7.9**

  ただし,

   $\cos(-\theta) = \cos\theta,$

   $\sin(-\theta) = -\sin\theta$

(3) 大きさ $\sqrt{5^2 + 0^2} = 5$

  偏角 $\theta = \pi$

  であるから

  $\dot{z}_3 = 5(\cos\pi + i\sin\pi)$

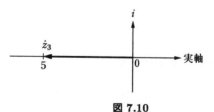

図 **7.10**

(4)　大きさ　$\sqrt{\left(\sqrt{3}\right)^2 + 1^2} = 2$

　　偏角　$\theta = \pi + \tan^{-1}\left(\dfrac{1}{-\sqrt{3}}\right)$

　　　　　　$= \pi + \dfrac{\pi}{6} = \dfrac{7\pi}{6}$

　　であるから

　　$\dot{z}_4 = 2\left(\cos\dfrac{7}{6}\pi + i\sin\dfrac{7}{6}\pi\right)$

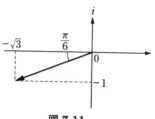

図 7.11

(5)　大きさ　$\sqrt{0^2 + 10^2} = 10$

　　偏角　$\theta = -\dfrac{\pi}{2}$

　　であるから

　　$\dot{z}_5 = 10\left(\cos\dfrac{\pi}{2} - i\sin\dfrac{\pi}{2}\right)$

　　または

　　$\dot{z}_5 = 10\left(\cos\dfrac{3}{2}\pi + i\sin\dfrac{3}{2}\pi\right)$

図 7.12

(6)　大きさ　3

　　偏角　$\theta = 30° = \dfrac{\pi}{6}$

　　であるから

　　$\dot{z}_6 = 3\left(\cos\dfrac{\pi}{6} + i\sin\dfrac{\pi}{6}\right)$

(7)　大きさ　2

　　偏角　$\theta = -60° = -\dfrac{\pi}{3}$

　　であるから

　　$\dot{z}_7 = 2\left(\cos\dfrac{-\pi}{3} + i\sin\dfrac{-\pi}{3}\right)$

　　　　$= 2\left(\cos\dfrac{\pi}{3} - i\sin\dfrac{\pi}{3}\right)$

(8)　大きさ　5

　　偏角　$\theta = 0$

　　であるから

　　$\dot{z}_8 = 5\left(\cos 0 + i\sin 0\right)$

(9)　大きさ　1

　　偏角　$\theta = \dfrac{2}{3}\pi$

　　であるから

　　$\dot{z}_9 = \cos\dfrac{2\pi}{3} + i\sin\dfrac{2\pi}{3}$

7.1.6　指数関数表示

　複素数 $\dot{z}$ を自然対数の底 $e = 2.71828\cdots$（電気工学では e の代わりに ε を使用する）を使って表示することにする．$e^{i\theta}$ は

$$e^{i\theta} = \cos\theta + i\sin\theta$$

であるから, 三角関数表示による複素数は

$$\dot{z} = |\dot{z}|(\cos\theta + i\sin\theta) = |\dot{z}|e^{i\theta} \quad \text{または} \quad |\dot{z}|e^{\theta i}$$

となる. この表示法を**指数関数表示**という.

指数関数の表示は次の形である.

$$\boxed{\text{複素数} = \text{大きさ}\ e^{\pm\text{偏角}\,i} = ze^{\pm\theta i}}$$

ただし, θ はラジアン表示とする.

【例題 10】　例題 9 を指数関数表示せよ.

【解答】

(1)　$\dot{z}_1 = 2\sqrt{2}e^{\frac{\pi}{4}i}$　　(2)　$\dot{z}_2 = 2e^{-\frac{\pi}{3}i}$　　(3)　$\dot{z}_3 = 5e^{\pi i}$　　(4)　$\dot{z}_4 = 2e^{\frac{7}{6}\pi i}$

(5)　$\dot{z}_5 = 10e^{-\frac{\pi}{2}i}$　　(6)　$\dot{z}_6 = 3e^{\frac{\pi}{6}i}$　　(7)　$\dot{z}_7 = 2e^{-\frac{\pi}{3}i}$　　(8)　$\dot{z}_8 = 5$

(9)　$\dot{z}_9 = e^{\frac{2}{3}\pi i}$

【例題 11】　次の指数関数表示の複素数を直交座標で表示せよ.

$$(1)\quad \dot{A} = \sqrt{2}\,e^{-\frac{\pi}{4}i} \qquad (2)\quad \dot{B} = 2e^{\frac{\pi}{3}i} \qquad (3)\quad \dot{C} = 5e^{\pi}$$

【解答】

(1)　$\dot{A} = \sqrt{2}\left\{\cos\left(-\dfrac{\pi}{4}\right) + i\sin\left(-\dfrac{\pi}{4}\right)\right\} = \sqrt{2}\left(\dfrac{\sqrt{2}}{2} - i\dfrac{\sqrt{2}}{2}\right) = 1 - i$

(2)　$\dot{B} = 2\left(\cos\dfrac{\pi}{3} + i\sin\dfrac{\pi}{3}\right) = 2\left(\dfrac{1}{2} + \dfrac{\sqrt{3}}{2}i\right) = 1 + \sqrt{3}i$

(3)　$\dot{C} = 5(\cos\pi + i\sin\pi) = -5$

7.1.7　複素数の累乗

ド・モアブルの定理

$$(\cos\theta + i\sin\theta)^n = \cos n\theta + i\sin n\theta$$

$$n : \text{正の整数}$$

$n=2$ の時を定理から求めると次のようになる.

$$(\cos\theta+i\sin\theta)^2 = \cos 2\theta + i\sin 2\theta$$

この式が成り立つことを証明する.

$$(\cos\theta+i\sin\theta)^2 = \cos^2\theta + i2\cos\theta\sin\theta + i^2\sin^2\theta$$

$$= \cos^2\theta + i2\cos\theta\sin\theta - (1-\cos^2\theta) = 2\cos^2\theta + i2\cos\theta\sin\theta - 1$$

$$= 2\times\frac{1+\cos 2\theta}{2} + i2\times\frac{1}{2}\{\sin(\theta+\theta)-\sin(\theta-\theta)\} - 1$$

$$= \cos 2\theta + i\sin 2\theta$$

【例題 12】　次の計算をせよ.

(1)　$2\left(\cos\dfrac{\pi}{6}-i\sin\dfrac{\pi}{6}\right)^3$　　(2)　$(\sqrt{3}-i)^3$　　(3)　$(-1+i)^{-2}$

【解答】

(1)　$2\left(\cos\dfrac{\pi}{2}-i\sin\dfrac{\pi}{2}\right) = -2i$

(2)　$(\sqrt{3}-i) = 2\left(\cos\dfrac{\pi}{6}-i\sin\dfrac{\pi}{6}\right)$ より

　　　$(\sqrt{3}-i)^3 = 2\left(\cos\dfrac{\pi}{2}-i\sin\dfrac{\pi}{2}\right) = -2i$

(3)　$(-1+i)^{-2} = \sqrt{2}\left(\cos\dfrac{3}{4}\pi+i\sin\dfrac{3}{4}\pi\right)^{-2}$

　　　　　　　$= \sqrt{2}\left\{\cos\dfrac{3}{2}\pi+i\sin\left(-\dfrac{3}{2}\pi\right)\right\} = -\sqrt{2}\,i$

7.2　ベクトル

7.2.1　ベクトルの定義

　大きさと方向をもつ量を**ベクトル量 (ベクトル)** という. **図 7.13** で示すように, 矢線は線分の長さで**大きさ**を表し, 線分の方向でベクトルの**方向**を表すことができるから, ベクトルを矢線で代表させることができる.

　ベクトルを図示するには, 原点 O を決め, ベクトルの大きさに相当し, ベクトルの方向に線分 OA を引く. 点 O を**始点**, 矢印を付けた側の点 A を**終点**という. ベクトルの表示は $\overrightarrow{OA}$ (始点と終点の文字に矢印を付ける. このとき, 始点の文字から書き始めること) や $\vec{A}$ または, **A** のようにゴシック文字で表示する.

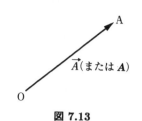

図 7.13

　ベクトル $\vec{A}$ の大きさ (絶対値) は

$$|\boldsymbol{A}|, \quad |\vec{A}| \text{ あるいは } A$$

で表示する. なお, 大きさのみをもつ量を**スカラー量**という.

　二つのベクトル $\vec{A}$ と $\vec{B}$ の位置は異なるが, 大きさと方向が等しいときはベクトル $\vec{A}$ と $\vec{B}$ は同等であるといい,

$$\vec{A} = \vec{B} \quad \text{または} \quad (\boldsymbol{A} = \boldsymbol{B})$$

と表す.

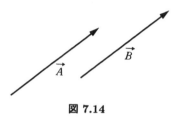

図 7.14

　このようにベクトルの位置が問題にならないで, 大きさと方向だけを考えるベクトルを**自由ベクトル**といい, これに対してベクトルの位置も問題となるときは**束縛ベクトル**という.

　数学で扱うベクトルは自由ベクトルである.

7.2.2 図形によるベクトルの合成

(1) ベクトルの加法

　図 7.15 でベクトル $\vec{A}$ と $\vec{B}$ とでできる平行四辺形を作って OABC とする. O を始点, C を終点とするベクトル $\vec{C}$ をベクトル $\vec{A}$ と $\vec{B}$ の**和**といい, $\vec{C} = \vec{A} + \vec{B}$ で表す. このように, ベクトルの和を求めることを**ベクトルを合成**するという.

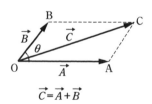

$$\vec{C} = \vec{A} + \vec{B}$$

図 7.15

　合成したベクトル $\vec{C}$ の大きさ c は, ベクトル $\vec{A}$, $\vec{B}$ の大きさをそれぞれ a, b およびベクトル $\vec{A}$ と $\vec{B}$ のなす角を θ とすれば, 余弦定理から次式のようになる.

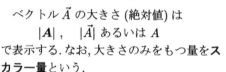

合成ベクトルの大きさ $\quad c = \sqrt{a^2 + b^2 + 2ab\cos\theta}$

(2)　ベクトルの減法

ベクトル $\vec{A}$ とベクトル $\vec{B}$ において $\vec{A}$ と $-\vec{B}$ の和を

$$\vec{C} = \vec{A} + (-\vec{B}) = \vec{A} - \vec{B}$$

と表し, $\vec{A} - \vec{B}$ をベクトル $\vec{A}$ と $\vec{B}$ の差という. これは**図 7.16**において, ベクトル $\vec{B}$ に対して方向が反対で大きさの等しいベクトル, すなわち $-\vec{B}$ (点線の矢線) を記入して, $\vec{A}$ と $-\vec{B}$ の平行四辺形を作り, O と C を結ぶ矢線 OC から $\vec{C} = \vec{A} - \vec{B}$ を求めればよい.

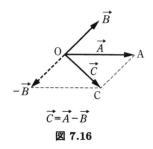

図 7.16

【例題 13】　**図 7.17** に示す合成ベクトルを作れ.

$$\vec{D} = \vec{A} + \vec{B} + \vec{C}$$

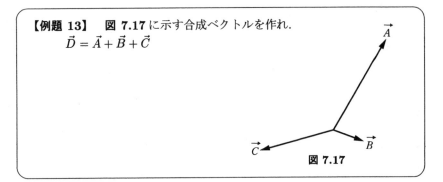

図 7.17

【解答】

$\vec{A} + \vec{B}$ を求めてから, この和ベクトル $\vec{A} + \vec{B}$ とベクトル $\vec{C}$ を合成する (**図 7.18**).

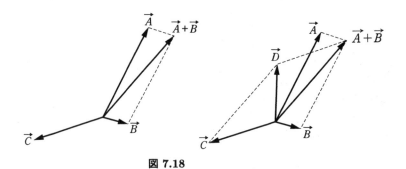

図 7.18

7.2.3　ベクトルの乗法

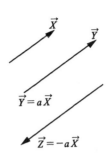

(1) ベクトルと実数の積

　いま，ベクトル $\vec{X}$ は図のようである.

　このベクトルに正の整数 a を掛けたときのベクトル $\vec{Y}$ の大きさはベクトル $\vec{X}$ の大きさの a 倍となり，方向は変わらない.

　次に，$\vec{Z} = -a\vec{X}$ のとき，大きさは $a\vec{X}$ と変わらないが，向きが反対となる.

【例題 14】 ベクトル $\vec{M}$ と $\vec{N}$ が図のように決められているときの $2\vec{M}+\vec{N}$ を合成せよ.

【解答】

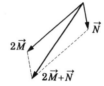

(2) ベクトルの内積 (スカラー積ともいう)

　二つのベクトル $\vec{A}$ と $\vec{B}$ の大きさ (絶対値) を A, B, 両ベクトルのなす角を θ とすれば，$AB\cos\theta$ を二つのベクトルの**内積**といい，

$$A \cdot B, \quad (A,B), \quad \vec{A} \cdot \vec{B}, \quad (\vec{A},\vec{B})$$

などで表す.

　$A \cdot B$ は A ドット B と読む.

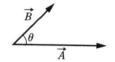

図 7.19

内積　$\vec{A} \cdot \vec{B} = AB\cos\theta$

　内積は実数なのでベクトルではない.

(3) ベクトルの外積 (ベクトル積ともいう)

　二つのベクトル $\vec{A}$ と $\vec{B}$ の大きさ (絶対値) A, B および両ベクトルのなす角を θ とすれば，$AB\sin\theta$ はベクトルの大きさ A, B を二辺とする平行四辺形の面積に等しい.

　この平行四辺形の面積をベクトルの大きさとし，平方四辺形の面に垂直な方向をもつベクトルを，二つのベクトル $\vec{A}$, $\vec{B}$ の**外積** (または**ベクトル積**) という.

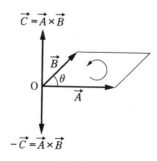

図 7.20

ただし, ベクトルの向きは $\vec{A}$ から $\vec{B}$ の方に右ネジを回転するとき, 右ネジの進む向きを外積の向きと定めて, 外積を次の記号

$$\vec{A} \times \vec{B}, \quad [\vec{A} \times \vec{B}]$$

で表す. 他方, $\vec{B} \times \vec{A}$ の大きさ (平行四辺形の面積) は $\vec{A} \times \vec{B}$ の大きさに等しく, $\vec{B}$ と $\vec{A}$ で作る平面も $\vec{A} \times \vec{B}$ で作る平面と同じであり, $\vec{B} \times \vec{A}$ は $\vec{B}$ から $\vec{A}$ の方に右ネジを回転するから, ネジの進む向きは $\vec{A} \times \vec{B}$ の場合と反対である. したがって, $\vec{A} \times \vec{B}$ と $\vec{B} \times \vec{A}$ は大きさと方向が等しく, 向きが反対のベクトルである.

$\vec{A} \times \vec{B}$ は A クロス B と読む.

外積はベクトルであるから大きさと方向をもつ. したがって, 外積の大きさの表示は外積の記号に絶対値を付けて次のように表す.

> **外積の大きさ** $\quad |\vec{A} \times \vec{B}| = AB \sin\theta$

【**例題 15**】 図 **7.21** に示す正三角形において一辺の長さが 4, H は A B の中点である. 次の内積を求めよ.

(1) $\overrightarrow{OA} \cdot \overrightarrow{OB}$　　(2) $\overrightarrow{OA} \cdot \overrightarrow{AB}$

(3) $\overrightarrow{OB} \cdot \overrightarrow{OB}$　　(4) $\overrightarrow{OH} \cdot \overrightarrow{AB}$

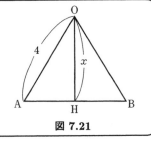

図 **7.21**

【**解答**】

(1) $\overrightarrow{OA} \cdot \overrightarrow{OB} = |OA| \cdot |OB| \cos 60°$
$= 4 \times 4 \times \dfrac{1}{2} = 8$

(2) $\overrightarrow{OA} \cdot \overrightarrow{AB} = |OA| \cdot |AB| \cos 120°$
$= 4 \times 4 \times \left(-\dfrac{1}{2}\right) = -8$

(3) $\overrightarrow{OB} \cdot \overrightarrow{OB} = 4 \times 4 \times \cos 0° = 16$

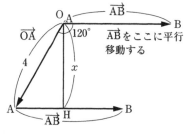

図 **7.22**

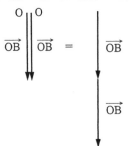

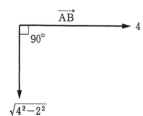

(4) $\overrightarrow{OH} \cdot \overrightarrow{AB} = \sqrt{4^2 - 2^2} \times 4 \times \cos 90° = 0$

第7章　練習問題

1 次の計算をせよ.

   (1) $(6-8i)-(4-12i)$　　(2) $(1+i)(2-3i)$　　(3) $(-1-i)(1+i)^2$

   (4) $\dfrac{1+i}{1-i}$　　(5) $\dfrac{2-2i}{5i}$　　(6) $\dfrac{16-12i}{(6+3i)(3-6i)}$

2 次の複素数の絶対値を求めよ.

   (1) $16-12i$　　(2) $(3-3i)(1-4i)$　　(3) $\dfrac{6+8i}{3-i}$

3 二つの複素数 $\dot{P}=3+4i,\ \dot{Q}=1-2i$ がある. 次の計算をせよ.

   (1) $2\dot{P}+3\dot{Q}$　　(2) $\dot{P}\dot{Q}^2$　　(3) $\dfrac{1}{\dot{P}}+\dfrac{1}{\dot{Q}}$　　(4) $|\dot{P}\dot{Q}|$

4 複素数 $\dot{R}=6+8i$ を極座標表示, 三角関数表示および指数関数表示にせよ.

5 複素数 $\dot{S}=200\angle-120°$ を三角関数表示, 指数関数表示および複素数表示にせよ.

6 複素数 $\dot{V}=100e^{-\frac{\pi}{2}i}$ を三角関数表示, 極座標表示および複素数表示にせよ.

7 図 **7.23** の合成ベクトルを求めよ.

   (1) $\vec{E}=-\vec{A}+\vec{B}+\vec{C}$

   (2) $\vec{F}=-\vec{A}-\vec{B}+\vec{C}$

   (3) $\vec{G}=\vec{A}-\vec{B}-\vec{C}$

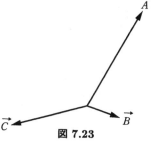

図 **7.23**

8 図 **7.24** に示すベクトルで $|\vec{M}|=4$, $|\vec{N}|=3,\ |\vec{M}|$ と $|\vec{N}|$ がなす角は $\pi/6$ のとき $[\vec{M}\times\vec{N}]$ の値を求めよ.

9 図 **7.24** に示すベクトルで $|\vec{M}|=4$, $|\vec{N}|=3,\ |\vec{M}|$ と $|\vec{N}|$ がなす角は $\pi/6$ のとき $[\vec{N}\times\vec{M}]$ の値を求めよ.

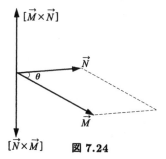

図 **7.24**

第7章　練習問題【解答】

1 (1)　与式 $= (6 - 4) + (-8 + 12)i = 2 + 4i$

(2)　与式 $= \{1 \times 2 - 3 \times (-1)\} + \{1 \times (-3) + 1 \times 2\}i = 5 - i$

(3)　与式 $= (-1 - i)(1 + 2i - 1) = (-1 + 1 + 2) + (-2 - 1 + 1)i = 2 - 2i$

(4)　与式 $= \dfrac{(1 + i)(1 + i)}{(1 - i)(1 + i)} = \dfrac{1 + 2i - 1}{1^2 - i^2} = \dfrac{2i}{2} = i$

(5)　与式 $= \dfrac{(2 - 2i) \times i}{5i \times i} = \dfrac{2 + 2i}{-5} = -0.4 - 0.4i$

(6)　与式 $= \dfrac{16 - 12i}{36 - 27i} = \dfrac{4}{9} \cdot \dfrac{(4 - 3i)}{(4 - 3i)} = \dfrac{4}{9} \fallingdotseq 0.444$

2 (1)　$\sqrt{16^2 + 12^2} = 20$　また，$\sqrt{16^2 + (-12)^2}$ でもよい．ただし，符号の $+-$ は方向を表すので大きさを求めるときは考えなくてよい．

(2)　$(3 - 3i)(1 - 4i) = -9 - 15i$　より　$\sqrt{9^2 + 15^2} \fallingdotseq 17.5$

(3)　$\dfrac{6 + 8i}{3 - i} = \dfrac{(6 + 8i)(3 + i)}{(3 - i)(3 + i)} = \dfrac{10 + 30i}{3^2 + 1^2} = 1 + 3i$　より

$\sqrt{1^2 + 3^2} = \sqrt{10} \fallingdotseq 3.16$

3 (1)　$2 \times (3 + 4i) + 3 \times (1 - 2i) = 9 + 2i$

(2)　$(3 + 4i)(1 - 2i)^2 = (3 + 4i)(1 - 4i - 4) = 7 - 24i$

(3)　$\dfrac{1}{3 + 4i} + \dfrac{1}{1 - 2i} = \dfrac{3 - 4i}{3^2 + 4^2} + \dfrac{1 + 2i}{1^2 + 2^2} = \dfrac{8}{25} + \dfrac{6}{25}i = 0.32 + 0.24i$

(4)　$|(3 + 4i)(1 - 2i)| = |11 - 2i| = \sqrt{11^2 + 2^2} \fallingdotseq 11.2$

4　絶対値 $|\dot{R}| = R = \sqrt{6^2 + 8^2} = 10$

偏角 $\theta = \tan^{-1} \dfrac{8}{6} = \tan^{-1} 1.33 = 53.13° = 0.927$ [rad]　より

極座標表示 $\dot{R} = 10 \angle 53.13°$ または $10 \angle 0.927$ [rad]

三角関数表示 $\dot{R} = 10(\cos 53.13° + i \sin 53.13°)$

指数関数表示 $\dot{R} = 10e^{0.927i}$

5　三角関数表示 $\dot{S} = 200 \angle -120° = 200(\cos 120° - i \sin 120°)$

または $200\left(\cos \dfrac{2}{3}\pi - i \sin \dfrac{2}{3}\pi\right)$

指数関数表示 $\dot{S} = 200e^{-\frac{2}{3}\pi i}$

複素数表示 $\dot{S} = 200\left(-\dfrac{1}{2} - i\dfrac{\sqrt{3}}{2}\right) \fallingdotseq -100 - 173i$

6　三角関数表示 $\dot{V} = 100\left\{\cos\left(-\dfrac{\pi}{2}\right) + i \sin\left(-\dfrac{\pi}{2}\right)\right\} = 100\left(\cos \dfrac{\pi}{2} - i \sin \dfrac{\pi}{2}\right)$

極座標表示 $\dot{V} = 100 \angle -\dfrac{\pi}{2} = 100 \angle -90°$

複素数表示 $\dot{V} = 100(0 - 1i) = -100i$

7 (1)　最初に $-\vec{A}$ のベクトルを書く. 次に $\vec{B}+\vec{C}$ を合成する. 最後に $-\vec{A}$ と $\vec{B}+\vec{C}$
を合成する.
　　図解 7.1 に示す.

(2)　$-\vec{A}-\vec{B}+\vec{C}=-(\vec{A}+\vec{B})+\vec{C}$ と式を変形して, $\vec{A}+\vec{B}$ の合成を行い, その
逆ベクトルの $-(\vec{A}+\vec{B})$ を書く. これと $\vec{C}$ の和のベクトルが答である. **図解
7.2** に示す.

(3)　$\vec{A}-\vec{B}-\vec{C}=\vec{A}-(\vec{B}+\vec{C})$ と変形して, $\vec{B}+\vec{C}$ を書いてその逆ベクトル
$-(\vec{B}+\vec{C})$ と $\vec{A}$ を合成する. **図解 7.3** に示す.

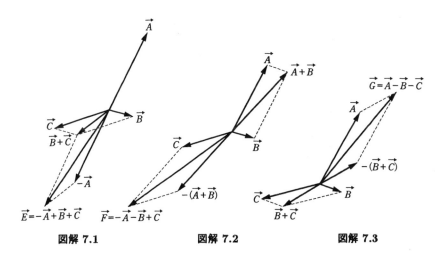

　　　図解 7.1　　　　　　　　**図解 7.2**　　　　　　　　**図解 7.3**

8　外積の問題であるから,
$$|\vec{M}\times\vec{N}|=|\vec{M}|\times|\vec{N}|\times\sin\theta=4\times3\times\sin\frac{\pi}{6}=6$$

9　$|\vec{N}\times\vec{M}|=|\vec{N}|\times|\vec{M}|\times\sin\theta=-4\times3\times\sin\frac{\pi}{6}=-6$

【参考】 外積においては交換法則は成り立たない. $\vec{M}\times\vec{N}=-\vec{N}\times\vec{M}$

第8章 行列と行列式

行列と行列式は線形代数学においては基本的なことであり,きわめて重要な項目である.本章では行列と行列式の基礎を学び,連立方程式の解法に応用する.

8.1 行列とは

次に示すように数の並び方に意味をもたせて

$$\begin{pmatrix} 1 & 6 & 2 \\ 4 & 6 & 3 \end{pmatrix}, \qquad \begin{pmatrix} a & \ell & x \\ b & m & y \\ c & n & z \end{pmatrix}, \qquad \begin{pmatrix} a_{11} & a_{12} & a_{13} \\ a_{21} & a_{23} & a_{23} \end{pmatrix}$$

のように数を長方形に並べ,カッコで囲んだ数の集まりを**行列 (マトリックス)** という.行列を表すカッコは $\begin{pmatrix} & \\ & \end{pmatrix}$ または $\begin{bmatrix} & \\ & \end{bmatrix}$ の記号を用いる.

mn 個の数を横に m 個,縦に n 個ずつ並べたものを $(m \times n)$ 型の行列といい,行列の横の並びを**行**,縦の並びを**列**という.行は上から順に第 1 行,第 2 行 $\cdots$ と呼び,列は左から第 1 列,第 2 列 $\cdots$ と呼ぶ.また,行列を構成する数のことを**成分**または**要素**という.

$$\begin{pmatrix} a_{11} & a_{12} & \cdots & \cdots & a_{1n} \\ a_{21} & a_{22} & \cdots & \cdots & a_{2n} \\ \vdots & \vdots & \ddots & & \vdots \\ \vdots & \vdots & & \ddots & \vdots \\ a_{m1} & a_{m2} & \cdots & \cdots & a_{mn} \end{pmatrix} \begin{matrix} \text{第 1 行} \\ \text{第 2 行} \\ \text{第 3 行} \\ \\ \\ \text{第 } m \text{ 行} \end{matrix}$$

$a_{11}, a_{12} \cdots a_{21} \cdots$ 等を要素という

第 1 列 第 2 列 第 3 列 第 n 列

行列の要素を特に問題とする必要がないとき,行列を一つの文字で扱うことがある.一般に文字は英文字の大文字を使用し,$A, B, \cdots$ または $[A], [B], \cdots$ などと表す.特に行列が $m = n$ の場合を**正方行列**といい,n 次の行列という.したがって,$n = 2$ のときの正方行列を 2 次の行列,$n = 3$ のときを 3 次の行列

という.

　正方行列の左上から右下に斜めに並ぶ要素を**対角要素 (対角成分)** といい, 行列の対角要素以外の要素がすべて 0 である行列を**対角行列**という. 特に, 対角要素の値がすべて 1 の対角行列を**単位行列**という. 一般に, 対角行列を表すには D を, 単位行列を表すには E を用いる. すなわち

対角行列

$$D = \begin{pmatrix} d_{11} & 0 & 0 & \cdots & 0 \\ 0 & d_{22} & 0 & \cdots & 0 \\ \vdots & \vdots & \ddots & & \vdots \\ \vdots & \vdots & & \ddots & \vdots \\ 0 & 0 & 0 & \cdots & d_{nn} \end{pmatrix}$$

単位行列

$$E = \begin{pmatrix} 1 & 0 & 0 & \cdots & 0 \\ 0 & 1 & 0 & \cdots & 0 \\ \vdots & \vdots & \ddots & & \vdots \\ \vdots & \vdots & & \ddots & \vdots \\ 0 & 0 & 0 & \cdots & 1 \end{pmatrix}$$

8.2　行列の演算

8.2.1　加法および減法

　同じ型の二つの行列 (行の数および列の数がそれぞれ等しい行列) A および B の対応する要素どうしの和 (または差) を要素とする行列を**行列の和** (または**行列の差**) といい, $A + B$ (または $A - B$) と表す. 行列 A と B が

$$A = \begin{pmatrix} a_{11} & a_{12} & \cdots & \cdots & a_{1n} \\ a_{21} & a_{22} & \cdots & \cdots & a_{2n} \\ \vdots & \vdots & \ddots & & \vdots \\ \vdots & \vdots & & \ddots & \vdots \\ a_{m1} & a_{m2} & \cdots & \cdots & a_{mn} \end{pmatrix}, \quad B = \begin{pmatrix} b_{11} & b_{12} & \cdots & \cdots & b_{1n} \\ b_{21} & b_{22} & \cdots & \cdots & b_{2n} \\ \vdots & \vdots & \ddots & & \vdots \\ \vdots & \vdots & & \ddots & \vdots \\ b_{m1} & b_{m2} & \cdots & \cdots & b_{mn} \end{pmatrix}$$

のとき, 行列の和は

$$A + B = \begin{pmatrix} a_{11} + b_{11} & a_{12} + b_{12} & \cdots & \cdots & a_{1n} + b_{1n} \\ a_{21} + b_{21} & a_{22} + b_{22} & \cdots & \cdots & a_{2n} + b_{2n} \\ \vdots & \vdots & \ddots & & \vdots \\ \vdots & \vdots & & \ddots & \vdots \\ a_{m1} + b_{m1} & a_{m2} + b_{m2} & \cdots & \cdots & a_{mn} + b_{mn} \end{pmatrix}$$

である. たとえば, 次の (2×3) 型の行列

$$A = \begin{pmatrix} 2 & -2 & 1 \\ 3 & -4 & 6 \end{pmatrix}, \qquad B = \begin{pmatrix} 3 & 5 & 6 \\ -2 & 0 & 5 \end{pmatrix}$$

の和および差は

$$A + B = \begin{pmatrix} 2+3 & -2+5 & 1+6 \\ 3+(-2) & -4+0 & 6+5 \end{pmatrix} = \begin{pmatrix} 5 & 3 & 7 \\ 1 & -4 & 11 \end{pmatrix}$$

$$A - B = \begin{pmatrix} 2-3 & -2-5 & 1-6 \\ 3-(-2) & -4-0 & 6-5 \end{pmatrix} = \begin{pmatrix} -1 & -7 & -5 \\ 5 & -4 & 1 \end{pmatrix}$$

となる.

8.2.2 行列のスカラー倍

ある行列のすべての要素が行列 A の要素の k 倍になっているとき, kA と表す. すなわち

$$A = \begin{pmatrix} a_{11} & a_{12} & a_{13} \\ a_{21} & a_{22} & a_{23} \end{pmatrix} \quad \text{のとき} \quad kA = \begin{pmatrix} ka_{11} & ka_{12} & ka_{13} \\ ka_{21} & ka_{22} & ka_{23} \end{pmatrix}$$

のことである.

【例題 1】

(1) 次式を満足するスカラー x, y を求めよ.

$$\begin{pmatrix} 4 \\ 5 \end{pmatrix} = x \begin{pmatrix} 0 \\ 1 \end{pmatrix} + y \begin{pmatrix} 1 \\ 0 \end{pmatrix}$$

(2) $A = \begin{pmatrix} 3 & -2 \\ 5 & 0 \end{pmatrix}$, $B = \begin{pmatrix} 0 & 3 \\ 2 & -1 \end{pmatrix}$ のとき $2A - 3B + X = 0$ を

満足する行列 X を求めよ.

【解答】

(1) 行列の和およびスカラー倍の計算により

$$\begin{pmatrix} 4 \\ 5 \end{pmatrix} = \begin{pmatrix} x \times 0 \\ x \times 1 \end{pmatrix} + \begin{pmatrix} y \times 1 \\ y \times 0 \end{pmatrix} = \begin{pmatrix} 0 \\ x \end{pmatrix} + \begin{pmatrix} y \\ 0 \end{pmatrix} = \begin{pmatrix} 0+y \\ x+0 \end{pmatrix} = \begin{pmatrix} y \\ x \end{pmatrix}$$

両辺を比較すると $\quad \therefore \begin{cases} y = 4 \\ x = 5 \end{cases}$

(2)　$2A - 3B + X = 0$ を書き換えて $X = 3B - 2A$ とすると

$$X = 3B - 2A = 3\begin{pmatrix} 0 & 3 \\ 2 & -1 \end{pmatrix} - 2\begin{pmatrix} 3 & -2 \\ 5 & 0 \end{pmatrix}$$

$$= \begin{pmatrix} 0 & 9 \\ 6 & -3 \end{pmatrix} - \begin{pmatrix} 6 & -4 \\ 10 & 0 \end{pmatrix}$$

$$= \begin{pmatrix} 0-6 & 9+4 \\ 6-10 & -3-0 \end{pmatrix} = \begin{pmatrix} -6 & 13 \\ -4 & -3 \end{pmatrix}$$

8.2.3　行列の乗法

次の $(m \times n)$ 型の行列 A および $(n \times \ell)$ 型の行列 B

$$A = \begin{pmatrix} a_{11} & a_{12} & \cdots & & \cdots & a_{1n} \\ a_{21} & a_{22} & \cdots & & \cdots & a_{2n} \\ \vdots & \vdots & \ddots & & & \vdots \\ a_{i1} & a_{i2} & \cdots & \ddots & \cdots & a_{in} \\ \vdots & \vdots & & & \ddots & \vdots \\ a_{m1} & a_{m2} & \cdots & & \cdots & a_{mn} \end{pmatrix}$$

$$B = \begin{pmatrix} b_{11} & b_{12} & \cdots & b_{1j} & \cdots & b_{1\ell} \\ b_{21} & b_{22} & \cdots & b_{2j} & \cdots & b_{2\ell} \\ \vdots & \vdots & \ddots & \vdots & & \vdots \\ \vdots & \vdots & & \ddots & & \vdots \\ \vdots & \vdots & & \vdots & \ddots & \vdots \\ b_{n1} & b_{n2} & \cdots & b_{nj} & \cdots & b_{n\ell} \end{pmatrix}$$

に対して, 行列 A の第 i 行の各要素と行列 B の j 列の各要素の積の和 $a_{i1}b_{1j} + a_{i2}b_{2j} + \cdots + a_{in}b_{nj}$ を行列 C の (i, j) 要素とするとき, 行列 C を行列 A と行列 B の積といい $C = AB$ で表す.

$$C = AB = \begin{pmatrix} c_{11} & c_{12} & \cdots & & \cdots & c_{1\ell} \\ c_{21} & c_{22} & \cdots & & \cdots & c_{2\ell} \\ \vdots & \vdots & \ddots & & & \vdots \\ \vdots & \vdots & & \boxed{c_{ij}} & \cdots & \vdots \\ \vdots & \vdots & & & \ddots & \vdots \\ c_{m1} & c_{m2} & \cdots & & \cdots & c_{m\ell} \end{pmatrix}$$

$$
= \begin{pmatrix} a_{11} & a_{12} & \cdots & & \cdots & a_{1n} \\ a_{21} & a_{22} & \cdots & & \cdots & a_{2n} \\ \vdots & \vdots & \ddots & & & \vdots \\ \boxed{a_{i1} \quad a_{i2} \quad \cdots \quad \cdots \quad \cdots \quad a_{in}} \\ \vdots & \vdots & & \ddots & & \vdots \\ a_{m1} & a_{m2} & \cdots & & \cdots & a_{mn} \end{pmatrix} \begin{pmatrix} b_{11} & b_{12} & \cdots & \boxed{b_{1j}} & \cdots & b_{1\ell} \\ b_{21} & b_{22} & \cdots & b_{2j} & \cdots & b_{2n} \\ \vdots & \vdots & \ddots & \vdots & & \vdots \\ & & & \vdots & & \\ \vdots & \vdots & & \vdots & \ddots & \vdots \\ b_{n1} & b_{n2} & \cdots & b_{nj} & \cdots & b_{n\ell} \end{pmatrix}
$$

$m \times n$ 型の行列と $n \times \ell$ 型の行列の積は $m \times \ell$ 型の行列となる.

たとえば, 次の (2×2) 型の行列 A と B の積は

$$
AB = \begin{pmatrix} a_{11} & a_{12} \\ a_{21} & a_{22} \end{pmatrix} \begin{pmatrix} b_{11} & b_{12} \\ b_{21} & b_{22} \end{pmatrix} = \begin{pmatrix} a_{11}b_{11} + a_{12}b_{21} & a_{11}b_{12} + a_{12}b_{22} \\ a_{21}b_{11} + a_{22}b_{21} & a_{21}b_{12} + a_{22}b_{22} \end{pmatrix}
$$

となる. 行列の積では左側の行列の列の数と右側の行列の行の数が等しくならなければならない.

【例】 (2×2) 型の行列 A と (2×1) 型の行列 B の積

$$
AB = \begin{pmatrix} a_{11} & a_{12} \\ a_{21} & a_{22} \end{pmatrix} \begin{pmatrix} b_{11} \\ b_{21} \end{pmatrix} = \begin{pmatrix} a_{11}b_{11} + a_{12}b_{21} \\ a_{21}b_{11} + a_{22}b_{21} \end{pmatrix}
$$

となる. B のように列の数が一つのとき, **ベクトル**という. また, 行の数が一つのときもベクトルといい, 前者を**縦ベクトル** (または**列ベクトル**), 後者を**横ベクトル** (または**行ベクトル**) という. 上の例では積も縦ベクトルとなる.

【例】 (1×2) 型の行列 A と (2×2) 型の行列 B の積

$$
AB = \begin{pmatrix} a_{11} & a_{12} \end{pmatrix} \begin{pmatrix} b_{11} & b_{12} \\ b_{21} & b_{22} \end{pmatrix} = \begin{pmatrix} a_{11}b_{11} + a_{12}b_{21} & a_{11}b_{12} + a_{12}b_{22} \end{pmatrix}
$$

A と B の積は行ベクトルとなる.

【例】 (1×2) 型の行列 A と (2×1) 型の行列 B の積

$$
AB = \begin{pmatrix} a_{11} & a_{12} \end{pmatrix} \begin{pmatrix} b_{11} \\ b_{21} \end{pmatrix} = \begin{pmatrix} a_{11}b_{11} + a_{12}b_{21} \end{pmatrix}
$$

となり, A と B の積はスカラー (1 個の数) となる. 左側の行ベクトルと右側の列ベクトルの積を**ベクトルの内積**という.

【例】 (2×1) 型の行列 A と (1×2) 型の行列 B の積

$$AB = \begin{pmatrix} a_{11} \\ a_{21} \end{pmatrix} \begin{pmatrix} b_{11} & b_{12} \end{pmatrix} = \begin{pmatrix} a_{11}b_{11} & a_{11}b_{12} \\ a_{21}b_{11} & a_{21}b_{12} \end{pmatrix}$$

左側の縦ベクトル A と右側の横ベクトル B の積は (2×2) 型の行列となる.

【注】　$(m \times n)$ 型の左側の行列と $(n \times \ell)$ 型の右側の行列の積は $(m \times \ell)$ 型の行列となる.

【例題 2】　次の行列 A と B の積を求めよ.

(1)　$A = \begin{pmatrix} 2 & -1 \end{pmatrix}, \quad B = \begin{pmatrix} 3 \\ -2 \end{pmatrix}$

(2)　$A = \begin{pmatrix} -4 \\ 3 \end{pmatrix}, \quad B = \begin{pmatrix} 1 & -2 \end{pmatrix}$

(3)　$A = \begin{pmatrix} 2 & -3 \end{pmatrix}, \quad B = \begin{pmatrix} -3 & 2 \\ 5 & -1 \end{pmatrix}$

(4)　$A = \begin{pmatrix} 2 & -3 \\ 5 & 4 \end{pmatrix}, \quad B = \begin{pmatrix} -2 \\ 3 \end{pmatrix}$

(5)　$A = \begin{pmatrix} -2 & -3 \\ 4 & 5 \end{pmatrix}, \quad B = \begin{pmatrix} 1 & -2 \\ -1 & 2 \end{pmatrix}$

【解答】

(1)　$AB = \begin{pmatrix} 2 & -1 \end{pmatrix} \begin{pmatrix} 3 \\ -2 \end{pmatrix} = \{2 \times 3 + (-1) \times (-2)\} = (6 + 2) = 8$

(2)　$AB = \begin{pmatrix} -4 \\ 3 \end{pmatrix} \begin{pmatrix} 1 & -2 \end{pmatrix} = \begin{pmatrix} -4 \times 1 & -4 \times (-2) \\ 3 \times 1 & 3 \times (-2) \end{pmatrix} = \begin{pmatrix} -4 & 8 \\ 3 & -6 \end{pmatrix}$

(3)　$AB = \begin{pmatrix} 2 & -3 \end{pmatrix} \begin{pmatrix} -3 & 2 \\ 5 & -1 \end{pmatrix} = \begin{pmatrix} 2 \times (-3) + (-3) \times 5 & 2 \times 2 + (-3) \times (-1) \end{pmatrix}$
$= \begin{pmatrix} -21 & 7 \end{pmatrix}$

(4)　$AB = \begin{pmatrix} 2 & -3 \\ 5 & 4 \end{pmatrix} \begin{pmatrix} -2 \\ 3 \end{pmatrix} = \begin{pmatrix} 2 \times (-2) + (-3) \times 3 \\ 5 \times (-2) + 4 \times 3 \end{pmatrix} = \begin{pmatrix} -13 \\ 2 \end{pmatrix}$

(5)　$AB = \begin{pmatrix} -2 & -3 \\ 4 & 5 \end{pmatrix} \begin{pmatrix} 1 & -2 \\ -1 & 2 \end{pmatrix}$

$= \begin{pmatrix} (-2) \times 1 + (-3) \times (-1) & (-2) \times (-2) + (-3) \times 2 \\ 4 \times 1 + 5 \times (-1) & 4 \times (-2) + 5 \times 2 \end{pmatrix}$

$= \begin{pmatrix} 1 & -2 \\ -1 & 2 \end{pmatrix}$

8.2.4 行列の積の性質

I 交換法則は不成立

行列 A と行列 B の積は特別な行列を除いて一般に

$$AB \neq BA$$

である.

【例】　$A = \begin{pmatrix} -2 & -3 \\ 4 & 5 \end{pmatrix}$, $B = \begin{pmatrix} 1 & -2 \\ -1 & 2 \end{pmatrix}$ の積

例題 2 の (5) において

$$AB = \begin{pmatrix} -2 & -3 \\ 4 & 5 \end{pmatrix} \begin{pmatrix} 1 & -2 \\ -1 & 2 \end{pmatrix} = \begin{pmatrix} 1 & -2 \\ -1 & 2 \end{pmatrix}$$

であったが

$$BA = \begin{pmatrix} 1 & -2 \\ -1 & 2 \end{pmatrix} \begin{pmatrix} -2 & -3 \\ 4 & 5 \end{pmatrix} = \begin{pmatrix} 1 \times (-2) + (-2) \times 4 & 1 \times (-3) + (-2) \times 5 \\ (-1) \times (-2) + 2 \times 4 & (-1) \times (-3) + 2 \times 5 \end{pmatrix}$$

$$= \begin{pmatrix} -10 & -13 \\ 10 & 13 \end{pmatrix}$$

となり $AB \neq BA$ である.

ただし, 行列 A および B の両行列が対角行列の場合は

$$AB = BA$$

が常に成り立つ.

単位行列の積

$$E = \begin{pmatrix} 1 & 0 \\ 0 & 1 \end{pmatrix} \quad E \times E = \begin{pmatrix} 1 & 0 \\ 0 & 1 \end{pmatrix} \begin{pmatrix} 1 & 0 \\ 0 & 1 \end{pmatrix} = \begin{pmatrix} 1 & 0 \\ 0 & 1 \end{pmatrix}$$

単位行列の積は単独の単位行列と同じ要素の行列となる.

対角行列の積

$$D_1 = \begin{pmatrix} 1 & 0 \\ 0 & 0 \end{pmatrix} \quad D_2 = \begin{pmatrix} 0 & 0 \\ 0 & 1 \end{pmatrix} の時$$

$$D_1 D_2 = \begin{pmatrix} 1 & 0 \\ 0 & 0 \end{pmatrix} \begin{pmatrix} 0 & 0 \\ 0 & 1 \end{pmatrix} = \begin{pmatrix} 1 \times 0 + 0 \times 0 & 1 \times 0 + 0 \times 1 \\ 0 \times 0 + 0 \times 0 & 0 \times 0 + 0 \times 1 \end{pmatrix} = \begin{pmatrix} 0 & 0 \\ 0 & 0 \end{pmatrix}$$

$$D_2 D_1 = \begin{pmatrix} 0 & 0 \\ 0 & 1 \end{pmatrix} \begin{pmatrix} 1 & 0 \\ 0 & 0 \end{pmatrix} = \begin{pmatrix} 0 \times 1 + 0 \times 0 & 0 \times 0 + 0 \times 0 \\ 0 \times 1 + 1 \times 0 & 0 \times 0 + 1 \times 0 \end{pmatrix} = \begin{pmatrix} 0 & 0 \\ 0 & 0 \end{pmatrix}$$

よって $D_1 D_2 = D_2 D_1$　対角行列は交換法則が成り立つ.

Ⅱ　結合法則

3 個の行列 A, B, C に対して次の法則は成り立つ.

$$A(BC) = (AB)C$$

【例】　$A = \begin{pmatrix} 2 & 1 \\ 1 & 3 \end{pmatrix}$,　$B = \begin{pmatrix} 3 & 4 \\ -1 & 2 \end{pmatrix}$,　$C = \begin{pmatrix} 1 & 2 \\ -2 & -1 \end{pmatrix}$ の積

$$左辺 = A(BC) = \begin{pmatrix} 2 & 1 \\ 1 & 3 \end{pmatrix} \left\{ \begin{pmatrix} 3 & 4 \\ -1 & 2 \end{pmatrix} \begin{pmatrix} 1 & 2 \\ -2 & -1 \end{pmatrix} \right\}$$

$$= \begin{pmatrix} 2 & 1 \\ 1 & 3 \end{pmatrix} \begin{pmatrix} -5 & 2 \\ -5 & -4 \end{pmatrix} = \begin{pmatrix} -15 & 0 \\ -20 & -10 \end{pmatrix}$$

$$右辺 = (AB)C = \left\{ \begin{pmatrix} 2 & 1 \\ 1 & 3 \end{pmatrix} \begin{pmatrix} 3 & 4 \\ -1 & 2 \end{pmatrix} \right\} \begin{pmatrix} 1 & 2 \\ -2 & -1 \end{pmatrix}$$

$$= \begin{pmatrix} 5 & 10 \\ 0 & 10 \end{pmatrix} \begin{pmatrix} 1 & 2 \\ -2 & -1 \end{pmatrix} = \begin{pmatrix} -15 & 0 \\ -20 & -10 \end{pmatrix}$$

となり

$$A(BC) = (AB)C$$

が成り立つ.

Ⅲ　分配法則

3 個の行列 A, B, C に対して次の法則が成り立つ.

$$A(B + C) = AB + BC$$

【例】　$A = \begin{pmatrix} 2 & 1 \\ 1 & 3 \end{pmatrix}$,　$B = \begin{pmatrix} 3 & 4 \\ -1 & 2 \end{pmatrix}$,　$C = \begin{pmatrix} 1 & 2 \\ -2 & -1 \end{pmatrix}$ の場合

$$左辺 = A(B + C) = \begin{pmatrix} 2 & 1 \\ 1 & 3 \end{pmatrix} \left\{ \begin{pmatrix} 3 & 4 \\ -1 & 2 \end{pmatrix} + \begin{pmatrix} 1 & 2 \\ -2 & -1 \end{pmatrix} \right\}$$

$$= \begin{pmatrix} 2 & 1 \\ 1 & 3 \end{pmatrix} \begin{pmatrix} 4 & 6 \\ -3 & 1 \end{pmatrix} = \begin{pmatrix} 5 & 13 \\ -5 & 9 \end{pmatrix}$$

$$右辺 = AB + AC = \begin{pmatrix} 2 & 1 \\ 1 & 3 \end{pmatrix} \begin{pmatrix} 3 & 4 \\ -1 & 2 \end{pmatrix} + \begin{pmatrix} 2 & 1 \\ 1 & 3 \end{pmatrix} \begin{pmatrix} 1 & 2 \\ -2 & -1 \end{pmatrix}$$

$$= \begin{pmatrix} 5 & 10 \\ 0 & 10 \end{pmatrix} + \begin{pmatrix} 0 & 3 \\ -5 & -1 \end{pmatrix} = \begin{pmatrix} 5 & 13 \\ -5 & 9 \end{pmatrix}$$

よって

$$A(B + C) = AB + AC$$

が成り立つ.

8.3 逆行列

二つの n 次の正方行列 A と B の積が単位行列 E となるとき,すなわち
$$AB = E$$
のとき,B を A の**逆行列**といい $B = A^{-1}$ で表す.このとき,A も B の逆行列
という.たとえば,次の 2 次行列

$$A = \begin{pmatrix} a_{11} & a_{12} \\ a_{21} & a_{22} \end{pmatrix}$$

の逆行列 B は $AB = E$ から

$$\begin{pmatrix} a_{11} & a_{12} \\ a_{21} & a_{22} \end{pmatrix} \begin{pmatrix} b_{11} & b_{12} \\ b_{21} & b_{22} \end{pmatrix} = \begin{pmatrix} 1 & 0 \\ 0 & 1 \end{pmatrix}$$

であり,左辺の積を計算すると

$$\begin{pmatrix} a_{11}b_{11} + a_{12}b_{21} & a_{11}b_{12} + a_{12}b_{22} \\ a_{21}b_{11} + a_{22}b_{21} & a_{21}b_{12} + a_{22}b_{22} \end{pmatrix} = \begin{pmatrix} 1 & 0 \\ 0 & 1 \end{pmatrix}$$

となる.両辺の各要素を比較すると

$$a_{11}b_{11} + a_{12}b_{21} = 1 \qquad a_{11}b_{12} + a_{12}b_{22} = 0$$
$$a_{21}b_{11} + a_{22}b_{21} = 0 \qquad a_{21}b_{12} + a_{22}b_{22} = 1$$

となる.したがって,これらの 4 個の式を B の要素 $b_{11}, b_{12}, b_{21}, b_{22}$ について
解くと(上式を解くには,行列式による方程式の解法を学んだ後,取り組むと
簡単に理解できる.)

$$b_{11} = \frac{a_{22}}{a_{11}a_{22} - a_{12}a_{21}} \qquad b_{12} = -\frac{a_{12}}{a_{11}a_{22} - a_{12}a_{21}}$$

$$b_{21} = -\frac{a_{21}}{a_{11}a_{22} - a_{12}a_{21}} \qquad b_{22} = \frac{a_{11}}{a_{11}a_{22} - a_{12}a_{21}}$$

となり,A の逆行列 A^{-1} は

$$A^{-1} = B = \begin{pmatrix} b_{11} & b_{12} \\ b_{21} & b_{22} \end{pmatrix} = \begin{pmatrix} \dfrac{a_{22}}{a_{11}a_{22} - a_{12}a_{21}} & -\dfrac{a_{12}}{a_{11}a_{22} - a_{12}a_{21}} \\ -\dfrac{a_{21}}{a_{11}a_{22} - a_{12}a_{21}} & \dfrac{a_{11}}{a_{11}a_{22} - a_{12}a_{21}} \end{pmatrix}$$

$$= \frac{1}{a_{11}a_{22} - a_{12}a_{21}} \begin{pmatrix} a_{22} & -a_{12} \\ -a_{21} & a_{11} \end{pmatrix} \quad \text{となる.}$$

【例題 3】 次の行列 A と B の逆行列を求めよ.

$$(1) \quad A = \begin{pmatrix} -2 & -1 \\ 8 & 6 \end{pmatrix} \qquad (2) \quad B = \begin{pmatrix} -2 & 3 \\ -4 & 5 \end{pmatrix}$$

【解答】

$$(1) \quad A^{-1} = \frac{1}{-2 \times 6 - (-1) \times 8} \begin{pmatrix} 6 & 1 \\ -8 & -2 \end{pmatrix} = -\frac{1}{4} \begin{pmatrix} 6 & 1 \\ -8 & -2 \end{pmatrix} = \begin{pmatrix} -\dfrac{3}{2} & -\dfrac{1}{4} \\ 2 & \dfrac{1}{2} \end{pmatrix}$$

$$(2) \quad B^{-1} = \frac{1}{-2 \times 5 - 3 \times (-4)} \begin{pmatrix} 5 & -3 \\ 4 & -2 \end{pmatrix} = \frac{1}{2} \begin{pmatrix} 5 & -3 \\ 4 & -2 \end{pmatrix} = \begin{pmatrix} \dfrac{5}{2} & -\dfrac{3}{2} \\ 2 & -1 \end{pmatrix}$$

8.4 行列式

8.4.1 行列式の定義

(1) 2 次の行列式

次の 2 次の行列

$$\begin{pmatrix} a & b \\ c & d \end{pmatrix} \quad \text{に対して} \quad \begin{vmatrix} a & b \\ c & d \end{vmatrix} = ad - bc$$

を **2 次の行列式**といい, 右辺のように計算を行って, 一つのスカラーで表すことを**行列式を展開する**という.

(2) 3 次の行列式

3 次の行列 $\begin{pmatrix} a & b & c \\ d & e & f \\ g & h & i \end{pmatrix}$ に対して

$$\begin{vmatrix} a & b & c \\ d & e & f \\ g & h & i \end{vmatrix} = aei + dhc + gfb - ceg - bdi - ahf$$

を **3 次の行列式**という.

3 次の行列式は次のように

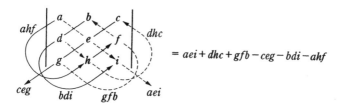

$$= aei + dhc + gfb - ceg - bdi - ahf$$

矢線に沿っての積の和で計算する方法であり, この方法を**サラスの方法**という.

(3)　1 次の行列式

1 次の行列式 $|a|$ は a そのものを表す.

行列式を表すのに | | の記号を用いるが, 行列が一つの文字で表されているとき, たとえば, 行列 A に対して $\det A$ と書いて行列式を表すこともある.

【例題 4】　次の行列式を計算せよ.

$$(1)\quad \begin{vmatrix} 3 & 9 \\ -4 & -8 \end{vmatrix} \qquad (2)\quad \begin{vmatrix} -11 & -5 \\ 3 & 2 \end{vmatrix}$$

$$(3)\quad \begin{vmatrix} 4 & -2 & 1 \\ 3 & -4 & 6 \\ 5 & 3 & 7 \end{vmatrix} \qquad (4)\quad \begin{vmatrix} 3 & 5 & 6 \\ -2 & 0 & 5 \\ -4 & 2 & 7 \end{vmatrix}$$

【解答】

(1)　$3 \times (-8) - 9 \times (-4) = 12$

(2)　$-11 \times 2 - (-5) \times 3 = -7$

(3)　$4 \times (-4) \times 7 + 3 \times 3 \times 1 + 5 \times 6 \times (-2) - 1 \times (-4) \times 5 - (-2) \times 3 \times$
$7 - 4 \times 3 \times 6 = -173$

(4)　$(-2) \times 2 \times 6 + (-4) \times 5 \times 5 - 5 \times (-2) \times 7 - 3 \times 2 \times 5 = -84$

8.4.2　行列式の性質

ここで述べる行列式の性質は, 行列式の次数と無関係に成り立つので, 次の 3 次の行列式を例にとって説明する.

$$\begin{vmatrix} a & b & c \\ d & e & f \\ g & h & i \end{vmatrix} = aei + dhc + gfb - ceg - bdi - ahf$$

(1)　二つの行 (列) を入れ替えた場合

行列式の値は二つの行 (または二つの列) を入れ替えると符号だけが変わる.

①　二つの行の入れ替え

第 1 行と第 2 行を入れ替えた次の行列式は, サラスの方法で展開すると

$$
\begin{vmatrix} d & e & f \\ a & b & c \\ g & h & i \end{vmatrix} = dbi + ahf + gce - fbg - eai - dhc
$$

$$
= -(aei + dhc + gfb - ceg - bdi - ahf)
$$

となり, 元の行列式と大きさが等しく符号だけが変わっている.

②　二つの列の入れ替え

$$
\begin{vmatrix} a & b & c \\ d & e & f \\ g & h & i \end{vmatrix} = aei + dhc + gfb - ceg - bdi - ahf
$$

において, たとえば第 2 列と第 3 列を入れ替え, サラスの方法で展開すると

$$
\begin{vmatrix} a & c & b \\ d & f & e \\ g & i & h \end{vmatrix} = afh + dib + gec - bfg - cdh - aie
$$

$$
= -(aei + dhc + gfb - ceg - bdi - ahf)
$$

となり, 大きさが等しく符号が変わっている. この性質は, どの行 (または列) を入れ替えても成り立つことである.

(2)　二つの行 (列) が比例する場合

たとえば, 第 2 行の要素の値が第 1 行の要素の k 倍のとき

$$
\begin{vmatrix} a & b & c \\ ka & kb & kc \\ d & e & f \end{vmatrix} = akbf + kaec + dkcb - ckbd - bkaf - aekc
$$

$$
= k(abf + aec + dcb - cbd - baf - aec) = 0
$$

となる. すなわち, 一つの行 (または列) が他の行 (または列) に比例している場合は, 行列式は 0 となる.

(3) ある行 (列) をスカラー倍した場合

たとえば, 第 2 行を k 倍すると

$$\begin{vmatrix} a & b & c \\ kd & ke & kf \\ g & h & i \end{vmatrix} = akei + kdhc + gkfb - ckeg - bkdi - ahkf$$

$$= k(aei + dhc + gfb - ceg - bdi - ahf)$$

列に k 倍がある場合

$$= k\begin{vmatrix} a & b & c \\ d & e & f \\ g & h & i \end{vmatrix} \quad \left(\begin{vmatrix} a & kb & c \\ d & ke & f \\ g & kh & i \end{vmatrix} = k\begin{vmatrix} a & b & c \\ d & e & f \\ g & h & i \end{vmatrix} \right)$$

となり, 元の行列式の k 倍となる.

【注】 行列の k 倍はすべての要素が k 倍されたものであるが, 行列式の k 倍は一つの行または列の要素が k 倍されたものである.

行列式の性質

行列式 $|A|$ に対して次の性質が成り立つ.

① 一つの行 (列) のすべての要素が 0 の場合, 行列式の値は 0 である.

② 二つの行 (または列) を入れ替えた行列式の値は, 行列式 $|A|$ の大きさに等しく, 符号が変わる.

③ 一つの行が他の行と比例している場合の行列式の値は 0 である.

④ 一つの列が他の列と比例している場合の行列式の値は 0 である.

⑤ 一つ行 (列) のすべての要素が k 倍されている行列式の値は $|A|$ を k 倍した値に等しい.

8.5 余因子展開

n 次の行列式 A において (i 行 j 列) の要素を含む行と列を取り除いてできる $n-1$ 次の小行列式 $A\binom{i}{j}$ を a_{ij} の小行列式という. その小行列に符号 $(-1)^{(i+j)}$ を掛けた行列式, すなわち

$$(-1)^{(i+j)} A\binom{i}{j}$$

を要素 a_{ij} の**余因子** (または**余因数**) といい, A_{ij} で表す.

行列式を第 i 行について展開すると

$$A = a_{i1}A_{i1} + a_{i2}A_{i2} + \ldots + a_{in}A_{in}$$

となり, 行列式 A の値は $n-1$ 次の行列式 A_{i1}, $A_{i2}\cdots$, A_{in} で計算される. したがって, 4次の行列式はこれまで学んできた3次の行列式を計算することによって得ることができる. 同様に5次の行列式は4次の行列式を計算すればよい.

次の行列式

$$|A| = \begin{vmatrix} a_{11} & a_{12} & a_{13} \\ a_{21} & a_{22} & a_{23} \\ a_{31} & a_{32} & a_{33} \end{vmatrix}$$

の 第1行に関する余因子展開を考えてみよう. a_{11} の小行列式 $A\binom{1}{1}$ は第1行の a_{11}, a_{12}, a_{13} と第1列の a_{11}, a_{21}, a_{31} を除いたものであるから

$$A\binom{1}{1} = \begin{vmatrix} a_{22} & a_{23} \\ a_{32} & a_{33} \end{vmatrix}$$

となり, a_{12} の小行列式 $A\binom{1}{2}$ は第1行の a_{11}, a_{12}, a_{13} と第2列の a_{12}, a_{22}, a_{32} 除いたものであるから

$$A\binom{1}{2} = \begin{vmatrix} a_{21} & a_{23} \\ a_{31} & a_{33} \end{vmatrix}$$

となる. 同様に a_{13} の小行列式は

$$A\binom{1}{3} = \begin{vmatrix} a_{21} & a_{22} \\ a_{31} & a_{32} \end{vmatrix}$$

となる. したがって, a_{11} の余因子 A_{11} は $i=1$, $j=1$ であるから

$$A_{11} = (-1)^{(1+1)} A\binom{1}{1}$$
$$= (-1)^{(1+1)} \begin{vmatrix} a_{22} & a_{23} \\ a_{32} & a_{33} \end{vmatrix} = a_{22}a_{33} - a_{23}a_{32}$$

a_{12} の余因子 A_{12} は $i=1$, $j=2$ であるから

$$A_{12} = (-1)^{(1+2)} A\binom{1}{2}$$
$$= (-1)^{(1+2)} \begin{vmatrix} a_{21} & a_{23} \\ a_{31} & a_{33} \end{vmatrix} = -(a_{21}a_{33} - a_{23}a_{31})$$

a_{13} の余因子 A_{13} は $i = 1$, $j = 3$ であるから

$$A_{13} = (-1)^{(1+3)} A\binom{1}{3} = (-1)^{(1+3)} \begin{vmatrix} a_{21} & a_{22} \\ a_{31} & a_{32} \end{vmatrix} = a_{21}a_{32} - a_{22}a_{31}$$

となる. したがって, 行列式 $|A|$ の第1行に関する余因子展開は

$$|A| = a_{11}A_{11} + a_{12}A_{12} + a_{13}A_{13}$$
$$= a_{11}(a_{22}a_{33} - a_{23}a_{32}) - a_{12}(a_{21}a_{33} - a_{23}a_{31}) + a_{13}(a_{21}a_{32} - a_{22}a_{31})$$

となる.

【例題 5】　次の行列式を余因子展開して, その値を求めよ.

$$(1) \quad \begin{vmatrix} 5 & 0 & -2 \\ -1 & 4 & 2 \\ 3 & -6 & -1 \end{vmatrix} \qquad (2) \quad \begin{vmatrix} 0 & 2 & 1 \\ 3 & -5 & 0 \\ 0 & -3 & 3 \end{vmatrix}$$

【解答】

(1)　第1行について展開する.

$$\begin{vmatrix} 5 & 0 & -2 \\ -1 & 4 & 2 \\ 3 & -6 & -1 \end{vmatrix} = 5 \begin{vmatrix} 4 & 2 \\ -6 & -1 \end{vmatrix} - 0 \begin{vmatrix} -1 & 2 \\ 3 & -1 \end{vmatrix} + (-2) \begin{vmatrix} -1 & 4 \\ 3 & -6 \end{vmatrix}$$
$$= 5\{(4 \times (-1) - 2 \times (-6)\} + (-2)\{(-1) \times (-6) - 4 \times 3\}$$
$$= 52$$

(2)　第1列について展開する.

$$\begin{vmatrix} 0 & 2 & 1 \\ 3 & -5 & 0 \\ 0 & -3 & 3 \end{vmatrix} = 0 \begin{vmatrix} -5 & 0 \\ -3 & 3 \end{vmatrix} - 3 \begin{vmatrix} 2 & 1 \\ -3 & 3 \end{vmatrix} + 0 \begin{vmatrix} 2 & 1 \\ -5 & 0 \end{vmatrix}$$
$$= -3(6 + 3) = -27$$

【注】　0 要素のある行列式の計算

　0 の要素の多い行または列に関して展開すると計算は簡単になる. この例題では要素が 0 の余因子も表示しているが, 余因子がどのような値であっても 0 を掛けると, その積も 0 であるから 0 の余因子は表示する必要がない. したがって, 0 の少ない行列式では, 一つの行 (または列) をスカラー倍して他の行 (または列) に加えても行列の値は変わらないという性質を使って, 0 の要素を増やしてから計算するのが普通である.

8.5.1　4 次以上の行列式

　4 次以上の行列式の計算は,余因子展開を次々に続ければ,次数が何次でも計算ができるようになる. n 次の行列式を,ある行 (または列) について余因子展開をすれば $n-1$ 次の行列式を計算すればよいことになる. しかし,その $n-1$ 次の行列式が,なお,4 次以上の行列式であれば,さらに余因子展開を行う. このように余因子展開を続ければ,ついには 3 次の行列式になる. 3 次の行列式はサラス法により計算ができるから,これで n 次の行列式の計算ができる.

8.6　連立 1 次方程式の解法

　方程式の数が n 個あり,その n 個の方程式を同時に満足する根が 1 次形のとき,これらの n 個の方程式を n 元 1 次連立方程式という.

8.6.1　連立 1 次方程式の性質

　方程式の根には次の三つの重要な性質がある.

① 　方程式の並び順を変えても連立方程式の根は元の方程式の根と変わらない.

② 　方程式の両辺を定数倍した方程式の根は元の方程式の根と変わらない.

③ 　一つの方程式を定数倍して他の方程式に加えても元の方程式の根と変わらない.

　これらの性質があって,はじめて連立方程式の根を求めることができることであってきわめて重要な性質である. 上に述べた性質は,方程式の数が何個であっても成り立つので,ここでは次に示すような 2 元 1 次方程式を例にとって方程式の根を求めてみる.

$$\begin{cases} a_{11}x_1 + a_{12}x_2 = b_1 \\ a_{21}x_1 + a_{22}x_2 = b_2 \end{cases}$$

③ の性質に基づいて上の第 1 式に $-\dfrac{a_{21}}{a_{11}}$ を掛け,第 2 式に加えると

$$\begin{cases} a_{11}x_1 + a_{12}x_2 = b_1 \\ a_{22}x_2 - \dfrac{a_{12}a_{21}}{a_{11}}x_2 = b_2 - \dfrac{a_{21}}{a_{11}}b_1 \end{cases}$$

したがって,上の第 2 式から

$$x_2 = \frac{a_{11}b_2 - a_{21}b_1}{a_{11}a_{22} - a_{12}a_{21}}$$

x_2 が求まり, この根を連立方程式の第 1 式に代入すると

$$x_1 = \frac{a_{22}b_1 - a_{12}b_2}{a_{11}a_{22} - a_{12}a_{21}}$$

を得る.

このような方法で方程式を解くことを**ガウスの消去法**という.

8.6.2　2 元 1 次方程式の解法

(1)　クラメルの解法 (行列式による解法)

$$\begin{cases} a_{11}x_1 + a_{12}x_2 = b_1 \\ a_{21}x_1 + a_{22}x_2 = b_2 \end{cases}$$

を消去法などで解くと

$$x_1 = \frac{a_{22}b_1 - a_{12}b_2}{a_{11}a_{22} - a_{12}a_{21}} \qquad x_2 = \frac{a_{11}b_2 - a_{21}b_1}{a_{11}a_{22} - a_{12}a_{21}}$$

であったが, これらの根を観察すると, この解の分母はいずれも方程式の係数で作られる行列式

$$\Delta = \begin{vmatrix} a_{11} & a_{12} \\ a_{21} & a_{22} \end{vmatrix}$$

の展開したものであり, また, x_1 を与える式の分子は, 上の行列式 Δ の第 1 列を右辺ベクトル $\begin{pmatrix} b_1 \\ b_2 \end{pmatrix}$ で置き換えた行列式 Δ_1

$$\Delta_1 = \begin{vmatrix} b_1 & a_{12} \\ b_2 & a_{22} \end{vmatrix}$$

となっており, x_2 を与える式の分子は Δ の第 2 列を右辺ベクトル $\begin{pmatrix} b_1 \\ b_2 \end{pmatrix}$ で置き換えた行列式 Δ_2

$$\Delta_2 = \begin{vmatrix} a_{11} & b_1 \\ a_{21} & b_2 \end{vmatrix}$$

となっている.

したがって, 方程式の解は行列式で表すと次のようになる.

$$x_1 = \frac{\Delta_1}{\Delta} = \frac{\begin{vmatrix} b_1 & a_{12} \\ b_2 & a_{22} \end{vmatrix}}{\begin{vmatrix} a_{11} & a_{12} \\ a_{21} & a_{22} \end{vmatrix}} \qquad x_2 = \frac{\Delta_2}{\Delta} = \frac{\begin{vmatrix} a_{11} & b_1 \\ a_{21} & b_2 \end{vmatrix}}{\begin{vmatrix} a_{11} & a_{12} \\ a_{21} & a_{22} \end{vmatrix}}$$

　この結果から, 行列式 Δ_1, Δ_2, および Δ を計算することによって連立方程式の解を求めることができる. この公式を 2 元 1 次方程式の**クラメル** (または**クラマー**) **の公式**という.

> 【**例題 6**】　次の方程式を行列式を使って解け.
>
> $$(1) \quad \begin{cases} -3x + 4y = -2 \\ 2x + 3y = 5 \end{cases} \qquad (2) \quad \begin{cases} 4x - y = 2 \\ -8x + 5y = 1 \end{cases}$$

【**解答**】

(1)　$x = \dfrac{\begin{vmatrix} -2 & 4 \\ 5 & 3 \end{vmatrix}}{\begin{vmatrix} -3 & 4 \\ 2 & 3 \end{vmatrix}} = \dfrac{-2 \times 3 - 4 \times 5}{-3 \times 3 - 4 \times 2} = \dfrac{-26}{-17} = \dfrac{26}{17}$

$y = \dfrac{\begin{vmatrix} -3 & -2 \\ 2 & 5 \end{vmatrix}}{\begin{vmatrix} -3 & 4 \\ 2 & 3 \end{vmatrix}} = \dfrac{-3 \times 5 - (-2) \times 2}{-3 \times 3 - 4 \times 2} = \dfrac{-11}{-17} = \dfrac{11}{17}$

(2)　$x = \dfrac{\begin{vmatrix} 2 & -1 \\ 1 & 5 \end{vmatrix}}{\begin{vmatrix} 4 & -1 \\ -8 & 5 \end{vmatrix}} = \dfrac{2 \times 5 - (-1) \times 1}{4 \times 5 - (-1) \times (-8)} = \dfrac{11}{12}$

$y = \dfrac{\begin{vmatrix} 4 & 2 \\ -8 & 1 \end{vmatrix}}{\begin{vmatrix} 4 & -1 \\ -8 & 5 \end{vmatrix}} = \dfrac{4 \times 1 - 2 \times (-8)}{4 \times 5 - (-1) \times (-8)} = \dfrac{20}{12} = \dfrac{5}{3}$

(2)　逆行列による解法

次の 2 元 1 次連立方程式

$$\begin{cases} a_{11}x_1 + a_{12}x_2 = b_1 \\ a_{21}x_1 + a_{22}x_2 = b_2 \end{cases}$$

を行列によって表示すると

$$\begin{pmatrix} a_{11} & a_{12} \\ a_{21} & a_{22} \end{pmatrix} \begin{pmatrix} x_1 \\ x_2 \end{pmatrix} = \begin{pmatrix} b_1 \\ b_2 \end{pmatrix} \qquad \text{あるいは} \quad A\boldsymbol{x} = \boldsymbol{b}$$

となる. ただし $A = \begin{pmatrix} a_{11} & a_{12} \\ a_{21} & a_{22} \end{pmatrix}$, $\boldsymbol{x} = \begin{pmatrix} x_1 \\ x_2 \end{pmatrix}$, $\boldsymbol{b} = \begin{pmatrix} b_1 \\ b_2 \end{pmatrix}$

である. したがって, 逆行列の項で説明したとおり求めれば

$$A^{-1} = \frac{\begin{pmatrix} a_{22} & -a_{12} \\ -a_{21} & a_{11} \end{pmatrix}}{\begin{vmatrix} a_{11} & a_{12} \\ a_{21} & a_{22} \end{vmatrix}} = \frac{1}{a_{11}a_{22} - a_{12}a_{21}} \begin{pmatrix} a_{22} & -a_{12} \\ -a_{21} & a_{11} \end{pmatrix}$$

で表される. したがって, 方程式 $A\boldsymbol{x} = \boldsymbol{b}$ の両辺に逆行列 A^{-1} を掛けると

$$A^{-1}A\boldsymbol{x} = A^{-1}\boldsymbol{b} \qquad \therefore \ E\boldsymbol{x} = A^{-1}\boldsymbol{b} \qquad E \text{ は単位行列（194頁参照）}$$

となり, これを具体的に表すと

$$\begin{pmatrix} 1 & 0 \\ 0 & 1 \end{pmatrix} \begin{pmatrix} x_1 \\ x_2 \end{pmatrix} = \frac{1}{a_{11}a_{22} - a_{12}a_{21}} \begin{pmatrix} a_{22} & -a_{12} \\ -a_{21} & a_{11} \end{pmatrix} \begin{pmatrix} b_1 \\ b_2 \end{pmatrix}$$

となる. 単位行列をベクトルの左側に掛けるとベクトルそのものであるから, 左辺は x_1 と x_2 のベクトルとなる. すなわち

$$\begin{aligned} \begin{pmatrix} x_1 \\ x_2 \end{pmatrix} &= \frac{1}{a_{11}a_{22} - a_{12}a_{21}} \begin{pmatrix} a_{22} & -a_{12} \\ -a_{21} & a_{11} \end{pmatrix} \begin{pmatrix} b_1 \\ b_2 \end{pmatrix} \\ &= \frac{1}{a_{11}a_{22} - a_{12}a_{21}} \begin{pmatrix} a_{22}b_1 + (-a_{12})b_2 \\ (-a_{21})b_1 + a_{11}b_2 \end{pmatrix} \end{aligned}$$

$$\therefore \begin{cases} x_1 = \dfrac{a_{22}b_1 - a_{12}b_2}{a_{11}a_{22} - a_{12}a_{21}} \\ x_2 = \dfrac{-a_{21}b_1 + a_{11}b_2}{a_{11}a_{22} - a_{12}a_{21}} \end{cases}$$

と求めることができる.

あるいは $\boldsymbol{x} = A^{-1}\boldsymbol{b}$ と表示できる.

【例題 7】 次の方程式を逆行列を使って解け.

(1) $\begin{cases} -3x + 4y = -2 \\ 2x + 3y = 5 \end{cases}$ (2) $\begin{cases} 4x - y = 2 \\ -8x + 5y = 1 \end{cases}$

【解答】

(1)　方程式を行列で表すと

$$\begin{pmatrix} -3 & 4 \\ 2 & 3 \end{pmatrix} \begin{pmatrix} x \\ y \end{pmatrix} = \begin{pmatrix} -2 \\ 5 \end{pmatrix}$$

となり，要素を交換した行列と元の行列の行列式は

$$\begin{pmatrix} 3 & -4 \\ -2 & -3 \end{pmatrix} \quad \text{および} \quad \begin{vmatrix} -3 & 4 \\ 2 & 3 \end{vmatrix} = -3 \times 3 - 4 \times 2 = -17$$

となる．したがって，逆行列は

$$A^{-1} = \frac{\begin{pmatrix} 3 & -4 \\ -2 & -3 \end{pmatrix}}{\begin{vmatrix} -3 & 4 \\ 2 & 3 \end{vmatrix}} = -\frac{1}{17} \begin{pmatrix} 3 & -4 \\ -2 & -3 \end{pmatrix}$$

となる．方程式の解は定ベクトル $\boldsymbol{b}$ に左側から逆行列 A^{-1} を掛けたものであるから

$$\boldsymbol{x} = A^{-1}\boldsymbol{b} = -\frac{1}{17} \begin{pmatrix} 3 & -4 \\ -2 & -3 \end{pmatrix} \begin{pmatrix} -2 \\ 5 \end{pmatrix}$$

$$= -\frac{1}{17} \begin{pmatrix} 3 \times (-2) + (-4) \times 5 \\ -2 \times (-2) + (-3) \times 5 \end{pmatrix} = -\frac{1}{17} \begin{pmatrix} -26 \\ -11 \end{pmatrix} = \begin{pmatrix} \dfrac{26}{17} \\ \dfrac{11}{17} \end{pmatrix}$$

答　$x = \dfrac{26}{17}, \quad y = \dfrac{11}{17}$

(2)　方程式を行列で表すと

$$\begin{pmatrix} 4 & -1 \\ -8 & 5 \end{pmatrix} \begin{pmatrix} x \\ y \end{pmatrix} = \begin{pmatrix} 2 \\ 1 \end{pmatrix}$$

となり，逆行列を用いて

$$\begin{pmatrix} x \\ y \end{pmatrix} = \frac{\begin{pmatrix} 5 & 1 \\ 8 & 4 \end{pmatrix} \begin{pmatrix} 2 \\ 1 \end{pmatrix}}{\begin{vmatrix} 4 & -1 \\ -8 & 5 \end{vmatrix}}$$

$$= \frac{\begin{pmatrix} 5 \times 2 + 1 \times 1 \\ 8 \times 2 + 4 \times 1 \end{pmatrix}}{4 \times 5 - (-1)(-8)} = \frac{1}{12} \begin{pmatrix} 11 \\ 20 \end{pmatrix}$$

$$\therefore \quad \begin{cases} x = \dfrac{11}{12} \\ y = \dfrac{20}{12} = \dfrac{5}{3} \end{cases}$$

$$\textbf{答} \quad x = \dfrac{11}{12}, \quad y = \dfrac{5}{3}$$

8.6.3　3元1次方程式の解法

未知数を x_1, x_2, x_3, a_{11}, a_{12} 等それぞれの a と b_1, b_2, b_3 を定数項とする次の3元1次方程式

$$\begin{cases} a_{11}x_1 + a_{12}x_2 + a_{13}x_3 = b_1 \\ a_{21}x_1 + a_{22}x_2 + a_{23}x_3 = b_2 \\ a_{31}x_1 + a_{32}x_2 + a_{33}x_3 = b_3 \end{cases}$$

の解法について説明する.

上の式を行列で表すと

$$\begin{pmatrix} a_{11} & a_{12} & a_{13} \\ a_{21} & a_{22} & a_{23} \\ a_{31} & a_{32} & a_{33} \end{pmatrix} \begin{pmatrix} x_1 \\ x_2 \\ x_3 \end{pmatrix} = \begin{pmatrix} b_1 \\ b_2 \\ b_3 \end{pmatrix}$$

となる. 2元1次の方程式の解の公式を導いたときと同様にして消去法によって解き行列式を用いて表すと, 次のようになる.

$$x_1 = \frac{\begin{vmatrix} b_1 & a_{12} & a_{13} \\ b_2 & a_{22} & a_{23} \\ b_3 & a_{32} & a_{33} \end{vmatrix}}{\begin{vmatrix} a_{11} & a_{12} & a_{13} \\ a_{21} & a_{22} & a_{23} \\ a_{31} & a_{32} & a_{33} \end{vmatrix}} \qquad x_2 = \frac{\begin{vmatrix} a_{11} & b_1 & a_{13} \\ a_{21} & b_2 & a_{23} \\ a_{31} & b_3 & a_{33} \end{vmatrix}}{\begin{vmatrix} a_{11} & a_{12} & a_{13} \\ a_{21} & a_{22} & a_{23} \\ a_{31} & a_{32} & a_{33} \end{vmatrix}} \qquad x_3 = \frac{\begin{vmatrix} a_{11} & a_{12} & b_1 \\ a_{21} & a_{22} & b_2 \\ a_{31} & a_{32} & b_3 \end{vmatrix}}{\begin{vmatrix} a_{11} & a_{12} & a_{13} \\ a_{21} & a_{22} & a_{23} \\ a_{31} & a_{32} & a_{33} \end{vmatrix}}$$

各式の分子の行列式を Δ_1, Δ_2, Δ_3 , また, 分母の行列式を Δ とすると

$$x_1 = \frac{\Delta_1}{\Delta}$$

$$x_2 = \frac{\Delta_2}{\Delta}$$

$$x_3 = \frac{\Delta_3}{\Delta}$$

と表される.

この公式は3元1次方程式の**クラメルの公式**である.

【**例題 8**】   次の方程式をクラメルの方法で解け.

$$(1) \begin{cases} -2x + y - 3z = -4 \\ x - 2y + z = 3 \\ 4x - y - 2z = -1 \end{cases} \qquad (2) \begin{cases} x + 2z = 5 \\ -2y - z = 0 \\ -3x + y = -1 \end{cases}$$

【**解答**】

(1)   各行列式を計算すると

$$\Delta = \begin{vmatrix} -2 & 1 & -3 \\ 1 & -2 & 1 \\ 4 & -1 & -2 \end{vmatrix} = -25 \qquad \Delta_1 = \begin{vmatrix} -4 & 1 & -3 \\ 3 & -2 & 1 \\ -1 & -1 & -2 \end{vmatrix} = 0$$

$$\Delta_2 = \begin{vmatrix} -2 & -4 & -3 \\ 1 & 3 & 1 \\ 4 & -1 & -2 \end{vmatrix} = 25 \qquad \Delta_3 = \begin{vmatrix} -2 & 1 & -4 \\ 1 & -2 & 3 \\ 4 & -1 & -1 \end{vmatrix} = -25$$

したがって,解は

$$x = \frac{\Delta_1}{\Delta} = \frac{\begin{vmatrix} -4 & 1 & -3 \\ 3 & -2 & 1 \\ -1 & -1 & -2 \end{vmatrix}}{\begin{vmatrix} -2 & 1 & -3 \\ 1 & -2 & 1 \\ 4 & -1 & -2 \end{vmatrix}} = \frac{0}{-25} = 0$$

$$y = \frac{\Delta_2}{\Delta} = \frac{\begin{vmatrix} -2 & -4 & -3 \\ 1 & 3 & 1 \\ 4 & -1 & -2 \end{vmatrix}}{\begin{vmatrix} -2 & 1 & -3 \\ 1 & -2 & 1 \\ 4 & -1 & -2 \end{vmatrix}} = \frac{25}{-25} = -1$$

$$z = \frac{\Delta_3}{\Delta} = \frac{\begin{vmatrix} -2 & 1 & -4 \\ 1 & -2 & 3 \\ 4 & -1 & -1 \end{vmatrix}}{\begin{vmatrix} -2 & 1 & -3 \\ 1 & -2 & 1 \\ 4 & -1 & -2 \end{vmatrix}} = \frac{-25}{-25} = 1$$

(2)

$$\begin{cases} x \quad\quad + 2z = 5 \\ -2y - z = 0 \\ -3x + y \quad\quad = -1 \end{cases}$$

と変形してから解く.

$$\Delta = \begin{vmatrix} 1 & 0 & 2 \\ 0 & -2 & -1 \\ -3 & 1 & 0 \end{vmatrix} = -11 \qquad \Delta_1 = \begin{vmatrix} 5 & 0 & 2 \\ 0 & -2 & -1 \\ -1 & 1 & 0 \end{vmatrix} = 1$$

$$\Delta_2 = \begin{vmatrix} 1 & 5 & 2 \\ 0 & 0 & -1 \\ -3 & -1 & 0 \end{vmatrix} = 14 \qquad \Delta_3 = \begin{vmatrix} 1 & 0 & 5 \\ 0 & -2 & 0 \\ -3 & 1 & -1 \end{vmatrix} = -28$$

したがって, 解は

$$x = \frac{\Delta_1}{\Delta} = \frac{\begin{vmatrix} 5 & 0 & 2 \\ 0 & -2 & -1 \\ -1 & 1 & 0 \end{vmatrix}}{\begin{vmatrix} 1 & 0 & 2 \\ 0 & -2 & -1 \\ -3 & 1 & 0 \end{vmatrix}} = -\frac{1}{11}, \quad y = \frac{\Delta_2}{\Delta} = \frac{\begin{vmatrix} 1 & 5 & 2 \\ 0 & 0 & -1 \\ -3 & -1 & 0 \end{vmatrix}}{\begin{vmatrix} 1 & 0 & 2 \\ 0 & -2 & -1 \\ -3 & 1 & 0 \end{vmatrix}} = -\frac{14}{11}$$

$$z = \frac{\Delta_3}{\Delta} = \frac{\begin{vmatrix} 1 & 0 & 5 \\ 0 & -2 & 0 \\ -3 & 1 & -1 \end{vmatrix}}{\begin{vmatrix} 1 & 0 & 2 \\ 0 & -2 & -1 \\ -3 & 1 & 0 \end{vmatrix}} = \frac{28}{11}$$

数学が楽しくなって
きました。

第8章　練習問題

1　次の表はある会社の売上げの数表である．A, B 営業所の各品目の平均売上げ数を行列で示せ．

A 営業所

	テレビ	ステレオ	パソコン
1 月	245	42	165
2 月	32	18	225

B 営業所

	テレビ	ステレオ	パソコン
1 月	125	64	201
2 月	100	8	147

2　次の行列を計算せよ．

(1) $\begin{pmatrix} -5 & 8 & 2 \\ 4 & -5 & -1 \\ 2 & -7 & 9 \end{pmatrix} + \begin{pmatrix} 2 & 1 & -9 \\ -8 & 9 & 1 \\ -1 & 5 & -2 \end{pmatrix} - \begin{pmatrix} 1 & -3 & -4 \\ 2 & -8 & 5 \\ 5 & -1 & -6 \end{pmatrix}$

(2) $3\begin{pmatrix} 2 & 1 & -9 \\ -8 & 9 & 1 \\ -1 & 5 & -2 \end{pmatrix} - 2\begin{pmatrix} 1 & -3 & -4 \\ 2 & -8 & 5 \\ 5 & -1 & -6 \end{pmatrix}$

3　次の行列の積を計算せよ．

(1) $\begin{pmatrix} 3 & -4 \\ 2 & 1 \end{pmatrix}\begin{pmatrix} 5 & 2 \\ 0 & -1 \end{pmatrix}$　　(2) $\begin{pmatrix} 3 & -4 \\ 2 & 1 \end{pmatrix}\begin{pmatrix} 5 & 2 & -1 \\ 0 & -1 & 3 \end{pmatrix}$

(3) $\begin{pmatrix} 2 & 1 & -9 \\ -8 & 0 & 1 \\ 1 & 5 & -2 \end{pmatrix}\begin{pmatrix} -5 & 8 & 2 \\ 4 & -5 & -1 \\ 2 & -7 & 0 \end{pmatrix}$　　(4) $\begin{pmatrix} 1 & -2 & 3 \\ 2 & 1 & -1 \\ -3 & 4 & 5 \end{pmatrix}\begin{pmatrix} 1 \\ 2 \\ 3 \end{pmatrix}$

(5) $\begin{pmatrix} 1 & -2 & 4 \\ 2 & 3 & 5 \end{pmatrix}\begin{pmatrix} 3 & -2 \\ -1 & 5 \\ 2 & 4 \end{pmatrix}$

4　次の方程式を解け．

(1) $\begin{cases} 4x + y = -2 \\ -x - 4y = 6 \end{cases}$　　(2) $\begin{cases} 2x - y + 5z = 2 \\ -x - 2y + z = 3 \\ 4x - 3y - 2z = 4 \end{cases}$

第8章　練習問題【解答】

1 (1) $A = \begin{pmatrix} 245 & 42 & 165 \\ 32 & 18 & 225 \end{pmatrix}$,　$B = \begin{pmatrix} 125 & 64 & 201 \\ 100 & 8 & 147 \end{pmatrix}$ であるから

平均 $= \dfrac{A+B}{2} = \begin{pmatrix} 185 & 53 & 183 \\ 66 & 13 & 186 \end{pmatrix}$

2

(1) $\begin{pmatrix} -5 & 8 & 2 \\ 4 & -5 & -1 \\ 2 & -7 & 9 \end{pmatrix} + \begin{pmatrix} 2 & 1 & -9 \\ -8 & 9 & 1 \\ -1 & 5 & -2 \end{pmatrix} - \begin{pmatrix} 1 & -3 & -4 \\ 2 & -8 & 5 \\ 5 & -1 & -6 \end{pmatrix}$

$= \begin{pmatrix} -5+2-1 & 8+1+3 & 2-9+4 \\ 4-8-2 & -5+9+8 & -1+1-5 \\ 2-1-5 & -7+5+1 & 9-2+6 \end{pmatrix} = \begin{pmatrix} -4 & 12 & -3 \\ -6 & 12 & -5 \\ -4 & -1 & 13 \end{pmatrix}$

(2) $3\begin{pmatrix} 2 & 1 & -9 \\ -8 & 9 & 1 \\ -1 & 5 & -2 \end{pmatrix} - 2\begin{pmatrix} 1 & -3 & -4 \\ 2 & -8 & 5 \\ 5 & -1 & -6 \end{pmatrix}$

$= \begin{pmatrix} 6 & 3 & -27 \\ -24 & 27 & 3 \\ -3 & 15 & -6 \end{pmatrix} - \begin{pmatrix} 2 & -6 & -8 \\ 4 & -16 & 10 \\ 10 & -2 & -12 \end{pmatrix}$

$= \begin{pmatrix} 4 & 9 & -19 \\ -28 & 43 & -7 \\ -13 & 17 & 6 \end{pmatrix}$

3 (1) $\begin{pmatrix} 3 & -4 \\ 2 & 1 \end{pmatrix}\begin{pmatrix} 5 & 2 \\ 0 & -1 \end{pmatrix} = \begin{pmatrix} 3 \times 5 + (-4) \times 0 & 3 \times 2 + (-4) \times (-1) \\ 2 \times 5 + 1 \times 0 & 2 \times 2 + 1 \times (-1) \end{pmatrix}$

$= \begin{pmatrix} 15 & 10 \\ 10 & 3 \end{pmatrix}$

(2) $\begin{pmatrix} 3 & -4 \\ 2 & 1 \end{pmatrix}\begin{pmatrix} 5 & 2 & -1 \\ 0 & -1 & 3 \end{pmatrix}$

$= \begin{pmatrix} 3 \times 5 + (-4) \times 0 & 3 \times 2 + (-4) \times (-1) & 3 \times (-1) + (-4) \times 3 \\ 2 \times 5 + 1 \times 0 & 2 \times 2 + 1 \times (-1) & 2 \times (-1) + 1 \times 3 \end{pmatrix}$

$= \begin{pmatrix} 15 & 10 & -15 \\ 10 & 3 & 1 \end{pmatrix}$

(3) $\begin{pmatrix} 2 & 1 & -9 \\ -8 & 0 & 1 \\ 1 & 5 & -2 \end{pmatrix} \begin{pmatrix} -5 & 8 & 2 \\ 4 & -5 & -1 \\ 2 & -7 & 0 \end{pmatrix}$

$= \begin{pmatrix} 2 \times (-5) + 1 \times 4 + (-9) \times 2 & 2 \times 8 + 1 \times (-5) + (-9) \times (-7) \\ -8 \times (-5) + 0 \times 4 + 1 \times 2 & -8 \times 8 + 0 \times (-5) + 1 \times (-7) \\ 1 \times (-5) + 5 \times 4 + (-2) \times 2 & 1 \times 8 + 5 \times (-5) + (-2) \times (-7) \end{pmatrix}$

$\begin{matrix} 2 \times 2 + 1 \times (-1) + (-9) \times 0 \\ -8 \times 2 + 0 \times (-1) + 1 \times 0 \\ 1 \times 2 + 5 \times (-1) + (-2) \times 0 \end{matrix} \Big) = \begin{pmatrix} -24 & 74 & 3 \\ 42 & -71 & -16 \\ 11 & -3 & -3 \end{pmatrix}$

(4) $\begin{pmatrix} 1 & -2 & 3 \\ 2 & 1 & -1 \\ -3 & 4 & 5 \end{pmatrix} \begin{pmatrix} 1 \\ 2 \\ 3 \end{pmatrix} = \begin{pmatrix} 1 \times 1 + (-2) \times 2 + 3 \times 3 \\ 2 \times 1 + 1 \times 2 + (-1) \times 3 \\ -3 \times 1 + 4 \times 2 + 5 \times 3 \end{pmatrix} = \begin{pmatrix} 6 \\ 1 \\ 20 \end{pmatrix}$

(5) $\begin{pmatrix} 1 & -2 & 4 \\ 2 & 3 & 5 \end{pmatrix} \begin{pmatrix} 3 & -2 \\ -1 & 5 \\ 2 & 4 \end{pmatrix}$

$= \begin{pmatrix} 1 \times 3 + (-2) \times (-1) + 4 \times 2 & 1 \times (-2) + (-2) \times 5 + 4 \times 4 \\ 2 \times 3 + 3 \times (-1) + 5 \times 2 & 2 \times (-2) + 3 \times 5 + 5 \times 4 \end{pmatrix}$

$= \begin{pmatrix} 13 & 4 \\ 13 & 31 \end{pmatrix}$

4 (1) クラメルの公式の分母の行列式 Δ と分子の行列式 Δ_1, Δ_2 は

$$\Delta = \begin{vmatrix} 4 & 1 \\ -1 & -4 \end{vmatrix} = -15 \quad \Delta_1 = \begin{vmatrix} -2 & 1 \\ 6 & -4 \end{vmatrix} = 2 \quad \Delta_2 = \begin{vmatrix} 4 & -2 \\ -1 & 6 \end{vmatrix} = 22$$

であるから $\quad x = \dfrac{\Delta_1}{\Delta} = -\dfrac{2}{15} \quad y = \dfrac{\Delta_2}{\Delta} = -\dfrac{22}{15}$

(2) クラメルの公式における分母の行列式 Δ と分子の行列式 Δ_1, Δ_2, Δ_3 は

$$\Delta = \begin{vmatrix} 2 & -1 & 5 \\ -1 & -2 & 1 \\ 4 & -3 & -2 \end{vmatrix} = 67 \quad \Delta_1 = \begin{vmatrix} 2 & -1 & 5 \\ 3 & -2 & 1 \\ 4 & -3 & -2 \end{vmatrix} = -1$$

$$\Delta_2 = \begin{vmatrix} 2 & 2 & 5 \\ -1 & 3 & 1 \\ 4 & 4 & -2 \end{vmatrix} = -96 \quad \Delta_3 = \begin{vmatrix} 2 & -1 & 2 \\ -1 & -2 & 3 \\ 4 & -3 & 4 \end{vmatrix} = 8$$

であるから $\quad x = \dfrac{\Delta_1}{\Delta} = -\dfrac{1}{67} \quad y = \dfrac{\Delta_2}{\Delta} = -\dfrac{96}{67} \quad z = \dfrac{8}{67}$

第9章　数　列

　数列には有限個の数の集まりである有限数列と無限個の数の集まりである無限数列がある. なお, 数列は実数を扱うものと複素数を扱うものがあるが, 本書では実数を対象にした有限数列のみを学ぶことにする.

9.1　数列とは

　一定の規則によって順に並べた数の列を**数列**といい, その数の一つ一つを**項**という. 順に並べた数の最初の項を**初項**といい, 順次, 第2項, 第3項, そして最後の項を**末項**という. 数列の個数を n 個とすると, 数列は

$$a_1,\ a_2,\ a_3, \cdots, a_k, \cdots, a_n$$

と表すことができる.

9.2　等差数列

　ある数を最初の数 (初項) として定め, 次々に前の数に一定の数を加えて作った数の列を**等差数列**といい, この一定の数を**公差**という. すなわち, 次の数列

$$\underset{\text{初項}}{a_1},\ a_2,\ a_3, \cdots\cdots, \underset{\text{末項}}{a_n}$$

は公差を d とすれば

$$a_1,\ a_1 + d,\ a_2 + d,\ \cdots\cdots, a_{n-2} + d,\ a_{n-1} + d$$

となり, この等差数列は初項を a として書きなおすと

$$a,\ a + d,\ a + 2d,\ a + 3d, \cdots\cdots, a + (n - 2)d,\ a + (n - 1)d$$

となるから第 n 項を a_n とすれば

$$a_n = a + (n - 1)d$$

である.

> **等差数列の一般項 ＝ 初項 ＋ (項数 −1)× 公差**
> $$a_n = a + (n - 1)d$$

たとえば, 初項が 1, 公差が $\dfrac{1}{2}$ の場合, この数列は

$$1, \ \frac{3}{2}, \ 2, \ \frac{5}{2}, \ 3, \ \cdots\cdots$$

となり, 一般項は

$$a_n = 1 + (n-1)\frac{1}{2} = \frac{n+1}{2}$$

と表すことができる.

【例題 1】　　次の数列の一般項を求めよ.

(1)　2, 4, 6, 8, 10, 12, ⋯　　　(2)　$-1, -3, -5, -7, \cdots$

(3)　5, 8, 11, 14, 17, ⋯　　　(4)　80, 76, 72, 68, 64, ⋯

(5)　$\dfrac{2}{3}, \ 2, \ \dfrac{10}{3}, \ \dfrac{14}{3}, \ 6, \cdots$

【解答】

(1)　各項の差が $a_2 - a_1 = 4 - 2 = 2$, $a_3 - a_2 = 6 - 4 = 2, \cdots$ となり, 公差は 2 となる. したがって, 与えられた数列は初項 2, 公差 2 の等差数列であるから

$$a_n = 2 + (n-1) \times 2 = 2n \quad (n = 1, 2, \cdots) \quad \therefore \ a_n = 2n$$

(2)　各項の差が $a_2 - a_1 = -3 - (-1) = -2$, $a_3 - a_2 = -5 - (-3) = -2, \cdots$ となるから, 初項 -1, 公差 -2 の等差数列である.

$$a_n = -1 + (n-1)(-2) = -2n + 1 \quad (n = 1, 2 \cdots) \quad \therefore \ a_n = -2n + 1$$

(3)　各項の差が $a_2 - a_1 = 8 - 5 = 3$, $a_3 - a_2 = 11 - 8 = 3, \cdots$ となり, 初項 5, 公差 3 の等差数列であるから

$$a_n = 5 + (n-1) \times 3 = 3n + 2 \quad (n = 1, 2, \cdots) \quad \therefore \ a_n = 3n + 2$$

(4)　各項の差が $a_2 - a_1 = 76 - 80 = -4$, $a_3 - a_2 = 72 - 76 = -4 \cdots$ となり, 初項 80, 公差 -4 の等差数列である.

$$a_n = 80 + (n-1)(-4) = -4n + 84 \quad (n = 1, 2, \cdots) \quad a_n = -4n + 84$$

(5)　各項の差が $a_2 - a_1 = 2 - \dfrac{2}{3} = \dfrac{4}{3}$, $a_3 - a_2 = \dfrac{10}{3} - 2 = \dfrac{4}{3}, \cdots$ となり, 初項 $\dfrac{2}{3}$, 公差 $\dfrac{4}{3}$ の等差数列である. したがって

$$a_n = \frac{2}{3} + (n-1) \times \frac{4}{3} = \frac{4}{3}n - \frac{2}{3} \quad \therefore \ a_n = \frac{4}{3}n - \frac{2}{3}$$

【例題 2】 次の等差数列の □ の中に正しい数を入れよ. また, 一般項も求めよ.

$$\square\ ,\ 18,\ \square\ ,\ \square\ ,\ 30,\ \cdots$$

【解答】

初項を a, 公差を d とすれば, 等差数列の n 項は $a_n = a + (n-1)d$ であり, いま, 第 2 項と第 5 項が与えられているから, $n = 2$ のとき $a_2 = 18$, および $n = 5$ のとき $a_5 = 30$ とおけば

$$\begin{cases} a + d = 18 \\ a + 4d = 30 \end{cases} \qquad \therefore\ a = 14,\ d = 4$$

を得る. したがって, $a_n = a + (n-1)d$ から, 一般項は

一般項 $\quad a_n = 14 + (n-1) \times 4 = 4n + 10$

となり, 第 1 項, 第 3 項, 第 4 項は, 上式において $n = 1,\ 3,\ 4$ とおき

$$a_1 = 14, \qquad a_3 = 14 + 2 \times 4 = 22, \qquad a_4 = 14 + 3 \times 4 = 26$$

を得る.

答 $\boxed{14}$, 18, $\boxed{22}$, $\boxed{26}$, 30, $\cdots$, 一般項 $\quad 4n + 10$

9.2.1 等差数列の和

いま初項が a , 公差が d の等差数列の n 項までの和を S_n とすれば

$$S_n = a + (a+d) + (a+2d) + \cdots + \{a + (n-2)d\} + \{a + (n-1)d\}$$

となり, また, この数列の並び順を逆にして, 和をとっても値は変わらないから

$$S_n = \{a + (n-1)d\} + \{a + (n-2)d\} + \cdots + (a+d) + a$$

となる. そこで, これらの二つの式を加えると, 各項ごとの和は次のようになる.

第 1 項の和 $\quad a + \{a + (n-1)d\} = 2a + (n-1)d$

第 2 項の和 $\quad (a+d) + \{a + (n-2)d\} = 2a + (n-1)d$

$$\vdots$$

第 $n-1$ 項の和 $\quad \{a + (n-2)d\} + (a+d) = 2a + (n-1)d$

第 n 項の和 $\quad \{a + (n-1)d\} + a = 2a + (n-1)d$
(末項の和)

となり，いずれも等しい値となる．これらが n 個あるから
$$2S_n = n\{2a + (n-1)d\}$$
となる.

したがって，n 個の等差数列の和 S_n は
$$S_n = \frac{n\{2a + (n-1)d\}}{2}$$
この式を変形すると
$$S_n = \frac{n[a + \{a + (n-1)d\}]}{2} = \frac{n(a_1 + a_n)}{2}$$
すなわち
$$和 = \frac{項数\,(初項 + 末項)}{2}$$
となる.

等差数列の和の公式

項数 n, 初項 $a_1 = a$, 末項 $a_n = a + (n-1)d$, 公差 d のとき
$$S_n = \frac{n\{2a + (n-1)d\}}{2} = \frac{n(a + a_n)}{2}$$

【例】　次の数列の一般項と 12 項までの和を求めることにしよう.
$$1,\ 3,\ 5,\ 7,\ 9,\ 11, \cdots$$
各項の差を求めると $a_2 - a_1 = 3 - 1 = 2$, $a_3 - a_2 = 5 - 3 = 2 \cdots$ となり，初項 1, 公差 2 の等差数列であることがわかる．よって，一般項 a_n は
$$a_n = a_1 + (n-1)d = 1 + (n-1) \times 2 = 2n - 1$$
である.

n 項までの等差数列の和は，初項 $a_1 = 1$, 末項 $a_1 + (n-1)d = 1 + (n-1) \times 2$ を和の公式に代入して
$$S_n = \frac{n\{a_1 + a_1 + (n-1)d\}}{2}$$
$$= \frac{n\{1 + 1 + (n-1) \times 2\}}{2} = n^2$$

となる．したがって，12 項までの和は $n = 12$ とおいて
$$S_{12} = 12^2 = 144$$
と求まる.

【例題 3】　次の等差数列において，第 30 項までの和を求めよ．

(1)　3, 8, 13, $\cdots$

(2)　第 2 項　$\dfrac{2}{3}$，第 4 項　$\dfrac{4}{9}$

【解答】

(1)　初項 $a = 3$，公差 $d = a_2 - a_1 = 8 - 3 = 5$，$a_3 - a_2 = 13 - 8 = 5$ であるから，第 30 項 a_{30} は

$$a_{30} = 3 + (30 - 1) \times 5 = 148$$

よって，30 項までの和 S_{30} は

$$S_{30} = \frac{a_1 + a_{30}}{2} = \frac{30(3 + 148)}{2} = 2265$$

(2)　第 2 項 $a_2 = \dfrac{2}{3}$ と第 4 項 $a_4 = \dfrac{4}{9}$ が与えられているから，一般項 $a_n = a_1 + (n - 1)d$ に代入して

$$\begin{cases} a_2 = a + d = \dfrac{2}{3} \\ a_4 = a + 3d = \dfrac{4}{9} \end{cases} \quad \text{より} \quad a = \frac{7}{9}, \ d = -\frac{1}{9}$$

を得る．よって，30 項までの和は，次に示す和の公式

$$S_n = \frac{n\{2a + (n-1)d\}}{2} \quad \text{において } n = 30 \text{ とおき}$$

$$S_{30} = \frac{30\left\{2 \times \dfrac{7}{9} + (30 - 1)\left(-\dfrac{1}{9}\right)\right\}}{2} = -25$$

【例題 4】　次の等差数列の和を求めよ．

(1)　1, 2, 3, $\cdots$, 10　　(2)　20, 8, -4, $\cdots$, -52

(3)　1, 2, 3, $\cdots$, n　　(4)　1, 3, 5, 7, $\cdots$, $2n - 1$

(5)　8, 6, 4, $\cdots$, (n 項まで)

【解答】

(1)　初項が 1，公差 が 1 の 10 項 までの数列であるから，　$S_{10} = \dfrac{10(1 + 10)}{2} = 55$

(2)　与えられた数列は, 初項が $a = 20$, 公差が $d = 8 - 20 = -12$ であるから

末項 -52 は, $a_n = a + (n - 1)d$ から

$-52 = 20 + (n - 1)(-12)$　∴ $n = 7$ となる. したがって, 第7項までの和は

$$S_7 = \frac{7\{20 + (-52)\}}{2} = -112$$

(3)　初項が 1, 公差が 1 の n 個の数列であるから, n 項 までの和は

$$S_n = \frac{n(1 + n)}{2} = \frac{1}{2}\left(n^2 + n\right)$$

(4)　初項が 1, 公差が 2 の数列であり, 末項が $2n - 1 = 1 + (m - 1)2$ であるから,

$m = n$ となり, 数列の個数は n 個である. したがって, n 項までの和 S_n は

$$S_n = \frac{n\{1 + (2n - 1)\}}{2} = n^2$$

(5)　初項が 8, 公差が -2 の数列であるから, n 項までの和は

$$S_n = \frac{n\{8 + (-2n + 10)\}}{2} = -n^2 + 9\,n$$

9.2.2 $\sum$ の記号

n 項の数列の和を

$$a_1 + a_2 + a_3 + \cdots + a_n = \sum_{k=1}^{n} a_k$$

と表すことができる. この意味は一般項 a_k の k を 1, 2, 3,$\cdots$, n と変えて a_k のすべての項を加えるということである. Σ は和を表す記号であり, 大文字のギリシャ文字で, シグマと読む.

> **シグマの表示法：**　$\displaystyle\sum_{初項}^{項数}$ 一般項

【例】　数列の和 $1 + 2 + 3 + \cdots + n$ を Σ の記号を使って表すと, 項数は n で, 一般項は $a_k = k$ であるから

$$1 + 2 + 3 + \cdots + n = \sum_{k=1}^{n} k$$　と表す.

なお k は 1 から始まらなくてもよく, 3 から 10 までの自然数の和は

$$3 + 4 + \cdots + 10 = \sum_{k=3}^{10} k$$　のように表す.

【例題 5】 次の数列をシグマ記号を使って表せ.

(1) $1 + 3 + 5 + \cdots + (2n - 1)$ (2) $10 + 12 + 14 + \cdots + 40$

(3) $1^2 + 2^2 + 3^2 + \cdots + n^2$ (4) $2 + 2^2 + 2^3 + \cdots + 2^{15}$

(5) $7 + 8 + 9 + \cdots + 300$

(6) $\cos\dfrac{\pi}{2} + \cos\pi + \cos\dfrac{3}{2}\pi + \cdots + \cos\dfrac{n}{2}\pi$

【解答】

(1) 公差 2, 初項 1 の等差数列であり, 一般項は $2k - 1$ であるから, この数列の項数 m を求めると末項が $2n - 1 = 1 + (m - 1) \times 2$ であるから, $m = n$ となる. したがって, 数列の和は $\displaystyle\sum_{k=1}^{n}(2k - 1)$ と表せる.

(2) 公差 2, 初項 10 の等差数列であり, 一般項は $2k + 8$ であるから, この数列の項数 m を求めると, 末項が $40 = 10 + (m - 1) \times 2$ であるから $m = 16$ となる. したがって, 数列の和は $\displaystyle\sum_{k=1}^{16}(2k + 8)$ と表せる.

(3) 明らかに項数は n であり, 一般項は k^2 であるから, この数列の和は

$$\sum_{k=1}^{n} k^2 \quad \text{と表せる.}$$

(4) 明らかに項数は 15 であり, 一般項は 2^k であるから, この数列の和は

$$\sum_{k=1}^{15} 2^k \quad \text{と表せる.}$$

(5) 公差 1, 初項 7 の等差数列であり, 一般項は $a_k = 7 + (k - 1) \times 1 = k + 6$ であるから, この数列の項数 m を求める.

末項が $300 = 7 + (m - 1) \times 1$ であるから, $m = 294$ となる.

したがって, 数列の和は $\displaystyle\sum_{k=1}^{294}(k + 6)$ と表せる.

(6) 明らかに項数は n であり, 一般項は $\cos k\dfrac{\pi}{2}$ であるから, この数列の和は

$$\sum_{k=1}^{n} \cos k\frac{\pi}{2} \quad \text{と表せる.}$$

9.2.3　∑ の性質

数列の一般項が $c_k = a_k + b_k$ のとき

$$\sum_{k=1}^{n} c_k = \sum_{k=1}^{n}(a_k + b_k) = (a_1 + b_1) + (a_2 + b_2) + (a_3 + b_3) + \cdots + (a_n + b_n)$$

$$= (a_1 + a_2 + a_3 + \cdots + a_n) + (b_1 + b_2 + b_3 \cdots + b_n) = \sum_{k=1}^{n} a_k + \sum_{k=1}^{n} b_k$$

となり, また, m をスカラーとすると, 一般項 $m\,a_k$ の数列の和は

$$\sum_{k=1}^{n} m\,a_k = (m\,a_1 + m a_2 + \cdots + m\,a_n) = m(a_1 + a_2 + a_3 + \cdots + a_n) = m\sum_{k=1}^{n} a_k$$

となる. したがって, 次のようにまとめられる.

∑ の性質

$$\sum_{k=1}^{n}(a_k + b_k) = \sum_{k=1}^{n} a_k + \sum_{k=1}^{n} b_k$$

$$\sum_{k=1}^{n} m a_k = m\sum_{k=1}^{n} a_k$$

【例題 6】　∑ の性質を使って $\displaystyle\sum_{k=1}^{5}(2k + 1)$ を求めよ.

【解答】

一般項が k および初項が 1 の数列の和は $\displaystyle\sum_{k=1}^{n} k = \frac{n(1+n)}{2}$ および $\displaystyle\sum_{k=1}^{n} 1 = n$ であるから

$$\sum_{k=1}^{n}(2k + 1) = 2\sum_{k=1}^{5} k + \sum_{k=1}^{5} 1 = 2\left\{\frac{5(1+5)}{2}\right\} + 5 = 35$$

9.3　等比数列

次々に前の項に一定の数を掛けて作った数列を**等比数列**といい, その一定の数を**公比**という. また, 数の一つ一つを項といい, 列の並び順に第 1 項 (初項), 第 2

項, 第 3 項, … という.

初項を $a_1 = a$, 公比を r とすると, 等比数列は

$$a_1,\ a_2 = a_1 r,\ a_3 = a_2 r, \cdots, a_n = a_{n-1} r$$

初項 a を使って書きなおすと

$$a,\ ar,\ ar^2, \cdots\cdots, ar^{n-2},\ ar^{n-1}$$

よって, 一般項は　　$a_n = ar^{n-1}$

等比数列の公比の求め方は隣り合う項の比を求める.

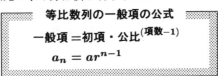

等比数列の一般項の公式

一般項 = 初項 · 公比$^{(項数-1)}$

$$a_n = ar^{n-1}$$

【例】　数列　1, 2, 4, 8, 16, 32, … は

$$2^0, 2^1, 2^2, 2^3, 2^4, 2^5, \cdots$$

であるから, 初項が $a = 1$, 公比が $r = 2$ の等比数列である. したがって, 一般項は

$$a_n = 1 \cdot 2^{n-1} = 2^{n-1}$$

である.

【例題 7】　次の数列は等比数列である. □ 内に数を入れ, 一般項を求めよ.

(1)　□, 4, 12, □, □, …

(2)　1, 4, □, □, …

(3)　2, □, □, 54, …

【解答】

(1)　第 2 項が $a_2 = 4$, 第 3 項が $a_3 = 12$ の等比数列であるから, 公比 r は,

$$r = \frac{a_3}{a_2} = \frac{12}{4} = 3$$

である. したがって, $a_1 = \dfrac{a_2}{r} = \dfrac{4}{3}$, $a_4 = a_3 r = 12 \times 3 = 36$

$a_5 = a_4 r = 36 \times 3 = 108$　　　　　　　答　$\dfrac{4}{3}$, 4, 12, 36, 108, …

(2)　第 1 項が $a_1 = 1$, 第 2 項が $a_1 = 4$ の等比数列であるから, 公比 r は,

$$r = \frac{a_2}{a_1} = \frac{4}{1} = 4$$

である. したがって, $a_3 = a_2 r = 4 \times 4 = 16$, $a_4 = a_3 r = 16 \times 4 = 64$

答　1, 4, 16, 64, …

(3)　第 1 項が $a_1 = 2$, 第 4 項が $a_4 = 54$ の等比数列であるから, 公比 r は,

$$a_4 = a_1 r^3 \quad \text{すなわち,}\ 54 = 2 \times r^3\ \text{から} \quad r = \sqrt[3]{\frac{54}{2}} = 3$$

である. したがって, $a_2 = a_1 r = 2 \times 3 = 6$, $a_3 = a_2 r = 6 \times 3 = 18$

<u>答　　2, 6, 18, 54, $\cdots$</u>

9.3.1　等比数列の和

初項が a で, 公比 r が $r \neq 1$ である n 個の等比数列の和を S_n とおくと

$$S_n = a + ar + ar^2 + ar^3 + \cdots + ar^{n-2} + ar^{n-1} \cdots\cdots \text{①}$$

と表され, ① 式を r 倍して

$$rS_n = ar + ar^2 + ar^3 + ar^4 + \cdots + ar^{n-1} + ar^n \cdots\cdots \text{②}$$

となるから, ①式 から ② 式を引くと

$$S_n - rS_n = (a - ar) + (ar - ar^2) + (ar^2 - ar^3) + \cdots + (ar^{n-2} - ar^{n-1})$$
$$+ (ar^{n-1} - ar^n)$$

を得る. これを整理すると

$$(1 - r)S_n = a + (-ar + ar) + (-ar^2 + ar^2) + \cdots + (-ar^{n-1} + ar^{n-1}) - ar^n$$

となる. したがって, 等比数列の和 S_n は

$$S_n = \frac{a(1 - r^n)}{1 - r}$$

となる. ただし, $r = 1$ のときは

$$S_n = a + a + \cdots + a = na$$

である.

これらを次のようにまとめておく.

等比数列の和の公式

初項 a,　公比 r,　項数 n　に対して

$r = 1$　のとき　$S_n = na$

$r \neq 1$　のとき　$S_n = \dfrac{a(1 - r^n)}{1 - r}$

【例題 8】　**1.**　次の等比数列の第 10 項までの和を求めよ.

(1)　4, -8, 16, $\cdots$,　　(2)　2, -2, 2, $\cdots$

2.　次の等比数列の第 n 項までの和を求めよ.

(1)　$\dfrac{1}{2}$, $\dfrac{1}{4}$, $\dfrac{1}{8}$, $\cdots$　　(2)　2, -4, 8, -16, $\cdots$

(3)　-10, -5, $-\dfrac{5}{2}$, $-\dfrac{5}{4}$, $\cdots$

【解答】

1

(1)　公比 r は $r = \dfrac{a_2}{a_1} = \dfrac{-8}{4} = -2$ であるから, 第 10 項までの和 S_{10} は

$$S_{10} = \frac{a_1(1 - r^n)}{1 - r} = \frac{4\{1 - (-2)^{10}\}}{1 - (-2)} = -1364$$

(2)　公比 r は $r = \dfrac{a_2}{a_1} = \dfrac{-2}{2} = -1$ であるから, 第 10 項までの和 S_{10} は

$$S_{10} = \frac{a_1(1 - r^n)}{1 - r} = \frac{2\{1 - (-1)^{10}\}}{1 - (-1)} = 0$$

2

(1)　公比 r は $r = \dfrac{a_2}{a_1} = \dfrac{1/4}{1/2} = \dfrac{1}{2}$ であるから, 第 n 項までの和 S_n は

$$S_n = \frac{a_1(1 - r^n)}{1 - r} = \frac{\dfrac{1}{2}\left\{1 - \left(\dfrac{1}{2}\right)^n\right\}}{1 - \dfrac{1}{2}} = 1 - \frac{1}{2^n}$$

(2)　公比 r は $r = \dfrac{a_2}{a_1} = \dfrac{-4}{2} = -2$ であるから, 第 n 項までの和 S_n は

$$S_n = \frac{a_1(1 - r^n)}{1 - r} = \frac{2\{1 - (-2)^n\}}{1 - (-2)} = \frac{2}{3}\{1 - (-2)^n\}$$

(3)　公比 r は $r = \dfrac{a_2}{a_1} = \dfrac{-5}{-10} = \dfrac{1}{2}$ であるから, 第 n 項までの和 S_n は

$$S_n = \frac{a_1(1 - r^n)}{1 - r} = \frac{-10\left\{1 - \left(\dfrac{1}{2}\right)^n\right\}}{1 - \dfrac{1}{2}} = 20\left(\frac{1}{2^n} - 1\right)$$

9.4　階差数列

項数 n の数列

$$a_1,\ a_2,\ a_3,\ \cdots, a_{n-1},\ a_n$$

において, 隣り合う各々の項の差をとった数列

$$b_1 = a_2 - a_1,\ b_2 = a_3 - a_2, \cdots, b_{n-1} = a_n - a_{n-1}$$

を**階差数列**という. ただし, 階差数列の項数は $n-1$ 個である. 元の数列 $\{a_k\}$ と
階差数列 $\{b_k\}$ の関係を図示すると次のようになる.[1]

元の数列　a_1　a_2　a_3　$a_4 \cdots\cdots a_{n-1}$　a_n　　　項数 n

階差数列　　b_1　b_2　b_3　$b_4 \cdots\cdots b_{n-1}$　　　項数　$n-1$

　　ここで階差数列の和をとると

$$b_1 + b_2 + b_3 + \cdots + b_{n-2} + b_{n-1}$$
$$= (a_2 - a_1) + (a_3 - a_2) + (a_4 - a_3) + \cdots + (a_n - a_{n-1})$$

となり, これから

$$\sum_{k=1}^{n-1} b_k = -a_1 + a_n \qquad \therefore a_n = a_1 + \sum_{k=1}^{n-1} b_k$$

の関係を得る.

　【例題 9】　　次の数列から階差数列と元の数列の一般項を求めよ.
　　　　(1)　5, 7, 11, 17, 25, 35, $\cdots$
　　　　(2)　10, 12, 16, 24, 40, 72, $\cdots$
　　　　(3)　3, 4, 7, 16, 43, 124, $\cdots$

【解答】
(1)　　与えられた数列の階差をとると

元の数列　5　　7　　11　　17　　25　　35 $\cdots$

階差数列　　2　　4　　6　　8　　10 $\cdots\cdots$

　　となり, 階差数列は, 初項 $a = 2$, 公差 $d = 2$, 項数 $n-1$ の等差数列であること
がわかる. したがって, 階差数列の一般項 b_n は
　　$b_n = a + (n-1)d = 2 + (n-1) \times 2 = 2n$　$(n = 1,\ 2,\ \cdots)$ である.

---

[1] 数列は一般項をカッコ記号 { } で囲んで表すことがある.

元の数列の一般項

$$a_n = a_1 + \sum_{k=1}^{n-1} 2k = 5 + \frac{(n-1)\{2+(n-1)2\}}{2} = n^2 - n + 5$$

答 $\begin{cases} 階差数列の一般項 & 2n \\ 元の数列の一般項 & n^2 - n + 5 \end{cases}$

(2)　与えられた数列の階差をとると

元の数列　10　12　16　24　40　72⋯

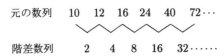

階差数列　　　2　4　8　16　32⋯⋯

階差数列は，初項 2，公比 2 であるから一般項は
$$b_n = 2 \cdot 2^{n-1} = 2^n$$
よって元の数列の一般項は
$$a_n = 10 + \sum_{k=1}^{n-1} 2^k = 10 + \frac{2(1-2^{n-1})}{1-2}$$
$$= 8 + 2^n$$

答 $\begin{cases} 階差数列 & b_n = 2^n \\ 元の数列 & a_n = 8 + 2^n \end{cases}$

(3)　与えられた数列の階差をとると

元の数列　3　4　7　16　43　124⋯

階差数列　　3^0　3^1　3^2　3^3　3^4⋯⋯

となり，階差数列は，初項 $b_1 = 1$，公比 $r = 3$，項数 $n-1$ の等比数列であることがわかる．したがって，一般項は
$$b_n = b_1 r^{n-1} = 1 \times 3^{n-1} = 3^{n-1} \quad (n = 1, 2 \cdots\cdots)$$
となる．元の数列の一般項
$$a_n = a_1 + \frac{b_1(1-r^{n-1})}{1-r} = 3 + \frac{1 \cdot (1-3^{n-1})}{1-3}$$
$$= 3 - \frac{1-3^{n-1}}{2}$$

数学……
自信がついてきました。

答 $\begin{cases} 階差数列 & b_n = 3^{n-1} \\ 元の数列 & a_n = 3 - \dfrac{1-3^{n-1}}{2} \end{cases}$

第9章　練習問題

1　次の等差数列における □ 内に数字を入れ, 一般項を求めよ.
 (1)　3, □, 2, □, □, □, …
 (2)　□, 3, □, 7, …

2　次の等差数列の和を求めよ.
 (1)　3, 7, 11, 15, 19, 23, 27, 31
 (2)　項数12, 初項8, 末項40
 (3)　項数 30, 初項 2, 公差 3
 (4)　100, 300, 500, 700, … の初項から 12 項まで
 (5)　1 から 200 までの自然数の和
 (6)　1から200までの整数で,6の倍数である数の和
 (7)　1 から 600 までの整数で, 42 の倍数である数の和

3　次の等比数列について答えよ.
 (1)　2, 4, 8, 16, … の第10 項の値と初項から 10 項までの和を求めよ.
 (2)　768, 384, 192, 96, 48, … の第 n 項を一般項で表せ.
 (3)　第 2 項が 6, 第 6 項が 486 の等比数列において, 初項と公比を求め, 1458 となる項は何項めかを求めよ.

4　次の計算をせよ.
 (1)　$\displaystyle\sum_{k=1}^{4} 2\left(k^2 - 1\right)$　　(2)　$\displaystyle\sum_{k=4}^{6}(2k - 8)$

5　次のシグマ記号使った式を $a_1 + a_2 + \cdots + a_m$ の形にせよ.
$$\sum_{k=1}^{n}\left(k^3 - k^2\right)$$

6　次の和を Σ を用いて表せ.
 (1)　$1^3 + 2^3 + 3^3 + \cdots + n^3$
 (2)　$3 + 6 + 12 + 24 + \cdots + 96$
 (3)　$2^2 + 4^2 + 6^2 + 8^2 + 10^2$

第9章　練習問題【解答】

1 (1)　等差数列の一般項 $a_n = a_1 + (n-1)d$ の式を使って解く.
与えられた項の値, すなわち 初項 $= 3$, 第 3 項 $= 2$ から $2 = 3 + (3-1)d$
$\therefore d = -\dfrac{1}{2}$
したがって, 一般項 $a_n = 3 - (n-1)\dfrac{1}{2}$

第 2 項の値　$a_2 = 3 - \dfrac{1}{2}(2-1) = \dfrac{5}{2}$

第 4 項の値　$a_4 = 3 - \dfrac{1}{2}(4-1) = \dfrac{3}{2}$

第 5 項の値　$a_5 = 3 - \dfrac{1}{2}(5-1) = 1$

第 6 項の値　$a_6 = 3 - \dfrac{1}{2}(6-1) = \dfrac{1}{2}$　　　　**答**　$3, \dfrac{5}{2}, 2, \dfrac{3}{2}, 1, \dfrac{1}{2}, \cdots$

(2)　与えられた項の値, すなわち 第 2 項 $= 3$, 第 4 項 $= 7$ であるから

$$\begin{cases} 3 = a_1 + (2-1)d \\ 7 = a_1 + (4-1)d \end{cases}$$ であり, これを a_1, d について解くと　$a_1 = 1, \ d = 2$

第 1 項の値　$a_1 = 1 + (1-1) \times 2 = 1$
第 3 項の値　$a_3 = 1 + (3-1) \times 2 = 5$　　　**答**　$1, 3, 5, 7, \cdots$

2 (1)　初項 $a_1 = 3$, 項数 $n = 8$, 末項 $a_8 = 31$,　和 $S_n = \dfrac{n(a_1 + a_n)}{2}$ の公式から
$S_8 = \dfrac{8(3+31)}{2} = 136$

(2)　初項 $a_1 = 8$, 項数 $n = 12$, 末項 $a_{12} = 40$,　和 $S_n = \dfrac{n(a_1 + a_n)}{2}$ の公式
から $S_{12} = \dfrac{12(8+40)}{2} = 288$

(3)　初項 $a_1 = 2$, 項数 $n = 30$, 公差 $r = 3$,　和 $S_n = \dfrac{n\{2a_1 + (n-1)d\}}{2}$ の公
式から $S_{30} = \dfrac{30\{2 \times 2 + (30-1) \times 3\}}{2} = 1365$

(4)　公差 $d = a_2 - a_1 = 300 - 100 = 200$, 初項 $a_1 = 100$ を和の公式に代入して,
第 12 項までの和 $S_{12} = \dfrac{12\{2 \times 100 + (12-1) \times 200\}}{2} = 14400$

(5)　自然数であるから, 初項 $a_1 = 1$, 項数 $n = 200$, 末項 200 であるから
第 200 項までの和 $S_{200} = \dfrac{200(1+200)}{2} = 20100$

(6) 6 の倍数の数列は $a_n = 6,\ 12,\ 18,\ \cdots$ となる. 200 に近い末項は暗算で 198 をうる. したがって, $S_n = 6 + 12 + 18 + \cdots + 198$, 項数 n は

$$198 = 6 + (n-1) \times 6 \quad \therefore \quad n = 33$$

これより $\quad S_{33} = \dfrac{33(6+198)}{2} = 3366$

(7) (6) と同様に, $a_n = 42,\ 84,\ 126,\cdots,588$ となる. 項数 n は

$$588 = 42 + (n-1) \times 42 \quad \text{より} \quad n = 14$$

したがって, $\quad S_{14} = \dfrac{14(42+588)}{2} = 4410$

3 (1) 初項 $a_1 = 2$, 公比 $r = \dfrac{a_2}{a_1} = \dfrac{4}{2} = 2$ であるから,

第 10 項の値は $\quad a_{10} = a_1 r^{n-1} = 2 \times 2^9 = 2^{10} = 1024$

等比数列の和の公式 $S_n = \dfrac{a_1(1-r^n)}{1-r}$ を用いて, $\quad S_{10} = \dfrac{2(1-2^{10})}{1-2} = 2046$

(2) 初項 $a_1 = 768$, 公比 $r = \dfrac{a_2}{a_1} = \dfrac{384}{768} = \dfrac{1}{2}$ であるから,

$$a_n = a_1 r^{n-1} = 768 \times \left(\dfrac{1}{2}\right)^{n-1}$$

(3) 一般項 $a_n = a_1 r^{n-1}$ において, $n = 2$ のとき $a_2 = 6$, $n = 6$ のとき $a_6 = 486$ であるから

$$\begin{cases} 6 = a_1 r \\ 486 = a_1 r^5 \end{cases} \quad \text{より} \quad a_1 = 2, \quad r = 3$$

したがって, $a_n = 2 \cdot 3^{n-1}$ となる n は $\quad a_n = a_1 r^{n-1}$ から,

$$1458 = 2 \times 3^{n-1} \quad \therefore 3^n = 2187 = 3^7 \quad \therefore n = 7$$

4 (1) $S_4 = 2(1^2 - 1) + 2(2^2 - 1) + 2(2^3 - 1) + 2(2^4 - 1) = 50$

(2) $S_6 = 2(2 \times 4 - 8) + 2(2 \times 5 - 8) + 2(2 \times 6 - 8) = 12$

5

$$\sum_{k=1}^{n} \left(k^3 - k^2\right) = (1^3 - 1^2) + (2^3 - 2^2) + (3^3 - 3^2) + (4^3 - 4^2) + \cdots + (n^3 - n^2)$$

$$= 4 + 8 + 18 + 48 + \cdots + (n^3 - n^2)$$

6 (1) $1^3 + 2^3 + 3^3 + \cdots + n^3 = \displaystyle\sum_{k=1}^{n} k^3$

(2) $\dfrac{a_2}{a_1} = \dfrac{6}{3} = 2$, $\dfrac{a_3}{a_2} = \dfrac{12}{6} = 2 \cdots$ となり, 公比 2 の等比数列であり, 末項が 96 となる項は $a_1 r^{n-1} = a_n$ において $3 \times 2^{n-1} = 96$ となる. 両辺の対数をとると $(n-1)\log 2 = \log 32$ $\quad n - 1 = \dfrac{5\log 2}{\log 2} = 5$ $\quad \therefore \ n = 6$ となる.

$$3 + 6 + 12 + 24 + \cdots + 96 = \sum_{k=1}^{6} 3 \times 2^{k-1} = 3 \sum_{k=1}^{6} 2^{k-1}$$

(3) 5 個の偶数を平方した数の和であるから

$$2^2 + 4^2 + 6^2 + 8^2 + 10^2 = \sum_{k=1}^{5} (2k)^2 = 4 \sum_{k=1}^{5} k^2$$

第10章　微　　分

　力学の研究において，ニュートンがはじめて微分を考えたといわれているが，このおかげで力学の存在があるともいわれている．現代の微分において使用されている微分の記号は，ライプニッツによるものであり，ライプニッツも微分の創始者といわれている．

10.1　関数の極限値

　関数 $y = f(x)$ の x が有限な値 a に限りなく近づくとき，それにつれて y が一定の値 b に近づくことを a において $f(x)$ の極限値は b であるという．または $f(x)$ は b に**収束する**といって，次のように表す．

$$\lim_{x \to a} f(x) = b$$
または　　　$x \to a$ のとき $y \to b$

　たとえば $f(x) = x^2$ は $x \to 2$ のとき，すなわち $\lim_{x \to 2} x^2 = 4$ となることは明らかであり，x が限りなく 2 に近づくときの極限値は 4 であるという．

　ただし，x が a に近づくには a より大きい方から近づく場合と，a より小さい方から近づく場合の二つの近づき方が考えられ，この近づき方の違いにより極限値 b が異なることがある．たとえば，$f(x) = \dfrac{x}{\sqrt{x^2}}$ の x が 0 に近づくときの極限値は

$x > 0$ のときには　　$\lim_{x \to 0} \dfrac{x}{\sqrt{x^2}} = \dfrac{1}{\sqrt{1^2}} = 1$

$x < 0$ のときには　　$\lim_{x \to 0} \dfrac{x}{\sqrt{x^2}} = \dfrac{-1}{\sqrt{(-1)^2}} = -1$

$$\lim_{x \to 0+0} \frac{x}{\sqrt{x^2}} = 1$$

$$\lim_{x \to 0-0} \frac{x}{\sqrt{x^2}} = -1$$

となり極限値は異なる値となる．そこで $\lim_{x \to a} f(x)$ において

x が a より大きい方から近づくとき　　$\lim_{x \to a+0} f(x) = b_1$

x が a より小さい方から近づくとき　　$\lim_{x \to a-0} f(x) = b_2$

と表す. x が a より大きい方から近づくときの極限値を**上極限値** (あるいは**右側極限値**) といい, x が a より小さい方から近づくときの極限値を**下極限値** (あるいは**左側極限値**) という. 上極限値と下極限値が等しいときは $(x \to a \pm 0)$ の ± 0 を省略して $(x \to a)$ とだけ書くのが普通である.

【例】　　$x \to 1$ のときの $f(x) = \dfrac{x^2 + 4x - 5}{x^2 + x - 2}$ の極限値を求める.

　　$f(x)$ をそのままにして $x \to 1$ とすると

$$\lim_{x \to 1} \frac{x^2 + 4x - 5}{x^2 + x - 2} = \frac{1^2 + 4 \times 1 - 5}{1^2 + 1 - 2} = \frac{0}{0}$$

となり, 極限値は不定となる. そこで分子および分母を因数分解して極限値を求めると

$$\lim_{x \to 1} \frac{(x + 5)(x - 1)}{(x + 2)(x - 1)} = \lim_{x \to 1} \frac{x + 5}{x + 2} = \frac{1 + 5}{1 + 2} = 2$$

となる. 分数は 0 で割ることは許されないが, $x \to 1$ ということは, x は決して 1 の値をとらず, 限りなく 1 に近づいて行くということなので $x - 1$ も決して 0 にはならない. したがって, ここでは $x - 1$ で分子および分母を割ることが許されることになり, 上式は $(x - 1)$ で約分した後に極限値を求めるのである.

　　$f(x)$ において $f(a)$ と $\displaystyle\lim_{x \to a} f(x)$ はまったく 異なることであり, $f(a)$ の値と $\displaystyle\lim_{x \to a} f(x)$ の値は必ずしも一致しないことがある. しかし, われわれが一般に扱う関数は

$$\lim_{x \to a} f(x) = f(a)$$

となる関数である. したがって, $x \to a$ のときの極限値を求めることは $f(a)$ の値が定まるときに $f(a)$ の値をもって極限値とする.

　　x が a に近づくときの $f(x)$ の極限値が a に等しいとき, すなわち

$$\lim_{x \to a} f(x) = f(a)$$

のとき, $f(x)$ は a において**連続**であるという.

　　x が a に近づくことを $x \to a$ と表したが, $x = a + h$ とおくと, x が a に近づくことは $h \to 0$ と同じことである. すなわち

$$\lim_{x \to a} f(x) = \lim_{h \to 0} f(a + h)$$

としてもよい. また, これまでは a の値は有限な大きさとして考えてきたが, x の絶対値が限りなく大きな値に近づくときの $f(x)$ の極限値, すなわち

$$\lim_{x \to +\infty} f(x), \qquad \lim_{x \to -\infty} f(x)$$

なども考えられる.

【例】　(1)　$\displaystyle\lim_{x \to 1} \frac{x^2 - 1}{x - 1}$　　(2)　$\displaystyle\lim_{x \to \infty} \frac{\sqrt{x^2 - 2x}}{x}$　の極限値を求める.

(1)　$x = 1 + h$ とおくと $x \to 1$ は $h \to 0$ とすればよい.

$$\lim_{x \to 1} \frac{x^2 - 1}{x - 1} = \lim_{h \to 0} \frac{(1 + h)^2 - 1}{(1 + h) - 1} = \lim_{h \to 0} \frac{h^2 + 2h}{h} = \lim_{h \to 0}(h + 2) = 2$$

と求まる.

ただし当問題は, $\displaystyle\lim_{x \to 1} \frac{(x+1)(x-1)}{(x-1)} = \lim_{x \to 1}(x+1) = 2$ でもよい.

(2)　　与えられた式のままで $x \to \infty$ とすると

$$\lim_{x \to \infty} \frac{\sqrt{x^2 - 2x}}{x} = \frac{\sqrt{\infty^2 - \infty}}{\infty}$$

となるが, これは分子, 分母が共に限りなく大きくなるということで, 分子の方の大きくなる速さが分母の速さよりも大きくなることもあり, 逆に分母の方が速く大きくなることがある. また, 分子と分母が同じ速さで大きくなることも考えられ, この大きくなる速さの違いにより極限値が異なる. 大きくなる速さが分子の方が分母よりも速いときは ∞ に収束し, 分母の方が速く大きくなるときは 0 に収束する. 有限な値に収束するのは分子と分母の速さが同じときである.

　この問題では, 上の式の分子, 分母の大きくなる速さが不明であるからこのままでは極限値が求められない. そこで分母および分子を $|x|$ で割った後に $x \to \infty$ とすると

$$\lim_{x \to \infty} \frac{\sqrt{x^2 - 2x}}{x} = \lim_{x \to \infty} \sqrt{1 - \frac{2}{x}} = 1$$

となる.

【注】　$\displaystyle\lim_{x \to a} f(x)$ の大きさが一定の一つの値に近づくとき, 極限値は**有限確定**であるといい, これに対して $\displaystyle\lim_{x \to \infty} \sin x$ や $\displaystyle\lim_{x \to \infty} \cos x$ のような場合は, x が大きくなると共に絶対値が 1 以下のすべての値をとりながら変化するので確定した値とならない. このようなとき, 極限値は**不定**であるという. あるいは**収束しない**ともいう.

【例題 1】　次の極限値を求めよ.

(1)　$\displaystyle\lim_{x\to-2}(3x^3+5x^2-5)$　(2)　$\displaystyle\lim_{x\to6}\sqrt{x+3}$　(3)　$\displaystyle\lim_{x\to0}\frac{1}{x^2}$

(4)　$\displaystyle\lim_{x\to1}\frac{x^2+3x-4}{x^2+x-2}$　(5)　$\displaystyle\lim_{x\to0}\frac{\sqrt{1-x}-1}{x}$　(6)　$\displaystyle\lim_{x\to4}\frac{x-1}{\sqrt{x}+1}$

(7)　$\displaystyle\lim_{x\to2+0}\frac{1}{x-2}$　(8)　$\displaystyle\lim_{x\to\infty}\frac{3x^2+5}{x-4}$

【解答】

(1)　$\displaystyle\lim_{x\to-2}(3x^3+5x^2-5)=3\times(-2)^3+5\times(-2)^2-5=-9$

(2)　$\displaystyle\lim_{x\to6}\sqrt{x+3}=\sqrt{6+3}=3$

(3)　$\displaystyle\lim_{x\to0}\frac{1}{x^2}=\frac{1}{0}=\infty$

(4)　$\displaystyle\lim_{x\to1}\frac{x^2+3x-4}{x^2+x-2}=\lim_{x\to1}\frac{(x+4)(x-1)}{(x+2)(x-1)}=\lim_{x\to1}\frac{x+4}{x+2}=\frac{1+4}{1+2}=\frac{5}{3}$

(5)　$\displaystyle\lim_{x\to0}\frac{\sqrt{1-x}-1}{x}=\lim_{x\to0}\frac{\left(\sqrt{1-x}-1\right)\left(\sqrt{1-x}+1\right)}{x\left(\sqrt{1-x}+1\right)}=\lim_{x\to0}\frac{\left(\sqrt{1-x}\right)^2-1^2}{x\left(\sqrt{1-x}+1\right)}$

$\displaystyle\qquad\qquad=\lim_{x\to0}\frac{-1}{\sqrt{1-x}+1}=\frac{-1}{\sqrt{1-0}+1}=-\frac{1}{2}$

(6)　$\displaystyle\lim_{x\to4}\frac{x-1}{\sqrt{x}+1}=\lim_{x\to4}\frac{(x-1)\left(\sqrt{x}-1\right)}{\left(\sqrt{x}+1\right)\left(\sqrt{x}-1\right)}$

$\displaystyle\qquad\qquad=\lim_{x\to4}\left(\sqrt{x}-1\right)=\sqrt{4}-1=1$

(7)　$\displaystyle\lim_{x\to2+0}\frac{1}{x-2}=\frac{1}{2-2}=\frac{1}{+0}=\infty$

(8)　$\displaystyle\lim_{x\to\infty}\frac{3x^2+5}{x-4}=\lim_{x\to\infty}\left(\frac{3x+5/x}{1-4/x}\right)=\infty$

【例題 2】　次の極限値を求めよ.

$$\lim_{n\to\infty}\left(1+\frac{1}{2}+\frac{1}{4}+\frac{1}{8}+\cdots+\frac{1}{2^{n-1}}\right)$$

【解答】

カッコの中は初項 1 , 公比 1/2 の n 項までの等比数列の和 S_n であるから,

$$S_n = 1 + \frac{1}{2} + \frac{1}{4} + \frac{1}{8} + \cdots + \frac{1}{2^{n-1}} = \frac{1 - \left(\frac{1}{2}\right)^n}{1 - \frac{1}{2}}$$

である. したがって

$$\lim_{n \to \infty} S_n = \lim_{n \to \infty} \frac{1 - \left(\frac{1}{2}\right)^n}{1 - \frac{1}{2}} = \lim_{n \to \infty} \frac{1 - \frac{1}{2^n}}{\frac{1}{2}} = 2$$

10.1.1 重要な極限値

次節で説明する関数の微分において, 特に必要となる次の三つの関数の極限値を扱っておく.

(1)

$$\lim_{h \to 0} \frac{(x + h)^n - x^n}{h} = nx^{n-1}$$

$(x + h)^n$ を 2 項定理によって展開すると

$$(x + h)^n = x^n + nx^{n-1}h + \frac{n(n - 1)}{2}x^{n-2}h^2 + \cdots + nxh^{n-1} + h^n$$

となるから, 右辺の x^n を左辺に移して両辺を h で割ると

$$\frac{(x + h)^n - x^n}{h} = nx^{n-1} + \frac{n(n - 1)}{2}x^{n-2}h^1 + \cdots + nxh^{n-2} + h^{n-1}$$

ここで, $h \to 0$ とすると

$$\lim_{h \to 0} = \frac{(x + h)^n - x^n}{h} = \lim_{h \to 0} \left(nx^{n-1} + \frac{n(n - 1)}{2}x^{n-2}h + \cdots + h^{n-1} \right)$$
$$= nx^{n-1}$$

となる.

＜2 項定理の公式＞

$$\left[\begin{array}{l} (a+b)^n = a^n + na^{n-1}b + \frac{n(n-1)}{2!}a^{n-2}b^2 + \frac{n(n-1)(n-2)}{3!}a^{n-3}b^3 + \cdots + nab^{n-1} + b^n \\ ここで,\ 2! = 1 \times 2 = 2,\ 3! = 1 \times 2 \times 3 = 6,\ \cdots\cdots,\ 10! = 3\ 628\ 800 \end{array} \right]$$

(2)

$$\lim_{x \to 0} \frac{\sin x}{x} = 1$$

図 10.1 に示すように半径 r, 中心角 x の扇形 OAB および二つの三角形 OAB と OAC の面積の間には

　　　　△OAB の面積 < 扇形 OAB の面積 < △OAC の面積

が成り立つことは明らかである. ここで

$$\triangle \text{OAB の面積} = \frac{\text{OA} \cdot \text{BH}}{2} = \frac{r \cdot r \sin x}{2} = \frac{r^2 \sin x}{2}$$

$$\text{扇形 OAB の面積} = \pi r^2 \times \frac{x}{2\pi} = \frac{r^2 x}{2}$$

$$\triangle \text{OAC の面積} = \frac{\text{OA} \cdot \text{AC}}{2} = \frac{r \cdot r \tan x}{2} = \frac{r^2 \tan x}{2}$$

であるから, 面積に関する不等式は

$$\frac{1}{2} r^2 \sin x < \frac{1}{2} r^2 x < \frac{1}{2} r^2 \tan x$$

となり, あるいは

$$\sin x < x < \tan x$$

となるから sin x で割ると

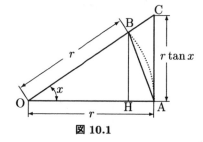

図 10.1

$$1 < \frac{x}{\sin x} < \frac{1}{\cos x}$$

となる. さらに, この逆数をとると, 不等号の向きが変わって

$$1 > \frac{\sin x}{x} > \cos x$$

ここで

$$\lim_{x \to 0} \cos x = 1$$

であるから, $\dfrac{\sin x}{x}$ は左側の 1 と $\cos x \to 1$ によってはさまれているので

$$\lim_{x \to 0} \frac{\sin x}{x} = 1$$

となる.

(3)

$$\lim_{n \to \infty} \left(1 + \frac{1}{n} \right)^n = e, \qquad \lim_{n \to 0} (1 + n)^{\frac{1}{n}} = e$$

$\left(1 + \dfrac{1}{n} \right)^n$ および $\left(1 + \dfrac{1}{n+1} \right)^{n+1}$ を 2 項定理によって展開すると

$$\left(1 + \frac{1}{n} \right)^n = 1 + n \left(\frac{1}{n} \right) + \frac{n(n-1)}{2!} \left(\frac{1}{n} \right)^2 + \frac{n(n-1)(n-2)}{3!} \left(\frac{1}{n} \right)^3 +$$

$$\cdots + \frac{n(n-1)(n-2)\cdots\{n-(n-1)\}}{n!}\left(\frac{1}{n}\right)^n$$

$$= 1 + 1 + \frac{1}{2!}\left(1 - \frac{1}{n}\right) + \frac{1}{3!}\left(1 - \frac{1}{n}\right)\left(1 - \frac{2}{n}\right) + \cdots$$

$$\cdots + \frac{1}{n!}\left(1 - \frac{1}{n}\right)\left(1 - \frac{2}{n}\right)\cdots\left(1 - \frac{n-1}{n}\right)$$

同様に

$$\left(1 + \frac{1}{n+1}\right)^{n+1} = 1 + 1 + \frac{1}{2!}\left(1 - \frac{1}{n+1}\right) + \frac{1}{3!}\left(1 - \frac{1}{n+1}\right)\left(1 - \frac{2}{n+2}\right)$$

$$\cdots + \frac{1}{n!}\left(1 - \frac{1}{n+1}\right)\left(1 - \frac{2}{n+1}\right)\cdots\left(1 - \frac{n-1}{n+1}\right)$$

$$+ \cdots + \frac{1}{(n+1)!}\left(1 - \frac{1}{n+1}\right)\left(1 - \frac{2}{n+1}\right)\cdots\left(1 - \frac{n}{n+1}\right)$$

となる. この両者を比較すると, 第3項以後のすべての項は後者の方が大きいから, 大きいものどうしの和は小さいものどうしの和より大きいので

$$\left(1 + \frac{1}{n}\right)^n < \left(1 + \frac{1}{n+1}\right)^{n+1}$$

となる. 上の不等式は n が増大すると $\left(1 + \frac{1}{n}\right)^n$ も次第に大きくなることを表しているので増加関数である. さて

$\left(1 + \frac{1}{n}\right)^n$ の展開式において各項のカッコの中の分数, すなわち

$$\frac{1}{n}, \frac{2}{n}, \frac{3}{n}, \cdots \frac{n-1}{n}$$

を除くと

$$1 + 1 + \frac{1}{2!} + \frac{1}{3!} + \cdots + \frac{1}{n!}$$

となり, これは展開式よりも大きいから

$$\left(1 + \frac{1}{n}\right)^n < 1 + 1 + \frac{1}{2!} + \frac{1}{3!} + \cdots + \frac{1}{n!}$$

となる. なお, $k \geq 3$ に関する k の階乗は

$$k! = k(k-1)(k-2)\cdots 3 \cdot 2 \cdot 1 > 2^{k-1}$$

であるから

$$\frac{1}{k!} < \frac{1}{2^{k-1}}$$

となり, $k = 1, 2, \cdots, n$ とおき, これらの和に $1 + 1$ を加えると

$$1 + 1 + \frac{1}{2!} + \frac{1}{3!} + \cdots + \frac{1}{n} < 1 + 1 + \frac{1}{2} + \frac{1}{2^2} + \cdots + \frac{1}{2^{n-1}}$$

となる. 右辺の第 2 項以後は, 初項 1, 公比 $\frac{1}{2}$ の等比数列の n 項までの和であ
るから

$$1 + \frac{1 - \frac{1}{2^n}}{1 - \frac{1}{2}} = 1 + 2 - \frac{1}{2^{n-1}} = 3 - \frac{1}{2^{n-1}} < 3$$

となる. したがって

$$\left(1 + \frac{1}{n}\right)^n < 3$$

となる. ここで $n \to \infty$ としても

$$\lim_{n \to \infty} \left(1 + \frac{1}{n}\right)^n < 3$$

であり, つまり n が増大すると $\left(1 + \frac{1}{n}\right)^n$ は大きくなるが, その極限値は, 3 を
超えない値となる. そこでその極限値を e とおき

$$\lim_{n \to \infty} \left(1 + \frac{1}{n}\right)^n = e$$

とする. また, この式で $n = \frac{1}{m}$ とおくと, $n \to \infty$ は $m \to 0$ となるから

$$\lim_{m \to 0} (1 + m)^{\frac{1}{m}} = e$$

を得る.

e の値

極限値 e は n を $1, 2, 3, \cdots$ として, 実際に計算すると

$$n = 1 \text{ のとき} \quad \left(1 + \frac{1}{1}\right)^1 = 2$$

$$n = 2 \text{ のとき} \quad \left(1 + \frac{1}{2}\right)^2 = 2.25$$

$$n = 3 \text{ のとき} \quad \left(1 + \frac{1}{3}\right)^3 = 2.3703 \cdots$$

$$\vdots$$

$$n = 100 \text{ のとき} \quad \left(1 + \frac{1}{100}\right)^{100} = 2.7043 \cdots$$

$$\vdots$$

$$n = 100000 \text{ のとき} \quad \left(1 + \frac{1}{100000}\right)^{100000} = 2.7182\cdots$$

$$\vdots$$

$$e = 2.718281\cdots$$

となる.

10.1.2 極限に関する定理

極限に関する基本的な定理をまとめておくと次のようになる.

極限に関する定理

(1) $\displaystyle \lim_{x \to +0} f(x) = \lim_{x \to +\infty} f\left(\frac{1}{x}\right)$

$\displaystyle \lim_{x \to -0} f(x) = \lim_{x \to -\infty} f\left(\frac{1}{x}\right)$

(2) $\displaystyle \lim_{x \to +\infty} f(x) = \lim_{x \to +0} f\left(\frac{1}{x}\right)$

$\displaystyle \lim_{x \to -\infty} f(x) = \lim_{x \to -0} f\left(\frac{1}{x}\right)$

(3) $\displaystyle \lim_{x \to a} f(x) = \lim_{h \to 0} f(a + h)$

(4) $\displaystyle \lim_{x \to a} f(x) = \alpha, \ \lim_{x \to a} g(x) = \beta$　のとき

① $\displaystyle \lim_{x \to a} \{f(x) \pm g(x)\} = \alpha \pm \beta$

② $\displaystyle \lim_{x \to a} k f(x) = k\alpha$

③ $\displaystyle \lim_{x \to a} f(x)g(x) = \alpha\beta$

④ $\displaystyle \lim_{x \to a} \frac{f(x)}{g(x)} = \frac{\alpha}{\beta} \ (\beta \neq 0)$

(5) $\displaystyle \lim_{x \to \alpha} f(x) = \alpha, \ \lim_{x \to \alpha} g(x) = \beta$ で, すべての x に対して

$f(x) \geqq g(x)$ ならば　$\alpha \geqq \beta$

10.2 微分係数と導関数

図 10.2 において, 座標 x から極めて微小な距離 Δx だけ離れた点の座標を $x + \Delta x$ とすると, 関数は $f(x)$ から $f(x + \Delta x)$ に変化する. したがって, この微小区間 Δx における $f(x)$ の平均変化率は

$$\frac{f(x + \Delta x) - f(x)}{\Delta x}$$

となる. このとき Δx を **x の増分** といい, $\Delta y = f(x + \Delta x) - f(x)$ を **y の増分** という.

上の式で $\Delta x \to 0$ としたとき, 平均変化率 $\dfrac{\Delta y}{\Delta x}$ がある一定値に近づくならば, その極限値を関数 $f(x)$ の x における **微分係数** といい, 微分係数を y', $f'(x)$, $\dfrac{dy}{dx}$ などの記号で表す.

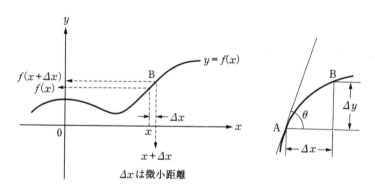

Δx は微小距離

図 10.2

すなわち

$$f'(x) = \lim_{\Delta x \to 0} \frac{\Delta y}{\Delta x} = \lim_{\Delta x \to 0} \frac{f(x + \Delta x) - f(x)}{\Delta x}$$

と表す. 微分係数を求めることを **微分する** といい, 微分係数 $f'(x)$ が存在すると き, $f(x)$ は x において **微分可能** であるという.

図 10.2 において平均変化率は A 点と B 点の 2 点を結ぶ直線の傾きであり, $\Delta x \to 0$ とすると, B 点は曲線上を A 点に向かって移動するから, 直線 AB は次第に A 点における接線に近づいてゆく. したがって, B 点が A 点に限りなく近づいたときの $f'(x)$ は A 点における接線の傾きを表す.

A 点における接線が x 軸とつくる角を θ とおけば

$$\tan \theta = \lim_{\Delta x \to 0} \frac{\Delta y}{\Delta x} = \lim_{\Delta x \to 0} \frac{f(x + \Delta x) - f(x)}{\Delta x} = f'(x)$$

【例】 $f(x) = x^3$ の x における微分係数を求める.

$$\begin{aligned}
f'(x) &= \lim_{\Delta x \to 0} \frac{f(x + \Delta x) - f(x)}{\Delta x} = \lim_{\Delta x \to 0} \frac{(x + \Delta x)^3 - x^3}{\Delta x} \\
&= \lim_{\Delta x \to 0} \frac{x^3 + 3x^2 \Delta x + 3x \Delta x^2 + \Delta x^3 - x^3}{\Delta x} \\
&= \lim_{\Delta x \to 0} \frac{3x^2 \Delta x + 3x \Delta x^2 + \Delta x^3}{\Delta x} \\
&= \lim_{\Delta x \to 0} (3x^2 + 3x \Delta x + \Delta x^2) = 3x^2
\end{aligned}$$

上の例からもわかるように, $f'(x) = 3x^2$ は $f(x)$ が連続である x の範囲では x をどのように選んでも成り立つから, 微分係数 $f'(x)$ は x の関数となる. このことから $f'(x)$ を $f(x)$ の**導関数**という.

＜モノの変化を瞬間でとらえる … これが微分＞

　車が右図のグラフのように, 走り始めてから 10 秒過ぎたときの速度, いわゆる秒速の値はいくらか. この問いに対して, 速度は (走った距離)/(時間) であるから単純に $120/10 = 12$ で, 毎秒 12 メートルとする計算はノー (間違い) である. なぜならば, この式は, 車が一定の速度 (等速運動のこと) が前提で用いる式だからである. そこで, きわめて短い時間では, 車の走行は等速運動とみなし, これを「瞬間速度」と呼んでいる. 車のスピードメータの 80 キロ, 90 キロ, 100 キロ, … というのは, これをさすことになる. 例えば, 曲線グラフの a 点における瞬間速度は, グラフのように, 測る時間の幅 h を限りなくゼロに近づけたときの平均速度のことで, これは a 点における接線の傾きに相当する. これを微分係数といい, 時刻 t_1 での微分係数を求めることを $f(t)$ を t で**微分する**といっているのである.

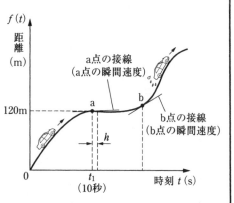

10.2.1　微分公式

　定義に基づいていちいち導関数を求めていると厄介なので, いくつかの代表
的な関数についての導関数を求め, これらを微分公式とする.

(1)　$y = x^n$ のとき

$$\Delta y = (x + \Delta x)^n - x^n$$
$$= \{(x + \Delta x - x)\} \{(x + \Delta x)^{n-1} + x(x + \Delta x)^{n-2} + \cdots + x^{n-1}\}$$
$$= \Delta x \{(x + \Delta x)^{n-1} + x(x + \Delta x)^{n-2} + \cdots + x^{n-1}\}$$

となるから

$$\frac{\Delta y}{\Delta x} = (x + \Delta x)^{n-1} + x(x + \Delta x)^{n-2} + \cdots + x^{n-1}$$

と変形し, この極限値をとると

$$\lim_{\Delta x \to 0} \frac{\Delta y}{\Delta x} = x^{n-1} + x^{n-1} + \cdots\cdots + x^{n-1} = nx^{n-1} \qquad \therefore y' = nx^{n-1}$$

【注】　一般に次の式が成り立つ.
$$A^n - B^n = (A - B)(A^{n-1} + A^{n-2}B + A^{n-3}B^2 + \cdots + B^{n-1})$$

(2)　$y = f(x) = c$　(c は定数) のとき

　c は定数であるから, x が変化しても $f(x)$ は変化せず $\Delta y = 0$ であり $\dfrac{\Delta y}{\Delta x} = 0$
となり, したがって
$$y' = \lim_{\Delta x \to 0} \frac{\Delta y}{\Delta x} = 0 \quad \text{すなわち傾かない (軸に平行な関数)}$$

(3)　$y = f(x) \pm g(x)$ のとき

　$f(x)$ および $g(x)$ の増分を Δf および Δg とおくと
$$\Delta y = \{f(x + \Delta x) \pm g(x + \Delta x)\} - \{f(x) \pm g(x)\}$$
$$= \{f(x + \Delta x) - f(x)\} \pm \{g(x + \Delta x) - g(x)\} = \Delta f \pm \Delta g$$

となるから

$$\frac{\Delta y}{\Delta x} = \frac{\Delta f \pm \Delta g}{\Delta x} = \frac{\Delta f}{\Delta x} \pm \frac{\Delta g}{\Delta x}$$

　したがって
$$y' = \lim_{\Delta x \to 0} \frac{\Delta y}{\Delta x} = \lim_{\Delta x \to 0} \left(\frac{\Delta f}{\Delta x} \pm \frac{\Delta g}{\Delta x} \right) = \lim_{\Delta x \to 0} \frac{\Delta f}{\Delta x} \pm \lim_{\Delta x \to 0} \frac{\Delta g}{\Delta x}$$
$$= f'(x) \pm g'(x)$$

となる.

(4) $y = cf(x)$ のとき (ただし, c は定数)

$$\Delta y = cf(x + \Delta x) - cf(x) = c\{f(x + \Delta x) - f(x)\} = c\Delta f$$

$$\frac{\Delta y}{\Delta x} = c\frac{\Delta f}{\Delta x}$$

したがって

$$y' = \lim_{\Delta x \to 0} \frac{\Delta y}{\Delta x} = \lim_{\Delta x \to 0} c\frac{\Delta f}{\Delta x} = c\lim_{\Delta x \to 0} \frac{\Delta f}{\Delta x} = cf'(x)$$

となる.

(5) $y = f(x)g(x)$ のとき

$$\begin{aligned}
\Delta y &= \{f(x + \Delta x)g(x + \Delta x)\} - \{f(x)g(x)\} \\
&= \{f(x + \Delta x)g(x + \Delta x)\} - \{f(x)g(x)\} + f(x)g(x + \Delta x) \\
&\quad - f(x)g(x + \Delta x) \\
&= \{f(x + \Delta x) - f(x)\}g(x + \Delta x) + f(x)\{g(x + \Delta x) - g(x)\}
\end{aligned}$$

となるから

$$\frac{\Delta y}{\Delta x} = \frac{f(x + \Delta x) - f(x)}{\Delta x}g(x + \Delta x) + f(x)\frac{g(x + \Delta x) - g(x)}{\Delta x}$$

したがって

$$\begin{aligned}
y' &= \lim_{\Delta x \to 0} \frac{\Delta y}{\Delta x} \\
&= \lim_{\Delta x \to 0} \frac{f(x + \Delta x) - f(x)}{\Delta x}g(x + \Delta x) + \lim_{\Delta x \to 0} f(x)\frac{g(x + \Delta x) - g(x)}{\Delta x} \\
&= f'(x)g(x) + f(x)g'(x)
\end{aligned}$$

(6) $y = \dfrac{f(x)}{g(x)}$ のとき

$\dfrac{f(x)}{g(x)} = f(x) \cdot \dfrac{1}{g(x)}$ とおけば, $f(x)$ と $\dfrac{1}{g(x)}$ の積を微分することになるから, 前の公式 (5) を用いればよい. そこで $y = \dfrac{1}{g(x)}$ の微分係数を求めることにすると増分 Δy は

$$\Delta y = \frac{1}{g(x + \Delta x)} - \frac{1}{g(x)} = -\frac{g(x + \Delta x) - g(x)}{g(x + \Delta x)g(x)}$$

であるから

$$\frac{\Delta y}{\Delta x} = \left(-\frac{1}{g(x + \Delta x)g(x)} \right) \cdot \left(\frac{g(x + \Delta x) - g(x)}{\Delta x} \right)$$

となる. これの極限をとると

$$\lim_{\Delta x \to 0} \frac{\Delta y}{\Delta x} = \lim_{\Delta x \to 0} \left(-\frac{1}{g(x + \Delta x)g(x)} \right) \cdot \left(\frac{g(x + \Delta x) - g(x)}{\Delta x} \right)$$

$$= -\frac{g'(x)}{\{g(x)\}^2}$$

となるから, $f(x)$ と $\dfrac{1}{g(x)}$ の積の微分係数は (5) の公式により

$$\left(f(x) \cdot \frac{1}{g(x)} \right)' = f(x)' \frac{1}{g(x)} + f(x) \left(\frac{1}{g(x)} \right)'$$

$$= f(x)' \frac{1}{g(x)} + f(x) \left(-\frac{g'(x)}{\{g(x)\}^2} \right) = \frac{f(x)'g(x) - f(x)g'(x)}{\{g(x)\}^2}$$

となる. 以上で述べた事項をまとめると次のようになる.

微分公式

① $(x^n)' = nx^{n-1}$

② $c' = 0$ （c は定数）

③ $\Big(f(x) \pm g(x)\Big)' = f'(x) \pm g'(x)$

④ $\Big(cf(x)\Big)' = cf'(x)$

⑤ $\Big(f(x)g(x)\Big)' = f'(x)g(x) + f(x)g'(x)$

⑥ $\left(\dfrac{f(x)}{g(x)} \right)' = \dfrac{f(x)'g(x) - f(x)g'(x)}{\{g(x)\}^2}$

【例題 3】 次の関数を微分せよ.
(1) $y = 2$ (2) $y = 3x^2 + 1$ (3) $y = \sqrt{x}$ (4) $y = \sqrt{x^3}$
(5) $y = \sqrt[5]{x^2}$ (6) $y = \dfrac{1}{x^2}$ (7) $y = x^3\sqrt{x}$

【解答】

(1) 定数の微分は 0 であるから $y' = 0$

(2) $y' = 3 \times 2x^{2-1} = 6x$

(3) $y' = \sqrt{x} = x^{\frac{1}{2}}$ より $y' = \dfrac{1}{2}x^{\frac{1}{2}-1} = \dfrac{1}{2}x^{-\frac{1}{2}} = \dfrac{1}{2\sqrt{x}}$

(4) $y = \sqrt{x^3} = x^{\frac{3}{2}}$ より $y' = \dfrac{3}{2}x^{\frac{3}{2}-1} = \dfrac{3}{2}x^{\frac{1}{2}} = \dfrac{3}{2}\sqrt{x}$

(5) $y = \sqrt[5]{x^2} = x^{\frac{2}{5}}$ より $y' = \dfrac{2}{5}x^{\frac{2}{5}-1} = \dfrac{2}{5}x^{-\frac{3}{5}} = \dfrac{2}{5\sqrt[5]{x^3}}$

(6) $y = \dfrac{1}{x^2} = x^{-2}$ より $y' = -2x^{(-2-1)} = -2x^{-3} = -\dfrac{2}{x^3}$

(7) $y = x^3 \cdot x^{\frac{1}{2}} = x^{3+\frac{1}{2}} = x^{\frac{7}{2}}$ より $y' = \dfrac{7}{2}x^{\frac{7}{2}-1} = \dfrac{7}{2}x^{\frac{5}{2}} = \dfrac{7}{2}x^2\sqrt{x}$

【例題 4】 次の関数を微分せよ.

(1) $y = x^2(2 + x^3)$ (2) $y = (x^2 + 4)(-2x^3 - x^2 + 2x + 1)$

(3) $y = 2x^3\sqrt{x}$ (4) $y = \dfrac{x^2}{-x + 2}$ (5) $y = \dfrac{3\sqrt[3]{x}}{x}$

(6) $y = \dfrac{-4 + x}{2x + 1}$

【解答】

(1) ～ (3) は積の微分公式, (4) ～ (6) は商の微分公式を使用すればよい.

(1) $y' = 2x(2 + x^3) + x^2 \cdot 3x^2 = 5x^4 + 4x$

(2) $y' = 2x(-2x^3 - x^2 + 2x + 1) + (x^2 + 4)(-6x^2 - 2x + 2)$
$= -10x^4 - 4x^3 - 18x^2 - 6x + 8$

(3) $y = 2x^3\sqrt{x} = 2x^3 \cdot x^{\frac{1}{2}}$ より
$y' = 6x^2\sqrt{x} + 2x^3 \cdot \dfrac{1}{2}x^{-\frac{1}{2}} = 6x^2\sqrt{x} + x^{\frac{5}{2}} = 6x^2\sqrt{x} + x^2\sqrt{x} = 7x^2\sqrt{x}$

(4) $y' = \dfrac{2x(-x + 2) - x^2(-1)}{(-x + 2)^2} = \dfrac{x(-x + 4)}{(-x + 2)^2}$

(5) $y' = \dfrac{3 \cdot \dfrac{1}{3} x^{\frac{1}{3}-1} \cdot x - 3\sqrt[3]{x} \cdot 1}{x^2} = \dfrac{x^{-\frac{2}{3}}}{x} - \dfrac{3\sqrt[3]{x}}{x^2} = x^{\frac{2}{3}} \times x^{-1} - 3 \times x^{\frac{1}{3}} \times x^{-2}$

$\quad = x^{-\frac{5}{3}} - 3x^{-\frac{5}{3}} = -2x^{-\frac{5}{3}} = -\dfrac{2}{x^{\frac{5}{3}}} = \dfrac{-2}{x^{\left(\frac{3}{3}+\frac{2}{3}\right)}} = -\dfrac{2}{x\sqrt[3]{x^2}}$

(6) $\quad y' = \dfrac{(2x+1) - (-4+x) \cdot 2}{(2x+1)^2} = \dfrac{9}{(2x+1)^2}$

10.2.2　合成関数の微分法

　y は u の関数で $y = f(u)$，また，その u は x の関数で $u = g(x)$ のとき，$y = f(g(x))$ となり，y は x の関数となる．このとき $y = f(g(x))$ を $f(u)$ と $g(x)$ による**合成関数**であるという．

　いま，$f(u)$ も $g(x)$ も微分可能であるとして，それらの増分を

　　　　u の増分Δu に対する y の増分を Δy

　　　　x の増分Δx に対する u の増分を Δu

とすれば

$$\boxed{\dfrac{\Delta y}{\Delta x} = \dfrac{\Delta y}{\Delta u} \cdot \dfrac{\Delta u}{\Delta x}}$$

であり，$\Delta x \to 0$ のとき $\Delta u \to 0$ となるから

$$\dfrac{dy}{dx} = \lim_{\Delta x \to 0} \dfrac{\Delta y}{\Delta x} = \lim_{\Delta x \to 0} \left(\dfrac{\Delta y}{\Delta u} \cdot \dfrac{\Delta u}{\Delta x} \right)$$

$$= \lim_{\Delta x \to 0} \dfrac{\Delta y}{\Delta u} \cdot \lim_{\Delta x \to 0} \dfrac{\Delta u}{\Delta x} = \dfrac{dy}{du} \cdot \dfrac{du}{dx}$$

となる．以上のことから合成関数の微分法は，それぞれの関数をそれぞれの変数で微分し，それらの積をとればよいことになる．

【例】　$f(x) = (2x^2 - x + 1)^2$ の微分をする．

　　　　$u = 2x^2 - x + 1$ とおくと，$y = u^2$ と表せるから，それぞれを微分すると

$$\dfrac{du}{dx} = 4x - 1 \quad および \quad \dfrac{dy}{du} = 2u$$

となる．したがって合成関数の微分によって

$$\frac{dy}{dx} = \frac{dy}{du} \cdot \frac{du}{dx} = 2u \cdot (4x - 1)$$

を得る. ここで u を x の式に戻すと, 次式をうる.

$$\frac{dy}{dx} = 2(2x^2 - x + 1)(4x - 1)$$

【例題 5】 次の関数を微分せよ.

   (1) $y = (3x^2 + 4)^3$ (2) $y = \dfrac{1}{(4x^2 + x)^2}$ (3) $y = \sqrt{2x - 3}$

   (4) $y = \sqrt{(-x + 2)^3}$

【解答】

(1) $u = 3x^2 + 4$ とおくと $y = u^3$ となるから, $\dfrac{dy}{du} = 3u^2$, $\dfrac{du}{dx} = 6x$

$\therefore \dfrac{dy}{dx} = \dfrac{dy}{du} \cdot \dfrac{du}{dx} = 3u^2 \cdot 6x = 18x(3x^2 + 4)^2$

(2) $u = 4x^2 + x$ とおくと $y = \dfrac{1}{u^2}$ となるから, $\dfrac{dy}{du} = -\dfrac{2}{u^3}$, $\dfrac{du}{dx} = 8x + 1$

$\therefore \dfrac{dy}{dx} = \dfrac{dy}{du} \cdot \dfrac{du}{dx} = -\dfrac{2}{u^3} \cdot (8x + 1) = \dfrac{-2(8x + 1)}{(4x^2 + x)^3}$

(3) $u = 2x - 3$ とおくと $y = \sqrt{u}$ となるから, $\dfrac{dy}{du} = \dfrac{1}{2\sqrt{u}}$, $\dfrac{du}{dx} = 2$

$\therefore \dfrac{dy}{dx} = \dfrac{dy}{du} \cdot \dfrac{du}{dx} = -\dfrac{1}{2\sqrt{u}} \cdot 2 = \dfrac{1}{\sqrt{u}} = \dfrac{1}{\sqrt{2x - 3}}$

(4) $u = -x + 2$ とおくと $y = \sqrt{u^3}$ となるから, $\dfrac{dy}{du} = \dfrac{3}{2}\sqrt{u}$, $\dfrac{du}{dx} = -1$

$\therefore \dfrac{dy}{dx} = \dfrac{dy}{du} \cdot \dfrac{du}{dx} = \dfrac{3}{2}\sqrt{u} \cdot (-1) = \dfrac{3}{2}\sqrt{-x + 2} \cdot (-1) = -\dfrac{3}{2}\sqrt{-x + 2}$

10.2.3 指数関数・対数関数の微分

(1) 対数関数の導関数

238 頁の関数の極限値の項で説明したように次式が成り立つ.

$$\lim_{x \to 0} (1 + x)^{\frac{1}{x}} = e$$

ただし, $e = 2.7182818\cdots$ である. さて

$$f(x) = \log_a x$$

の微分係数は

$$f'(x) = \lim_{\Delta x \to 0} \frac{\log_a(x + \Delta x) - \log_a x}{\Delta x} = \lim_{\Delta x \to 0} \frac{1}{\Delta x} \log_a \frac{x + \Delta x}{x}$$

ここで $h = \dfrac{\Delta x}{x}$ とおくと，$\Delta x \to 0$ のとき $h \to 0$ となるから

$$f'(x) = \lim_{h \to 0} \frac{1}{xh} \log_a(1 + h) = \frac{1}{x} \lim_{h \to 0} \log_a(1 + h)^{\frac{1}{h}}$$

となる．

$$\lim_{h \to 0}(1 + h)^{\frac{1}{h}} = e$$

であるから，これを上式に用いると

$$f'(x) = (\log_a x)' = \frac{1}{x} \log_a e$$

となる．特に底が e のときには，上の式で $a = e$ とおいて次式を得る．

$$(\log_e x)' = \frac{1}{x} \quad \text{あるいは} \quad (\ln x)' = \frac{1}{x}$$

　　これから先の微分・積分において底が無記入な対数，すなわち $\log$ は自然対数 $\log_e$ を表すものとする．

【例題 6】　次の関数を微分せよ．

(1)　$y = \log_e 2x$　　　(2)　$y = x \log_e x$　　　(3)　$y = \log_{10}(x^2 + 1)^2$

【解答】

(1)　$u = 2x$ とおくと $y = \log_e u$ となるから，　$\dfrac{du}{dx} = 2$,　$\dfrac{dy}{du} = \dfrac{1}{u}$

　　$\therefore \dfrac{dy}{dx} = \dfrac{dy}{du} \cdot \dfrac{du}{dx} = \dfrac{1}{u} \cdot 2 = \dfrac{1}{2x} \cdot 2 = \dfrac{1}{x}$

(2)　積の微分公式によって

$$y' = x' \log_e x + x(\log_e x)' = 1 \cdot \log_e x + x \cdot \frac{1}{x} = \log_e x + 1$$

(3)　$u = x^2 + 1$ とおくと $y = \log_{10} u^2$ となり，さらに　$w = u^2$

とおけば $y = \log_{10} w$ であるから $\dfrac{du}{dx} = 2x$, $\dfrac{dw}{du} = 2u$

底を 10 から自然対数の e に変換すると $y = \log_{10} w = \dfrac{\log_e w}{\log_e 10}$ であるから

$$\frac{dy}{dw} = \frac{1}{\log_e 10} \cdot \frac{1}{w}$$

$$\therefore \frac{dy}{dx} = \frac{dy}{dw} \cdot \frac{dw}{du} \cdot \frac{du}{dx} = \left(\frac{1}{\log_e 10} \cdot \frac{1}{w} \right) \cdot 2u \cdot 2x = \frac{4x}{(x^2+1)\log_e 10}$$

(2)　指数関数の導関数

指数関数 $y = a^x$ の導関数は対数関数の微分を応用することによって得られる.

$$y = a^x$$

の両辺の自然対数をとると

$$\log y = x \log a \qquad (底を省略する)$$

となるから, これを x で微分すると

$$\frac{d \log y}{dx} = \frac{dx \log a}{dx} \quad から \quad \frac{d \log y}{dx} = \log a$$

これを変形して $d \log y = \log a \cdot dx$　$\dfrac{d \log y}{dy} = \log a \dfrac{dx}{dy}$　$\dfrac{1}{y} = \log a \dfrac{dx}{dy}$ から

$$\therefore \frac{1}{y}\frac{dy}{dx} = \log a$$

となる. ただし, 左辺の微分は合成関数の微分法を応用している. したがって,

$$\frac{dy}{dx} = y \log a = a^x \log a$$

となる.

$$\boxed{(a^x)' = a^x \log a}$$

ここで, 特に $a = e$ とおくと, $\log e = 1$ であるから

$$\frac{dy}{dx} = e^x \log e = e^x \quad となる. すなわち \qquad \boxed{(e^x)' = e^x} \qquad となる.$$

【例】　$y = e^{ax}$ の微分

　　$u = ax$ とおくと, $y = e^u$ となるから $\dfrac{du}{dx} = a$, $\dfrac{dy}{du} = e^u$. したがって, 合成関数の微分法により

$$\frac{dy}{dx} = \frac{dy}{du} \cdot \frac{du}{dx} = e^u \cdot a$$

$u = ax$ を代入すると求まる.

$$(e^{ax})' = a\,e^{ax}$$

10.2.4 三角関数の微分

(1) $\sin x$ の導関数

x の増分 Δx に対する y の増分 Δy は

$$\Delta y = \sin(x + \Delta x) - \sin x = 2\cos\left(x + \frac{\Delta x}{2}\right)\sin\frac{\Delta x}{2} \quad (140 頁 (4) 参照)$$

となり，ここで $\Delta x = 2h$ とおくと

$$\Delta y = 2\cos(x + h)\sin h$$

となるから，$\Delta x = 2h$ で両辺を割ると

$$\frac{\Delta y}{\Delta x} = \cos(x + h)\frac{\sin h}{h}$$

となる．したがって

$$y' = \lim_{\Delta x \to 0}\frac{\Delta y}{\Delta x} = \lim_{h \to 0}\cos(x + h)\frac{\sin h}{h} = \cos x \quad \left(\lim_{h \to 0}\frac{\sin h}{h} = 1, \quad 239頁参照\right)$$

すなわち

$$\boxed{(\sin x)' = \cos x}$$

(2) $\cos x$ の導関数

$$y = \cos x = \sin\left(\frac{\pi}{2} - x\right)$$

であるから，$u = \dfrac{\pi}{2} - x$ とおくと $y = \sin u$ となり，$\dfrac{dy}{du} = \cos u,\ \dfrac{du}{dx} = -1$ であるから合成関数の微分法により

$$\frac{dy}{dx} = \frac{dy}{du}\cdot\frac{du}{dx} = \cos u \cdot (-1) = -\cos\left(\frac{\pi}{2} - x\right) = -\sin x$$

となる．すなわち

$$\boxed{(\cos x)' = -\sin x}$$

(3) $\tan x$ の導関数

$\tan x = \dfrac{\sin x}{\cos x}$ であるから商の微分公式により

$$(\tan x)' = \left(\frac{\sin x}{\cos x}\right)' = \frac{(\sin x)' \cos x - \sin x (\cos x)'}{\cos^2 x}$$

$$= \frac{\cos^2 x + \sin^2 x}{\cos^2 x} = \frac{1}{\cos^2 x} = \sec^2 x$$

<補則>

$$\frac{1}{\sin x} = \text{cosec } x \quad \text{コセカント}$$

$$\boxed{(\tan x)' = \sec^2 x}$$

$$\frac{1}{\cos x} = \sec x \quad \text{セカント}$$

【例題 7】 次の関数を微分せよ.

(1) $y = \cot x$ (2) $y = x \cdot \cos x$ (3) $y = \sin 4x$

(4) $y = \sin^3 x$ (5) $y = \cos^3 2x$ (6) $y = \sin x \cdot \cos x$

(7) $y = \dfrac{1}{\sin x}$ (8) $y = \cos\left(x - \dfrac{\pi}{6}\right)$

【解答】

(1) $y' = (\cot x)' = \left(\dfrac{\cos x}{\sin x}\right)' = \dfrac{(\cos x)' \sin x - \cos x (\sin x)'}{\sin^2 x}$

$$= \frac{-\sin x \sin x - \cos x \cos x}{\sin^2 x} = \frac{-\sin^2 x - \cos^2 x}{\sin^2 x} = -\frac{1}{\sin^2 x} \ (= -\text{cosec}^2 x)$$

(2) $y' = x' \cos x + x(\cos x)' = \cos x + x(-\sin x) = \cos x - x \sin x$

(3) $t = 4x$ とおくと $y = \sin t$, よって $\dfrac{dy}{dt} = \cos t$, $\dfrac{dt}{dx} = 4$

$\therefore y' = \dfrac{dy}{dt} \cdot \dfrac{dt}{dx} = \cos t \cdot 4 = 4 \cos 4x$

(4) $t = \sin x$ とおくと $y = t^3$, よって $\dfrac{dy}{dt} = 3t^2$, $\dfrac{dt}{dx} = \cos x$

$\therefore y' = \dfrac{dy}{dt} \cdot \dfrac{dt}{dx} = 3t^2 \cos x = 3 \sin^2 x \cos x$

(5) $u = 2x$, $v = \cos u$ とおくと $y = v^3$, よって $\dfrac{dy}{dv} = 3v^2$, $\dfrac{dv}{du} = -\sin u$

$\dfrac{du}{dx} = 2$ であるから

$\therefore y' = \dfrac{dy}{dv} \cdot \dfrac{dv}{du} \cdot \dfrac{du}{dx} = 3v^2(-\sin u) \cdot 2 = -6v^2 \sin u = -6 \cos^2 2x \cdot \sin 2x$

(6) $y' = (\sin x)' \cos x + \sin x (\cos x)' = \cos^2 x - \sin^2 x$

(7) $y' = \dfrac{1' \sin x - 1 \cdot (\sin x)'}{\sin^2 x} = -\dfrac{\cos x}{\sin^2 x}$

(8) $t = x - \dfrac{\pi}{6}$ とおくと $y = \cos t$, よって $\dfrac{dy}{dt} = -\sin t$, $\dfrac{dt}{dx} = 1$

$$\therefore \ y' = \frac{dy}{dt} \cdot \frac{dt}{dx} = -\sin t \cdot 1 = -\sin\left(x - \frac{\pi}{6}\right)$$

10.2.5　逆三角関数の微分

(1)　$\sin^{-1} x$ の導関数

$-\dfrac{\pi}{2} < \sin^{-1} x < \dfrac{\pi}{2}$ の範囲で考えると

$$y = \sin^{-1} x \ \text{から} \ x = \sin y \quad (149頁参照)$$

であるから，両辺を y で微分すると

$$\frac{dx}{dy} = \cos y = \sqrt{1 - \sin^2 y} = \sqrt{1 - x^2} \quad (130 頁参照)$$

となる．したがって

$$\boxed{(\sin^{-1} x)' = \frac{1}{\sqrt{1 - x^2}}}$$

となる．

(2)　$\cos^{-1} x$ の導関数

$0 < \cos^{-1} x < \pi$ の範囲で考えると

$$y = \cos^{-1} x \ \text{から} \ x = \cos y$$

であるから，両辺を y で微分すると

$$\frac{dx}{dy} = -\sin y = -\sqrt{1 - \cos^2 y} = -\sqrt{1 - x^2}$$

となる．したがって

$$\boxed{(\cos^{-1} x)' = -\frac{1}{\sqrt{1 - x^2}}}$$

となる．

(3)　$\tan^{-1} x$ の導関数

$-\dfrac{\pi}{2} < \sin^{-1} x < \dfrac{\pi}{2}$ の範囲で考えると

$$y = \tan^{-1} x \ \text{から} \ x = \tan y$$

であるから，両辺を y で微分すると

$$\frac{dx}{dy} = \frac{1}{\cos^2 y} = \sec^2 y = 1 + \tan^2 y = 1 + x^2$$

となる．したがって

$$\frac{dy}{dx} = \frac{1}{\dfrac{dx}{dy}} = \frac{1}{1 + x^2}$$

＜$\sec^2\theta = 1 + \tan^2\theta$ の説明＞

$$\sec\theta = \frac{c}{a} = \frac{\sqrt{a^2 + b^2}}{a} = \sqrt{1 + \left(\frac{b}{a}\right)^2}$$

$$= \sqrt{1 + \tan^2\theta} \left(\because \tan\theta = \frac{b}{a}\right)$$

$$\therefore \sec^2\theta = 1 + \tan^2\theta$$

$$\boxed{(\tan^{-1} x)' = \frac{1}{1 + x^2}}$$

となる．

【例】　$y = \sin^{-1} \dfrac{x}{a}$ の導関数

$t = \dfrac{x}{a}$ とおくと

$y = \sin^{-1} \dfrac{x}{a} = \sin^{-1} t$ となるから，$\dfrac{dt}{dx} = \dfrac{1}{a}$, $\dfrac{dy}{dt} = \dfrac{1}{\sqrt{1 - t^2}}$. したがって合成関数の微分法により

$$\frac{dy}{dx} = \frac{dy}{dt} \cdot \frac{dt}{dx} = \frac{1}{\sqrt{1 - t^2}} \cdot \frac{1}{a} = \frac{1}{\sqrt{1 - (x/a)^2}} \cdot \frac{1}{a} = \frac{1}{\sqrt{a^2 - x^2}}$$

10.2.6　平均値の定理

図 10.3 において曲線の A 点と B 点を結ぶ直線の傾きは

$$\frac{f(b) - f(a)}{b - a}$$

である．曲線がなめらかな場合は曲線 AB の間の C 点において直線 AB に平行な接線 $f'(c)$ が存在する．すなわち

$$f'(c) = \frac{f(b) - f(a)}{b - a}$$

あるいは

$$f(b) - f(a) = f'(c)(b - a)$$

が成り立つ．この関係を**平均値の定理**という．

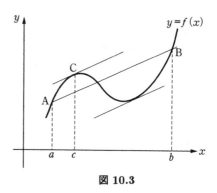

図 10.3

3 点の座標 a, b, c は $a < c < b$ としているから，$0 < \alpha < 1$ となる適当な値 α を選ぶと

$$c = a + \alpha (b - c)$$

とすることができるから, 平均値の定理は

$$f(b) - f(a) = f' \{a + \alpha (b - a)\} (b - a)$$

と表すことができる.

10.2.7 第 1 次導関数のまとめ

これまでに求めた導関数をまとめると次のようになる.

導関数の基本的な例

累乗関数
$$(x^n)' = n\,x^{n-1}, \qquad C' = 0 \qquad (ただし\ C\ は定数)$$

指数関数
$$(e^x)' = e^x, \qquad (e^{ax})' = a\,e^{ax} \qquad (a^x)' = a^x\,\log a$$

対数関数
$$(\log x)' = \frac{1}{x}, \qquad (\log_a x)' = \frac{1}{x\,\log a}$$

三角関数
$$(\sin x)' = \cos x, \qquad (\cos x)' = -\sin x, \qquad (\tan x)' = \sec^2 x$$

逆三角関数
$$(\sin^{-1} x)' = \frac{1}{\sqrt{1 - x^2}}, \qquad (\cos^{-1} x)' = -\frac{1}{\sqrt{1 - x^2}}$$
$$(\tan^{-1} x)' = \frac{1}{1 + x^2}$$

10.2.8 高次の導関数

関数 $y = f(x)$ に対して導関数 $f'(x)$ が存在し, さらに, その導関数 $f'(x)$ の導関数が存在するとき, その導関数を $f(x)$ の**第 2 次導関数**といい, 次のような

記号で

$$y'', \quad f''(x), \quad \frac{d^2y}{dx^2}, \quad \frac{d^2}{dx^2}f(x)$$

と表す. 同様に, 第 2 次導関数の導関数を**第 3 次導関数**といって

$$y''', \quad f'''(x), \quad \frac{d^3y}{dx^3}, \quad \frac{d^3}{dx^3}f(x)$$

と表す.

　一般に, 関数を n 回微分して得られる導関数を $f(x)$ の **n 次導関数**といい, 次のように表す.

$$y^{(n)}, \quad f^{(n)}(x), \quad \frac{d^n y}{dx^n}, \quad \frac{d^n}{dx^n}f(x)$$

【例】　$y = \log(\log x)$ の 2 次導関数を求める.

　$u = \log x$ とおくと, $y = \log u$ となるから

$$\frac{du}{dx} = \frac{1}{x}, \quad \frac{dy}{du} = \frac{1}{u}$$

合成関数の微分法により y の導関数は

$$y' = \frac{dy}{du} \cdot \frac{du}{dx} = \frac{1}{u} \cdot \frac{1}{x} = \frac{1}{\log x} \cdot \frac{1}{x}$$

となり, これに, 積および商の微分を応用し, もう一度微分すると

$$y'' = -\frac{1}{(\log x)^2} \cdot \frac{1}{x^2} - \frac{1}{\log x} \cdot \frac{1}{x^2} = -\frac{1 + \log x}{x^2(\log x)^2}$$

10.3　微分の応用

　関数のグラフがどのような形であるかを見極めるために関数の微分係数が多いに役立つ. ここでは x の変化に対して y の増減と微分係数の関係を明らかにして, グラフを描くことに応用する.

10.3.1　関数の増減

　図 10.4 に示すように, 関数 $y = f(x)$ において関数の値が $x = a$ を境にして減少から増加に変化したとき, 関数 $f(x)$ は $x = a$ において**極小**になるといい, このときの関数の値 $f(a)$ を**極小値**という.

　また, この関数 $f(x)$ が $x = b$ を境にして増加から減少に変化したとき, 関数

$f(x)$ は $x = b$ において**極大**であるといい，このときの $f(b)$ を**極大値**という．なお，極大値と極小値をあわせて**極値**という．

　図 10.4 からわかるように関数が極小となる点では関数の接線は水平であり，すなわち，関数の微分係数は $f'(a) = 0$ となる．なお，$x = a$ の左側での微分係数 $f'(x)$ は接線が右下がりであるから $f'(x) < 0$ となり，$x = a$ の右側での微分係数 $f'(x)$ は接線が右上がりであるから $f'(x) > 0$ となる．

　$f'(x)$ が右下がりのとき，$\searrow$ の記号を用い，また，右上がりのときは $\nearrow$ の記号を用いて表す．

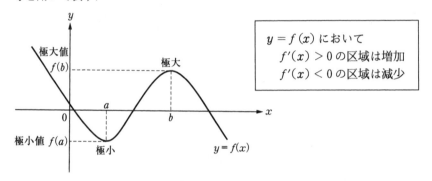

$y = f(x)$ において
　$f'(x) > 0$ の区域は増加
　$f'(x) < 0$ の区域は減少

図 10.4　極小・極大

　以上のことより $f(x)$ の導関数 $f'(x)$ が正から負に変わり，$f'(a) = 0$ となる a 点付近を記号 $\nearrow$ $\searrow$ で表し，負から正に変わり，$f'(b) = 0$ となる b 点付近を記号 $\searrow$ $\nearrow$ で表す．

　以上のことをまとめると次のような結論が得られる．

極大・極小

**　導関数が $f'(x) = 0$ となる x の前後において $f'(x)$ の符号が**

**　正から負に変化するとき，$f(x)$ は極大になる**

**　負から正に変化するとき，$f(x)$ は極小になる**

　極値をとる x の前後の $f'(x)$ の符号と極値の値を**表 10.1** のようにまとめ

たものを**増減表**という.

表 10.1 増減表

x	$x < a$	$x = a$	$a < x < b$	$x = b$	$b < x$
$f'(x)$	$-$	0	$+$	0	$-$
$f(x)$	$\searrow$	極小値	$\nearrow$	極大値	$\searrow$

10.3.2 曲線の凹凸・変曲点

関数 $y = f(x)$ の 2 次微分によって関数 $f(x)$ のグラフの凹凸を調べる.

$y = f(x)$ が区間 (a, b) において $f''(x) > 0$ (2 次微分が正) ならば $f'(x)$ は増加する. ところで $y = f(x)$ の $x = a$ において $f'(a)$ は接線の傾きとなるから $f'(x)$ が増加するということは傾きが増加することになるから, この区間において下に凸 (または上に凹) となる. $y = f(x)$ が区間 (a, b) においてつねに $f''(x) < 0$ なら $y = f(x)$ は下に凹 (または上に凸) となる. $f''(a) = 0$ のとき, $x = a$ を区切りとして $f''(x)$ の符号が変わるとき, $(a, f(a))$ を**変曲点**という.

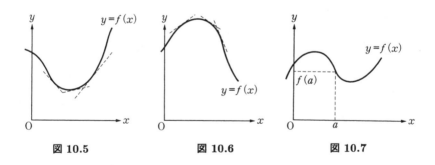

図 10.5   図 10.6   図 10.7

10.3.3 グラフの描き方

微分係数を利用して関数 $f(x)$ のグラフを描く方法について説明をする.

グラフを描くにはその関数の特性をつかむことが重要であり, 箇条書きにすると次のようになる.

1. 極値が存在するかどうかを調べるために関数を微分してその導関数が 0 となる x の座標を求める.

2. 極値が極大値か,あるいは極小値かを判断するために,極値となる x の前後の関数の増減を調べる.そのためには,第 2 次の導関数を求め,その第 2 次導関数の正・負を調べる.正のときは極小値,負のときは極大値とする.

3. 第 1 次の導関数が 0 となっても必ずしも極値とならないことがあり,そのときは第 2 次の導関数が 0 となるので,そのときは変曲点と判断する.

4. $f(x) = 0$ とおき,x の値を求めると,その x 座標が x 軸の切片となる.

5. $y = f(0)$ とおき,y の値を求めると,その y 座標が y 軸の切片となる.

【例】　$f(x) = x^2 - 4x + 4$ のグラフを描くことにする.
　まず,始めに $f(x)$ の特性を調べることにする.
　① 　$f(x) = x^2 - 4x + 4 = 0$ の根を求めると,$x = 2$ の重根をもつことがわかる.したがって,この曲線は $x = 2$ において x 軸に接する.

　② 　$f'(x) = 2x - 4 = 0$ から $x = 2$ を得るから,$x = 2$ において極値をとり,極値は $f(2) = 0$ となる

　③ 　$f''(x) = 2 > 0$ となるから,曲線は下に凸である.したがって極値は極小値となる.

以上のことから増減表は**表 10.2** のようになり,グラフは**図 10.8** となる.

表 10.2　増減表

x	$x < 2$	2	$x > 2$
$f'(x)$	$-$	0	$+$
$f(x)$	↘	極小値	↗

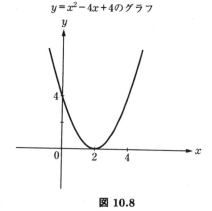

$y = x^2 - 4x + 4$ のグラフ

図 10.8

【例題 8】 $f(x) = 2x^3 - 6x$ の極小値・極大値・変曲点を求め, グラフを描け.

【解答】 $f(x)$ の特性を調べることにする.

① $f(x) = 2x^3 - 6x = 0$ から, $x = 0,\ \sqrt{3},\ -\sqrt{3}$ を得る. したがって, 曲線はこの三つの点で x 軸と交わる.

② $f'(x) = 6x^2 - 6 = 0$ から, $x = -1,\ x = 1$ において極値をとり, 極値は
$f(-1) = 4,\ f(1) = -4$ となる

③ $f''(x) = 12x$ となるから, $f''(-1) = -12 < 0$ であるから $x = -1$ においては, 曲線は上に凸である. したがって極大値となる.

④ $f''(1) = 12 > 0$ であるから $x = 1$ においては, 曲線は下に凸である. したがって極小値となる.

⑤ $f''(0) = 0$ であるから $x = 0$ においては, 曲線は変曲点となる.
以上のことから増減表は**表 10.3** のようになり, グラフは**図 10.9** となる.

表 10.3 増減表

x	$\cdots$	-1	$\cdots$	0	$\cdots$	1	$\cdots$
$f'(x)$	$+$	0	$-$	$-$	$-$	0	$+$
$f''(x)$	$-$	$-$	$-$	0	$+$	$+$	$+$
凹凸	上に凸				下に凸		
$f(x)$	$\nearrow$	極大値 4	$\searrow$	変曲点 0	$\searrow$	極小値 -4	$\nearrow$

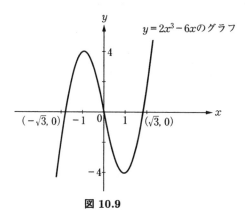

図 10.9

【例題 9】　次の関数のグラフを描け.
(1)　$f(x) = -x^3 + 3x + 2$　　　　(2)　$f(x) = x^4 - 3x^3 + 2$
(3)　$f(x) = 2x^3 + 3x^2 - 2x$　　　(4)　$f(x) = -x^3 + 1$

【解答】

(1)　$f'(x) = -3x^2 + 3 = 0$　　から　$x = -1,\ x = 1$ を得る. したがって極値は
　　$f(-1) = 0,\quad f(1) = 4$ となる.

　　$f''(x) = -6x$ から $f''(-1) = 6 > 0$ となり, $x = -1$ においては極小値となる.
　　また, $f''(1) = -6 < 0$ であるから $x = 1$ において極大値となる.

　　$f''(x) = -6x = 0$ から $x = 0$ を得る. したがって, $x = 0$ において変曲点とな
　　り, $f(0) = 2$

以上のことから増減表は**表 10.4** のようになり, グラフは**図 10.10** となる.

表 10.4　増減表

x	$\cdots$	-1	$\cdots$	0	$\cdots$	1	$\cdots$
$f'(x)$	$-$	0	$+$	$+$	$+$	0	$-$
$f''(x)$	$+$	$+$	$+$	0	$-$	$-$	$-$
凹凸		下に凸				上に凸	
$f(x)$	$\searrow$	極小値 0	$\nearrow$	変曲点 2	$\nearrow$	極大値 4	$\searrow$

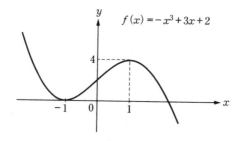

図 10.10

(2)　$f'(x) = (4x - 9)x^2 = 0$　　から　$x = 0,\ x = \dfrac{9}{4}$ を得るから, この x の位置で

極値をとる.

$f''(x) = 12x^2 - 18x = 0$　から　$x = 0,\ x = \dfrac{3}{2}$ を得る. したがって, 変曲点は 2 個存在する. $f(0) = 2,\quad f(2) = -\dfrac{49}{16}$ であるから, 変曲点の座標は　$(0, 2)$ および $\left(\dfrac{3}{2}, -\dfrac{49}{16}\right)$ となる. はじめに, $x = 0$ において極値をとると予想したが, 変曲点であることがわかったので極値から除くことにする.

したがって, 増減表は**表 10.5** のようになり, グラフは**図 10.11** となる.

表 10.5 増減表

x	$\cdots$	0	$\cdots$	3/2	$\cdots$	9/4	$\cdots$
$f'(x)$	$-$	0	$-$	$-$	$-$	0	$+$
$f''(x)$	$+$	0	$-$	0	$+$	$+$	$+$
凹凸						下に凸	
$f(x)$	$\searrow$	変曲点 2	$\searrow$	変曲点 $-\dfrac{49}{16}$	$\searrow$	極小値 $-\dfrac{1675}{256}$	$\nearrow$

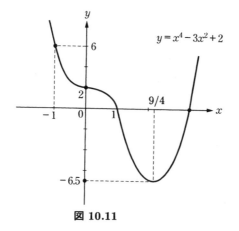

図 10.11

(3)　$f'(x) = 6x^2 + 6x - 2 = 0$　から　$x = \dfrac{-3 \pm \sqrt{21}}{6}$ を得る. したがって $x_1 \fallingdotseq -1.26$　および　$x_2 \fallingdotseq 0.26$ において極値をとるとすれば, 極値は $f(-1.26) = 3.3,$　および　$f(0.26) = -0.28$ となる.

$f''(x) = 12x + 6 = 0$　から　$x = -\dfrac{1}{2} = -0.5$ となり, $x = -0.5$ において変

曲点となる.

$f(-0.5) = 1.5$ であるから, 変曲点の座標は $(-0.5, 1.5)$

$f''(-1.26) = -21.12 < 0$ であるから, 極大値は $f(-1.26) \doteqdot 3.3$

$f''(0.26) = -2.88 < 0$ であるから, 極小値は $f(0.26) \doteqdot -0.28$

したがって, 増減表は**表 10.6** のようになり, グラフは**図 10.12** となる.

表 10.6 増減表

x	$\cdots$	-1.26	$\cdots$	-0.5	$\cdots$	0.26	$\cdots$
$f'(x)$	$+$	0	$-$	$-$	$-$	0	$+$
$f''(x)$	$-$	$-$	$-$	0	$+$	$+$	$+$
凹凸		上に凸				下に凸	
$f(x)$	$\nearrow$	極大値 3.3	$\searrow$	変曲点 1.5	$\searrow$	極小値 -0.28	$\nearrow$

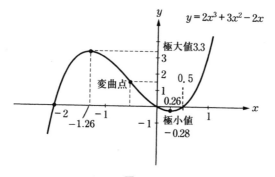

図 10.12

(4)　$f'(x) = -3x^2 = 0$　から $x = 0$

$f''(x) = -6x = 0$　から　$x = 0$. したがって, $x = 0$ は変曲点となり,

$f(0) = 1$ となるから 変曲点の座標は $(0, 1)$

したがって, 極大値と極小値は存在しない.

増減表は**表 10.7** のようになり, グラフは**図 10.13** となる.

表 10.7 増減表

x	$\cdots$	0	$\cdots$
$f'(x)$	$-$	0	$-$
$f''(x)$	$+$	0	$-$
凹凸			
$f(x)$	$\searrow$	変曲点 1	$\searrow$

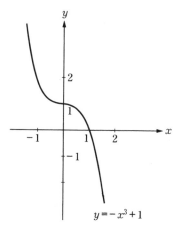

$$y = -x^3 + 1$$

図 10.13

第10章　練習問題

1　次の極限値を求めよ.

(1)　$\displaystyle \lim_{x \to 1} \left(\frac{1}{x-1} - \frac{2}{x^2-1} \right)$　　(2)　$\displaystyle \lim_{x \to 0} \frac{x}{\sqrt{1+x} - \sqrt{1-x}}$

(3)　$\displaystyle \lim_{x \to 0} \frac{\sin^2 x}{x}$　　(4)　$\displaystyle \lim_{x \to 0} \frac{1 - \cos x}{x^2}$　　(5)　$\displaystyle \lim_{\theta \to 0} \frac{\tan \theta}{\theta}$

2　次の関数を微分せよ.

(1)　$y = 4x^3 - 2x^2 + 3x - 6$　　(2)　$y = \dfrac{-4x^2(x+3)^2}{8}$

(3)　$y = x^2(x-3)^2$　　(4)　$y = \sqrt{2x}$　　(5)　$y = \sqrt[4]{x^2}$

(6)　$y = \dfrac{2}{x^3} - \dfrac{1}{x^2} + \dfrac{2}{x}$　　(7)　$y = \dfrac{3x^3 - 2}{x+2}$

(8)　$y = \dfrac{(2x+1)^2}{x-1}$　　(9)　$y = \sqrt{x^2 + 8x - 10}$

(10)　$y = \sqrt[4]{x^2 - x + 1}$　　(11)　$y = \sin 2x$

(12)　$y = x^2 \cos x$　　(13)　$y = \cos^3 x$　　(14)　$\dfrac{1}{\sin x}$

(15)　$y = \log x$　　(16)　$y = \log 2x^3$　　(17)　$y = xe^{-x}$

(18)　$y = x^2(2x-1)(-x^2+2)$

3　2次関数 $y = ax^2 + bx + c$ のグラフで, 接線が x 軸と平行になる接点の座標を求めよ.

4　二つの正数の和が一定であるとき, 積が最大となる二つの数の関係はどんなときか.

5　次の関数の最大値および最小値を求めよ.

(1)　$y = x^3 - 6x^2 + 9x - 1$　$(-1 \leqq x \leqq 3)$

(2)　$y = x - 2\sin x$　$(0 \leqq x \leqq 2\pi)$

(3)　$y = 8\sin x + 6\cos x$　$(0 \leqq x \leqq 2\pi)$

6 　幅 d が一定のステンレス鋼板を直角に曲げて雨水樋をつくることになった. 断面積 S を最大にするためには, この樋の高さ h と幅 w の比をいくらにしたらよいか.

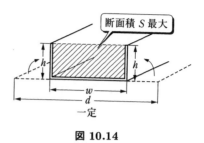

図 10.14

第10章　練習問題【解答】

1 (1) $\displaystyle\lim_{x\to1}\left(\frac{1}{x-1}-\frac{2}{x^2-1}\right)=\lim_{x\to1}\frac{x-1}{x^2-1}=\lim_{x\to1}\frac{1}{x+1}=\frac{1}{2}$

(2) $\displaystyle\lim_{x\to0}\frac{x}{\sqrt{1+x}-\sqrt{1-x}}=\lim_{x\to0}\frac{x\left(\sqrt{1+x}+\sqrt{1-x}\right)}{2x}$

$\displaystyle\qquad\qquad=\lim_{x\to0}\frac{1}{2}\left(\sqrt{1+x}+\sqrt{1-x}\right)=1$

(3) $\displaystyle\lim_{x\to0}\frac{\sin^2 x}{x}=\lim_{x\to0}\sin x\cdot\lim_{x\to0}\frac{\sin x}{x}=0\times1=0$ 　　（237頁参照）

(4) $\displaystyle\lim_{x\to0}\frac{1-\cos x}{x^2}=\lim_{x\to0}\frac{(1-\cos x)(1+\cos x)}{x^2(1+\cos x)}=\lim_{x\to0}\frac{\sin^2 x}{x^2}\frac{1}{1+\cos x}$

$\displaystyle\qquad\qquad=1\times\frac{1}{2}=\frac{1}{2}$

(5) $\displaystyle\lim_{\theta\to0}\frac{\tan\theta}{\theta}=\lim_{\theta\to0}\left(\frac{\sin\theta}{\theta}\cdot\frac{1}{\cos\theta}\right)=1\times1=1$

2 (1) $y'=12x^2-4x+3$

(2) $y'=\dfrac{(-4x^2)'(x+3)^2-4x^2\left\{(x+3)^2\right\}'}{8}=-2x^3-9x^2-9x$

(3) $y'={x^2}'(x-3)^2+x^2\left\{(x-3)^2\right\}'=2x(x-3)^2+x^2\cdot2(x-3)=4x^3-18x^2+18x$

(4) $y=\sqrt{2x}=\sqrt{2}x^{\frac{1}{2}}$ から $y'=\sqrt{2}\times\dfrac{1}{2}x^{\frac{1}{2}-1}=\dfrac{1}{\sqrt{2x}}$

(5) $y=\sqrt[4]{x^2}=x^{\frac{2}{4}}=x^{\frac{1}{2}}$ から $y'=\dfrac{1}{2}x^{-\frac{1}{2}}=\dfrac{1}{2\sqrt{x}}$

(6) $y=2x^{-3}-x^{-2}+2x^{-1}$ から $y'=-6x^{-3-1}-(-2)x^{-2-1}+2(-1)x^{-1-1}$

$\displaystyle\qquad=-\frac{6}{x^4}+\frac{2}{x^3}-\frac{2}{x^2}$

(7) $y'=\dfrac{(3x^3-2)'(x+2)-(3x^3-2)(x+2)'}{(x+2)^2}=\dfrac{9x^2(x+2)-(3x^3-2)}{(x+2)^2}$

$\displaystyle\qquad=\frac{6x^3+18x^2+2}{x^2+4x+4}$

(8) $y'=\dfrac{4(2x+1)(x-1)-(2x+1)^2}{(x-1)^2}=\dfrac{4x^2-8x-5}{x^2-2x+1}$

(9) $t=x^2+8x-10$ とおくと $y=\sqrt{t}$, $\dfrac{dt}{dx}=2x+8$, また $\dfrac{dy}{dt}=\dfrac{1}{2\sqrt{t}}$

$\qquad$ よって $\dfrac{dy}{dx}=\dfrac{dy}{dt}\dfrac{dt}{dx}=\dfrac{1}{2\sqrt{t}}\cdot(2x+8)=\dfrac{x+4}{\sqrt{x^2+8x-10}}$

(10) $t=x^2-x+1$ とおくと $y=\sqrt[4]{t}=t^{\frac{1}{4}}$ であるから $\dfrac{dy}{dt}=\dfrac{1}{4\sqrt[4]{t^3}}$, $\dfrac{dx}{dt}=2x-1$

$$y' = \frac{dy}{dx} = \frac{dy}{dt} \cdot \frac{dt}{dx} = \frac{1}{4\sqrt[4]{t^3}} \cdot (2x - 1) = \frac{2x - 1}{4\sqrt[4]{(x^2 - x + 1)^3}}$$

(11) $t = 2x$ とおくと $(2x)' = 2$, $(\sin t)' = \cos t$ であるから

$$\frac{dy}{dx} = \frac{dy}{dt} \cdot \frac{dt}{dx} = \cos t \cdot 2 = 2 \cos 2x$$

(12) $y' = 2x \cdot \cos x + x^2(-\sin x) = -x^2 \sin x + 2x \cos x$

(13) $t = \cos x$ とおくと $y = t^3$, $\dfrac{dy}{dt} = 3t^2$, $\dfrac{dt}{dx} = -\sin x$ であるから

$$\frac{dy}{dx} = \frac{dy}{dt} \cdot \frac{dt}{dx} = -3t^2 \cdot \sin x = -3 \sin x \cdot \cos^2 x$$

(14) $y' = \dfrac{-\cos x}{\sin^2 x} = -\dfrac{\cos x}{\sin x} \cdot \dfrac{1}{\sin x} = -\dfrac{\cot x}{\sin x}$

(15) $y' = \dfrac{1}{x}$

(16) $t = 2x^3$ とおくと $y = \log t$, $\dfrac{dy}{dt} = \dfrac{1}{t}$, $\dfrac{dt}{dx} = 6x^2$ であるから

$$\frac{dy}{dx} = \frac{dy}{dt} \cdot \frac{dt}{dx} = \frac{1}{t} \cdot 6x^2 = \frac{6x^2}{2x^3} = \frac{3}{x}$$

(17) $y' = (x)'e^{-x} + x(e^{-x})' = e^{-x} + x(-e^{-x}) = (1 - x)e^{-x}$

(18) $y' = \{x^2 \cdot (2x - 1)\}' \cdot (-x^2 + 2) + x^2 \cdot (2x - 1)(-x^2 + 2)'$
$= \{2x(2x-1) + x^2 \cdot 2\} \cdot (-x^2 + 2) + x^2(2x - 1)(-2x) = -10x^4 + 4x^3 + 12x^2 - 4x$

3 $y' = 2ax + b = 0$ より $a \neq 0$ のとき接点の座標は $\left(-\dfrac{b}{2a}, -\dfrac{b^2 - 4ac}{4a}\right)$
$a = 0$ のとき, $b = 0$ で $y = c$ 上のすべての点になる.

4 一方の正数を x とし, 和を S とすれば, 他方の数は $S - x$ である.
そこで二つの数の積を $x(S - x) = f(x)$ とすれば, $f'(x) = S - 2x$ $f'(x) = 0$
より $S - 2x = 0$ $\therefore x = \dfrac{S}{2}$
表解 10.1 より二つの数が等しいとき, 積が最大となる.

表解 10.1 増減表

x	0	$0 < x < \dfrac{S}{2}$	$\dfrac{S}{2}$	$\dfrac{S}{2} < x < S$	S
$f'(x)$	$+$	$+$	0	$-$	$-$
$f(x)$	0	↗	極大 $(S^2/4)$	↘	0

5 (1) $f'(x) = 3x^2 - 12x + 9$ $f''(x) = 6x - 12$
極値 $f'(x) = 0$ より $3x^2 - 12x + 9 = 0$ $(3x - 3)(x - 3) = 0$ $\therefore x = 1, 3$

これを増減表にまとめると

表解 10.2 増減表

x	-1		0		1		2		3	
$f'(x)$		$+$		$+$	0		$-$		0	$+$
$f''(x)$		$-$		$-$		$-$	0 変曲点		$+$	
$f(x)$	-17	$\nearrow$	-1		$\dfrac{3}{最大値}$	$\searrow$	1		$\dfrac{-1}{最小値}$	$\nearrow$

(2) $f'(x) = 1 - 2\cos x$ $f''(x) = 2\sin x$

極値 $f'(x) = 0$ より $\cos x = \dfrac{1}{2}$ $\therefore$ $x = \dfrac{\pi}{3}, \dfrac{5}{3}\pi$

これを増減表にまとめると

表解 10.3 増減表

x	0	$\dfrac{\pi}{3}$	$\dfrac{\pi}{2}$	π	$\dfrac{5}{3}\pi$	2π
$f'(x)$	$-$	0	1	$+$	0	$-$
$f''(x)$	0 変曲点	$+$	$+$	0 変曲点	$-$	0 変曲点
$f(x)$	0	$\dfrac{\pi}{3} - \sqrt{3}$	$\dfrac{\pi}{3} - \sqrt{3}$	π	$\dfrac{5}{3}\pi + \sqrt{3}$	2π

したがって, 最大値 $y = f\left(\dfrac{\pi}{3}\right) = \dfrac{\pi}{3} - \sqrt{3}$, 最小値 $f\left(\dfrac{5}{3}\pi\right) = \dfrac{5}{3}\pi + \sqrt{3}$

(3) 与えられた関数を変形すると, $y = 10\sin(x + A)$ ただし, $A = \tan^{-1}\dfrac{6}{8}$

① $0 < A < \dfrac{\pi}{2}$

$x + A = \dfrac{\pi}{2}$ すなわち, $x = \dfrac{\pi}{2} - A$ のとき最大, 最大値は $f\left(\dfrac{\pi}{2} - A\right) = 10$

$x + A = \dfrac{3}{2}\pi$ すなわち, $x = \dfrac{3}{2}\pi - A$ のとき最小, 最小値は $f\left(\dfrac{3}{2}\pi - A\right) = -10$

② $\pi < A < \dfrac{3}{2}\pi$

$x + A = \dfrac{3}{2}\pi$ すなわち, $x = \dfrac{3}{2}\pi - A$ のとき最小, 最小値は $f\left(\dfrac{3}{2}\pi - A\right) = -10$

$x + A = \dfrac{5}{2}\pi$ すなわち, $x = \dfrac{5}{2}\pi - A$ のとき最大, 最大値は $f\left(\dfrac{5}{2}\pi - A\right) = 10$

6 断面積 $S = hw$……① 幅 $d = 2h + w$……② ②より $w = d - 2h$ を①へ代入.
$S = -2h^2 + dh$ をうる. $S' = 4h + d$, $S' = 0$ より $h = d/4$. $h = d/4$ のとき S は最大
となる. よって $h : w = 1 : 2$, 幅は高さの 2 倍がよい.

第11章　積　分

　平面図形の面積, 曲面の面積, 立体の体積および曲線の長さなどを計算する定積分は, 極限値の問題として定義され, 一方, 微分の逆演算として定義される不定積分との間には密接な関係が存在し, 定積分の計算が不定積分の値として得られることなどを学ぶ.

11.1　不定積分

11.1.1　不定積分の定義

　ある関数 $F(x)$ の導関数を $f(x)$ とするとき, すなわち

$$F'(x) = f(x)$$

のとき, $F(x)$ を $f(x)$ の**原始関数**という. たとえば $F(x) = x^3$ を微分すると

$$F'(x) = f(x) = 3x^2$$

となるから x^3 は $3x^2$ の原始関数である. しかし, $x^3 + 5$ や $x^3 + 10$ を微分しても同じ導関数 $3x^2$ となるから, $x^3 + 5$ や $x^3 + 10$ も $3x^2$ の原始関数である. このように定数項の値が異なるだけで $f(x)$ の原始関数であるから, 原始関数は無数に存在する.

　無数に存在する $f(x)$ の原始関数の中で, 二つの任意の原始関数を $F(x)$ および $G(x)$ とすると

$$F'(x) = f(x) \text{ および } G'(x) = f(x)$$

であるから, 2 個の関数の差の微分公式により

$$\{G(x) - F(x)\}' = G'(x) - F'(x) = f(x) - f(x) = 0$$

となる. 微分をして 0 になるのは定数であるから

$$G(x) - F(x) = C \qquad (C \text{ は定数})$$

でなければならない. したがって

$$G(x) = F(x) + C$$

　$F(x)$ を $f(x)$ の一つの原始関数としたとき, 任意の原始関数が

$$F(x) + C$$

で表されるとき, これを $f(x)$ の**不定積分**といい, $\displaystyle\int f(x)\,dx$ の記号を用い

$$\int f(x)\,dx = F(x) + C \qquad \left(\int \text{ はインテグラルと読む}\right)$$

と表す. 不定積分を求めることを**積分する**といい, 定数 C を**積分定数**という.

11.1.2　基礎的な関数の不定積分

　積分は微分の逆の計算であるから, 第 10 章の 256 頁の導関数の基本的な例によって, 次の積分公式を得る. 本章において底の未記入の対数は自然対数とする.

微分公式	積分公式
$\left(\dfrac{x^{n+1}}{n+1}\right)' = x^n$	$\Rightarrow \quad \displaystyle\int x^n\,dx = \dfrac{1}{n+1}x^{n+1} + C$
$(\log x)' = \dfrac{1}{x}$	$\Rightarrow \quad \displaystyle\int \dfrac{1}{x}\,dx = \log x + C$
$(e^x)' = e^x$	$\Rightarrow \quad \displaystyle\int e^x\,dx = e^x + C$
$(a^x)' = a^x \log a$	$\Rightarrow \quad \displaystyle\int a^x\,dx = \dfrac{1}{\log a}a^x + C$
$(\sin x)' = \cos x$	$\Rightarrow \quad \displaystyle\int \cos x\,dx = \sin x + C$
$(\cos x)' = -\sin x$	$\Rightarrow \quad \displaystyle\int \sin x\,dx = -\cos x + C$
$(\sin^{-1} x)' = \dfrac{1}{\sqrt{1-x^2}}$	$\Rightarrow \quad \displaystyle\int \dfrac{1}{\sqrt{1-x^2}}\,dx = \sin^{-1} x + C$
$(\cos^{-1} x)' = -\dfrac{1}{\sqrt{1-x^2}}$	$\Rightarrow \quad \displaystyle\int -\dfrac{1}{\sqrt{1-x^2}}\,dx = \cos^{-1} x + C$
$(\tan^{-1} x)' = \dfrac{1}{1+x^2}$	$\Rightarrow \quad \displaystyle\int \dfrac{1}{1+x^2}\,dx = \tan^{-1} x + C$

【注】　$x > 0$ のとき
$(\log x)' = \dfrac{1}{x}$ であるから $\displaystyle\int \dfrac{1}{x}\,dx = \log x$
$x < 0$ のとき
$(\log -x)' = \dfrac{(-x)'}{-x} = \dfrac{1}{x}$ であるから $\displaystyle\int \dfrac{1}{x}\,dx = \log(-x)$

したがって, x が正および負の双方を含めて $\dfrac{1}{x}$ の不定積分は次式とすればよい.

$$\int \frac{1}{x}\,dx = \log|x| + C$$

<重要>微分された関数は積分すると元の関数(原始関数)にもどる. ただし, 定数は微分すると 0 となるので微分しても無数に存在するのでわからない.

$$F'(x) = f(x) \qquad \int f(x)dx = F(x)+C$$

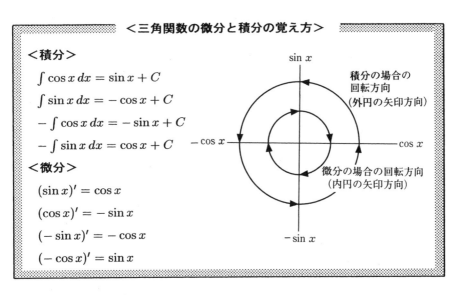

＜三角関数の微分と積分の覚え方＞

＜積分＞

$\int \cos x\,dx = \sin x + C$

$\int \sin x\,dx = -\cos x + C$

$-\int \cos x\,dx = -\sin x + C$

$-\int \sin x\,dx = \cos x + C$

＜微分＞

$(\sin x)' = \cos x$

$(\cos x)' = -\sin x$

$(-\sin x)' = -\cos x$

$(-\cos x)' = \sin x$

（図中）
sin x
積分の場合の回転方向
（外円の矢印方向）
$-\cos x$
cos x
微分の場合の回転方向
（内円の矢印方向）
$-\sin x$

11.1.3 積分公式

(1) $\displaystyle \int f(x)\,dx = F(x)$ のとき, k をスカラー(185頁)とすれば, スカラー倍した関数の微分公式によると

$$\{kF(x)\}' = kF'(x) = kf(x)$$

であるから, 不定積分の定義によって

$$\int kf(x)\,dx = kF(x) = k\int f(x)\,dx$$

となる. すなわち

$$\boxed{\int kf(x)\,dx = k\int f(x)\,dx}$$

(2) $\displaystyle F(x) = \int f(x)\,dx, \quad G(x) = \int g(x)\,dx$ とおけば, 二つの関数の和
(または差) の微分公式により

$$\{F(x) \pm G(x)\}' = F'(x) \pm G'(x) = f(x) \pm g(x)$$

であるから, 不定積分の定義によって

$$\int \{f(x) \pm g(x)\} \, dx = F(x) \pm G(x) = \int f(x) \, dx \pm \int g(x) \, dx$$

となる. すなわち

$$\boxed{\int \{f(x) \pm g(x)\} \, dx = \int f(x) \, dx \pm \int g(x) \, dx}$$

【例題 1】 次の関数の不定積分を求めよ.

(1) x^4 (2) x^{-2} (3) $x\sqrt{x}$ (4) $4x^3 - 3x^2 + 2x - 5$

【解答】

(1) $\displaystyle \int x^4 \, dx = \frac{1}{4+1}x^{4+1} + C = \frac{1}{5}x^5 + C$

(2) $\displaystyle \int x^{-2} \, dx = \frac{1}{-2+1}x^{-2+1} + C = -x^{-1} + C = -\frac{1}{x} + C$

(3) $\displaystyle \int x\sqrt{x} \, dx = \int x^{\frac{3}{2}} \, dx = \frac{1}{\frac{3}{2}+1}x^{\frac{3}{2}+1} + C = \frac{2}{5}x^{\frac{5}{2}} + C = \frac{2}{5}x^2\sqrt{x} + C$

(4) $\displaystyle \int \left(4x^3 - 3x^2 + 2x - 5\right) dx = 4\int x^3 dx - 3\int x^2 dx + 2\int x \, dx - 5\int dx$

$$= x^4 - x^3 + x^2 - 5x + C$$

11.1.4 置換積分法

不定積分を求めるとき, 一般に被積分関数が公式どおりの形式になっていないことが多い. そんなとき変数を他の変数に置き換えると, 新しい変数の被積分関数が積分公式の形式になることがある. したがって, この新しい変数についての不定積分は積分公式によって簡単に求めることができるので, その後に変数を元に戻せば元の変数についての不定積分が得られる. このようにして変数を変換して積分する方法を**置換積分法**という.

$F(x) = \displaystyle \int f(x) \, dx$ において, $x = g(t)$ とおけば, 合成関数の微分法により

$$\frac{dF}{dt} = \frac{dF}{dx} \cdot \frac{dx}{dt} = f(x)g'(t) = f\{g(t)\}g'(t)$$

となる. この両辺を t で積分すれば

$$F(x) = \int f\{g(t)\}g'(t)\,dt$$

となる. すなわち

置換積分公式 $\displaystyle \int f(x)\,dx = \int f\{g(t)\} \cdot g'(t)\,dt$

を得る. この積分は
$$\int f(x)\,dx$$
において $f(x)$ の x を $g(t)$ で置き換え, dx を $g'(t)\,dt$ で置き換えたものになっている.

【例】 $\displaystyle \int (-3x+1)^2\,dx$ の不定積分

$t = -3x+1$ とおくと, $x = -\dfrac{t-1}{3}$ となるから, t で微分すると

$\dfrac{dx}{dt} = -\dfrac{1}{3}$ ∴ $dx = -\dfrac{1}{3}\,dt$

これらを置換積分公式に代入すると,

$$\int (-3x+1)^2\,dx = \int t^2 \cdot \left(-\frac{1}{3}\right)dt = -\frac{1}{3} \cdot \frac{1}{2+1}t^{2+1} + C$$
$$= -\frac{1}{9}t^3 + C = -\frac{1}{9}(-3x+1)^3 + C$$

【例題 2】 次の関数の不定積分を求めよ.

(1) $(3x-2)^3$ (2) $\sqrt{2x-3}$ (3) $\dfrac{1}{(2x+1)^4}$

(4) $x \cdot \sqrt{x^2-2}$ (5) $\sqrt[3]{(x+2)^2}$ (6) $-\sin\left(4x-\dfrac{\pi}{6}\right)$

(7) $5\cos\left(5x+\dfrac{\pi}{4}\right)$ (8) $(ax-b)^3$ (9) $\dfrac{x}{\sqrt{2x^2+1}}$

(10) $\dfrac{1}{\sqrt{a^2-x^2}}$

【解答】

(1) $t = 3x-2$ とおくと, $x = \dfrac{t+2}{3}$ となるから, t で微分して $\dfrac{dx}{dt} = \dfrac{1}{3}$ を得る.

これらを置換積分公式に代入して
$$\int (3x-2)^3\,dx = \int t^3 \cdot \frac{1}{3}\,dt = \frac{1}{3} \cdot \frac{t^{3+1}}{3+1} + C = \frac{1}{12}t^4 + C = \frac{1}{12}(3x-2)^4 + C$$

(2)　$t = 2x - 3$ とおくと, $x = \dfrac{t+3}{2}$ となるから, t で微分して $\dfrac{dx}{dt} = \dfrac{1}{2}$ を得る. これらを置換積分公式に代入して

$$\int \sqrt{2x-3}\,dx = \int \sqrt{t}\cdot\frac{1}{2}\,dt = \frac{1}{2}\cdot\frac{t^{\frac{1}{2}+1}}{\frac{1}{2}+1} + C = \frac{1}{3}t^{\frac{3}{2}} + C = \frac{1}{3}t\cdot\sqrt{t} + C$$

$$= \frac{1}{3}(2x-3)\sqrt{2x-3} + C \quad (\sqrt{t} = t^{\frac{1}{2}})$$

(3)　$t = 2x + 1$ とおくと, $x = \dfrac{t-1}{2}$ となるから, t で微分して $\dfrac{dx}{dt} = \dfrac{1}{2}$ を得る. これらを置換積分公式に代入して

$$\int \frac{1}{(2x+1)^4}\,dx = \int \frac{1}{t^4}\cdot\frac{1}{2}\,dt = \frac{1}{2}\cdot\frac{t^{-4+1}}{-4+1} + C = \frac{-1}{6}t^{-3} + C = -\frac{1}{6(2x+1)^3} + C$$

(4)　$t = x^2 - 2$ とおくと, $x^2 = t + 2$ となるから, t で微分して $2x\cdot\dfrac{dx}{dt} = 1$,

$\therefore\ x\,dx = \dfrac{1}{2}\,dt$. これらを置換積分公式に代入して

$$\int x\cdot\sqrt{x^2-2}\,dx = \int \sqrt{t}\cdot\frac{1}{2}\,dt = \frac{1}{2}\cdot\frac{t^{\frac{1}{2}+1}}{\frac{1}{2}+1} + C = \frac{1}{3}t^{\frac{3}{2}} + C$$

$$= \frac{1}{3}t\sqrt{t} + C = \frac{1}{3}\left(x^2-2\right)\sqrt{x^2-2} + C$$

(5)　$t = x + 2$ とおくと, $x = t - 2$ となるから, t で微分すると $\dfrac{dx}{dt} = 1$. これらを置換積分公式に代入して

$$\int \sqrt[3]{(x+2)^2}\,dx = \int t^{\frac{2}{3}}\,dt = \frac{1}{\frac{2}{3}+1}t^{\frac{2}{3}+1} = \frac{3}{5}t\cdot t^{\frac{2}{3}} + C = \frac{3}{5}(x+2)\cdot\sqrt[3]{(x+2)^2} + C$$

(6)　$t = 4x - \dfrac{\pi}{6}$ とおくと, $x = \dfrac{t+\frac{\pi}{6}}{4}$ となるから, t で微分して $\dfrac{dx}{dt} = \dfrac{1}{4}$ を得る. これらを置換積分公式に代入して

$$-\int \sin\left(4x - \frac{\pi}{6}\right)dx = -\int \sin t\cdot\frac{1}{4}\,dt = -\frac{1}{4}\int \sin t\,dt = \frac{1}{4}\cos t + C$$

$$= \frac{1}{4}\cos\left(4x - \frac{\pi}{6}\right) + C$$

(7)　$t = 5x + \dfrac{\pi}{4}$ とおくと, $x = \dfrac{t-\frac{\pi}{4}}{5}$ となるから, t で微分して $\dfrac{dx}{dt} = \dfrac{1}{5}$ を得る. これらを置換積分公式に代入して

$$\int 5\cos\left(5x + \frac{\pi}{4}\right)dx = \int 5\cos t\cdot\frac{1}{5}\,dt = \sin t + C = \sin\left(5x + \frac{\pi}{4}\right) + C$$

(8)　$t = ax - b$ とおくと, $x = \dfrac{t+b}{a}$ となるから, t で微分して $\dfrac{dx}{dt} = \dfrac{1}{a}$ を得る. これらを置換積分公式に代入して

$$\int (ax-b)^3\,dx = \int t^3\cdot\frac{1}{a}\,dt = \frac{1}{4a}t^4 + C = \frac{(ax-b)^4}{4a} + C$$

(9) $t = 2x^2 + 1$ とおくと, $x^2 = \dfrac{t-1}{2}$ となるから, t で両辺を微分して $2x \cdot \dfrac{dx}{dt} = \dfrac{1}{2}$

$\therefore\ x\,dx = \dfrac{1}{4}dt$

を得る. これらを置換積分公式に代入して

$$\int \frac{x}{\sqrt{2x^2+1}}\,dx = \int \frac{1}{4\sqrt{t}}\,dt = \frac{1}{4}\frac{1}{-\frac{1}{2}+1}t^{-\frac{1}{2}+1}+C = \frac{1}{2}\sqrt{t}+C = \frac{1}{2}\sqrt{2x^2+1}+C$$

(10) $\displaystyle\int \frac{1}{\sqrt{a^2-x^2}}\,dx = \frac{1}{a}\int \frac{1}{\sqrt{1-\left(\frac{x}{a}\right)^2}}\,dx = \frac{1}{a}\int \frac{a}{\sqrt{1-t^2}}\,dt$

$$= \int \frac{dt}{\sqrt{1-t^2}} = \sin^{-1}t + C = \sin^{-1}\left(\frac{x}{a}\right)+C$$

11.1.5 変数変換について

これまで扱ってきた問題は単純な変数変換によって不定積分を求めることができたが, 問題によっては変数変換の工夫が必要なことがある. 例えば

$$\int \frac{1}{x^2+a^2}\,dx$$

の場合, これまでは $t = x^2+a^2$ あるいは $x^2+a^2 = t^2$ のような形式の変数変換を行ってきてうまくいったが, この問題はこのような変数変換を行っても決して簡単にならない. このような変数変換を実際にやって確かめてみるとよい.

そこでこのような問題では $x = a\tan\theta$ とおいてみると

$x^2+a^2 = a^2\tan^2\theta + a^2$
$\qquad = a^2(\tan^2\theta+1) = a^2\sec^2\theta$

となり, $x = a\tan\theta$ を θ で微分すると

$\dfrac{dx}{d\theta} = a\sec^2\theta \quad \therefore\ dx = a\sec^2\theta\,d\theta$

となるから

【sec, cosec の解説】

〈定義〉

$\sec\theta = \dfrac{c}{a}$

$\mathrm{cosec}\,\theta = \dfrac{c}{b}$

$\sec^2\theta = 1+\tan^2\theta$
$\mathrm{cosec}^2\theta = 1+\cot^2\theta$

$\because 1+\tan^2\theta = 1+\dfrac{b^2}{a^2} = \dfrac{a^2+b^2}{a^2} = \dfrac{c^2}{a^2}$

$\qquad = \sec^2\theta$

255頁より

$(\tan\theta)' = \sec^2\theta$
$(\cot\theta)' = -\mathrm{cosec}^2\theta$

$$\int \frac{1}{x^2+a^2}\,dx = \int \frac{a\sec^2\theta}{a^2\sec^2\theta}\,d\theta = \frac{1}{a}\int d\theta = \frac{1}{a}\theta+C$$

を得る. ただし, $\tan\theta = \dfrac{x}{a}\ \therefore\ \theta = \tan^{-1}\dfrac{x}{a}$ であるから

$$\int \frac{1}{x^2+a^2}\,dx = \frac{1}{a}\tan^{-1}\frac{x}{a}+C$$

　置換積分法において,変数をどのように変換するかのきまった法則はなく,変換をうまく行わないと,逆に計算が複雑になることもあり,計算が行き詰まりになる.適切な変数変換を見つけることは多くの例題を通して会得しなければならない.

【例】 $\displaystyle\int \sqrt{a^2-x^2}\,dx$ の不定積分を求めよ.

$x = a\sin\theta$ とおくと

$$\sqrt{a^2-x^2} = \sqrt{a^2(1-\sin^2\theta)} = a\sqrt{\cos^2\theta} = a\cos\theta, \quad \frac{dx}{d\theta} = a\cos\theta$$

となり,不定積分 I は

$$I = \int \sqrt{a^2-x^2}\,dx = a^2\int \cos^2\theta\,d\theta = a^2\int \frac{1}{2}(1+\cos 2\theta)\,d\theta$$

$$= a^2\left(\frac{1}{2}\theta + \frac{1}{4}\sin 2\theta\right) + C = \frac{a^2}{2}(\theta + \sin\theta\,\cos\theta) + C$$

となる.ここで

$$\cos\theta = \frac{\sqrt{a^2-x^2}}{a}, \quad \sin\theta = \frac{x}{a}, \qquad \therefore\ \theta = \sin^{-1}\frac{x}{a}$$

であるから,これらを代入すると

$$I = \frac{a^2}{2}\left(\sin^{-1}\frac{x}{a} + \frac{x}{a}\frac{\sqrt{a^2-x^2}}{a}\right) + C$$

となる.

【注】 $\displaystyle\cos\alpha\cos\beta = \frac{1}{2}\{\cos(\alpha-\beta) + \cos(\alpha+\beta)\}$

$$\therefore\ \cos\alpha\cos\alpha = \cos^2\alpha = \frac{1}{2}(1+\cos 2\alpha)$$

　微分や積分など応用問題を解決するには,三角関数の変形が自由自在にできるまで訓練してから学んだ方が上達が早い.

11.1.6　部分積分法

　不定積分を求めようとするとき,置換法によってもうまくいかない場合は,ここで述べる部分積分法を用いる他はない.

　x の関数 $f(x)$ および $g(x)$ の積に関する微分公式は,すでに学んだように

$$\{f(x)\,g(x)\}' = f'(x)\,g(x) + f(x)\,g'(x)$$

であり,これを書き換えると

$$f(x)\,g'(x) = \{f(x)\,g(x)\}' - f'(x)\,g(x)$$

となるから,この両辺を積分すると

> **部分積分法** $\displaystyle \int f(x)\,g'(x)\,dx = f(x)\,g(x) - \int f'(x)\,g(x)\,dx$

を得る. この式の意味は, 2 個の関数の内, 一つの関数がある関数の導関数となっているとき, 上の式の右辺の式で計算すると簡単に求められるということであり, この方法による積分法を**部分積分法**という.

【例】 $\displaystyle \int x \cos x\,dx$ の不定積分

$f(x) = x, \ g'(x) = \cos x$

とすると

$f'(x) = 1, \ g(x) = \sin x$

であるから, 部分積分法の公式によると

$$\int x \cos x\,dx = x \sin x - \int 1 \cdot \sin x\,dx = x \sin x + \cos x + C$$

【例題 3】 次の関数の不定積分を部分積分法によって求めよ.

$$(1) \quad \int \log x\,dx \qquad (2) \quad \int \sqrt{a^2 - x^2}\,dx \qquad (3) \quad \int \sin^n x\,dx$$

【解答】

いずれも $\displaystyle \int f(x)\,g'(x)\,dx = f(x)\,g(x) - \int f(x)'\,g(x)\,dx$ を用いる.

(1) $f(x) = \log x, g'(x) = 1$ とおくと, $f'(x) = \dfrac{1}{x}$, $\int g'(x) = \int 1 dx$ (両辺を積分する) より $g(x) = x$ となるから, 部分積分法により

$$I = \int \log x\,dx = x \log x - \int \left(\frac{1}{x} \cdot x \right) dx = x \log x - \int dx = x \log x - x + C$$

(2) $I = \int \sqrt{a^2 - x^2}\,dx$, および $f(x) = \sqrt{a^2 - x^2}, \ g'(x) = 1$ とおくと,

$f'(x) = -\dfrac{x}{\sqrt{a^2 - x^2}}, \ g(x) = x$ となるから, 部分積分法により

$$I = \int \sqrt{a^2 - x^2}\,dx$$

$$= x\sqrt{a^2 - x^2} - \int x \frac{-x}{\sqrt{a^2 - x^2}}\,dx = x\sqrt{a^2 - x^2} - \int \left(\frac{(a^2 - x^2) - a^2}{\sqrt{a^2 - x^2}} \right) dx$$

$$= x\sqrt{a^2 - x^2} - \int \sqrt{a^2 - x^2}\,dx + a^2 \int \frac{1}{\sqrt{a^2 - x^2}}\,dx$$

$$= x\sqrt{a^2 - x^2} - I + a^2 \sin^{-1} \frac{x}{a} + C$$

$$\therefore\ I = \frac{1}{2}\left(x\sqrt{a^2 - x^2} + a^2 \sin^{-1}\frac{x}{a}\right) + C$$

(3)　$\sin^n x = \sin^{n-1} x \sin x$ および $I_n = \displaystyle\int \sin^n x\, dx$ とおき, かつ $f(x) = \sin^{n-1} x$, $g'(x) = \sin x$ と考えると, $f'(x) = (n-1)\sin^{n-2} x \cdot \cos x$, $g(x) = -\cos x$ であるから, 部分積分法により

$$I_n = \int \sin^n x\, dx = \sin^{n-1} x \int \sin x\, dx - \int \left\{(\sin^{n-1} x)' \int \sin x\, dx\right\} dx$$

$$= \sin^{n-1} x \cdot (-\cos x) - \int (n-1)\sin^{n-2} x\,(\cos x)\,(-\cos x)\, dx$$

$$= -\sin^{n-1} x \cdot \cos x + (n-1) \int \sin^{n-2} x \cdot \cos^2 x\, dx$$

$$= -\sin^{n-1} x \cos x + (n-1) \int \sin^{n-2} x \cdot (1 - \sin^2 x)\, dx$$

$$= -\sin^{n-1} x \cos x + (n-1) \int \sin^{n-2} x\, dx - (n-1) \int \sin^n x\, dx$$

右辺の最後の項を左辺に移して

$$\int \sin^n x\, dx + (n-1) \int \sin^n x\, dx = -\sin^{n-1} x \cdot \cos x + (n-1) \int \sin^{n-2} x\, dx$$

$$\therefore\ n \int \sin^n x\, dx = -\sin^{n-1} x \cdot \cos x + (n-1) \int \sin^{n-2} x\, dx$$

両辺を n で割ると

$$\int \sin^n x\, dx = -\frac{1}{n} \sin^{n-1} x \cdot \cos x + \frac{(n-1)}{n} \int \sin^{n-2} x\, dx$$

を得る. これを

$$I_n = -\frac{1}{n} \sin^{n-1} x \cdot \cos x + \frac{(n-1)}{n} I_{n-2}$$

と表す. この結果から $I_{n-2},\ I_{n-4},\cdots, I_3$ についても

$$I_{n-2} = -\frac{1}{n-2} \sin^{n-3} x \cdot \cos x + \frac{(n-3)}{n-2} I_{n-4}$$

$$I_{n-4} = -\frac{1}{n-4} \sin^{n-5} x \cdot \cos x + \frac{n-5}{n-4} I_{n-6}$$

$$\vdots$$

$$I_3 = -\frac{1}{3} \sin x \cdot \cos x + \frac{2}{3} I_1$$

が成り立つ. なお

$$I_1 = \int \sin x\, dx = -\cos x$$

であるから, 順次, 上の式に繰り返し代入してゆくと望む不定積分が求まる. この式を**漸化式**という.

11.2　定積分

11.2.1　定積分の定義

図 11.1 に示すように区間 $a \leq x \leq b$ を n 個の微小区間に分割し, 各分点の x 座標を $a = x_1, x_2, \cdots x_{n-1}, b = x_{n+1}$ とする. また, 微小区間 $x_k \leq x \leq x_{k+1}$ 内の任意の x 座標を ξ_k とおき, 微小区間の長さを $\Delta x_k = x_{k+1} - x_k$ として, 次の和を考える.

$$S_n = f(x_1)\Delta x_1 + f(x_2)\Delta x_2 + \cdots + f(x_n)\Delta x_n = \sum_{k=1}^{n} f(x_k)\Delta x_k$$

分割数を増やし $n \to \infty$ とし, 極限値 S が存在するとき, すなわち

$$S = \lim_{n\to\infty} \sum_{k=1}^{n} f(x_k)\, \Delta x_k$$

となるとき, 上の式を

$$S = \int_a^b f(x)\, dx$$

と表して, この極限値を a から b までの $f(x)$ の**定積分**といい, a を定積分の**下限** (または**下端**), b を**上限** (または**上端**) という. そして極限値が存在するとき $f(x)$ は積分可能であるという.

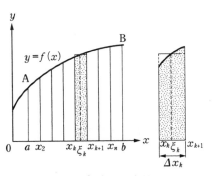

図 11.1　定積分の定義

11.2.2　定積分と不定積分の関係

$f(x)$ の不定積分を $F(x)$ とすると, 各微小区間の平均値の定理は

$x_1 \sim x_2$ 区間では　$F(x_2) - F(x_1) = F'(\xi_1)\Delta x_1$

$x_2 \sim x_3$ 区間では　$F(x_3) - F(x_2) = F'(\xi_2)\Delta x_2$

$x_3 \sim x_4$ 区間では　$F(x_4) - F(x_3) = F'(\xi_3)\Delta x_3$

$$\vdots$$

$x_{n-1} \sim x_n$ 区間では　$F(x_n) - F(x_{n-1}) = F'(\xi_{n-1})\Delta x_{n-1}$

$x_n \sim x_{n+1}$ 区間では　$F(x_{n+1}) - F(x_n) = F'(\xi_n)\Delta x_n$

で与えられるから, これらの和をとると

$$-F(x_1) + F(x_{n+1}) = \sum_{k=1}^{n} F'(\xi_k)\Delta x_k$$

または $x_1 = a$, $x_{n+1} = b$ であるから

$$F(b) - F(a) = \sum_{k=1}^{n} f(\xi_k)\Delta x_k$$

となる. ここで $n \to \infty$ とすると右辺は, 定積分の定義により

$$\lim_{n\to\infty} \sum_{k=1}^{n} f(\xi_k)\Delta x_k = \int_a^b f(\xi)\,d\xi = \int_a^b f(x)\,dx$$

であり[1]

$$\int_a^b f(x)\,dx = F(b) - F(a)$$

となる. 以上の結果によると $f(x)$ の定積分の値は, $f(x)$ の原始関数 $F(x)$ の上限の値 $F(b)$ と下限の値 $F(a)$ の差であるということになる.

定積分では $F(b) - F(a)$ のことを

$$F(b) - f(a) = [F(x)]_a^b$$

と表し

$$\int_a^b f(x)\,dx = \Big[F(x)\Big]_a^b$$

と書く.

11.2.3　定積分の定理

下限 a および上限 b に対する $f(x)$ の定積分は, 原始関数 $F(x)$ の上限の値 $F(b)$ から下限の値 $F(a)$ を引いたものとして与えられたから, そのことを使用すると次の定理を得る.

(1)　上限と下限を入れ換えた場合

$$\int_a^b f(x)\,dx = F(b) - F(a) = -\{F(a) - F(b)\} = -\int_b^a f(x)\,dx$$

(2)　上限と下限値が同じ場合

$$\int_a^a f(x)\,dx = F(a) - F(a) = 0$$

(3)

$$\int_a^b (f(x) + g(x))\,dx = \Big[F(x) + G(x)\Big]_a^b = \{F(b) + G(b)\} - \{F(a) + G(a)\}$$

---

[1]積分の変数はダミー変数といい, 一時的に使用する変数なので ξ を x に変えてもよい

$$= \{F(b) - F(a)\} + \{G(b) - G(a)\} = \int_a^b f(x)\,dx + \int_a^b g(x)\,dx$$

(4) K を定数として

$$\int_a^b Kf(x)\,dx = \Big[KF(x)\Big]_a^b = KF(b) - KF(a) = K\{F(b) - F(a)\}$$

$$= K\int_a^b f(x)\,dx$$

(5) $a < c < b$ に対して

$$\int_a^c f(x)\,dx + \int_c^b f(x)\,dx = \{F(c) - F(a)\} + \{F(b) - F(c)\}$$

$$= F(b) - F(a) = \int_a^b f(x)\,dx$$

【例題 4】 次の定積分を求めよ.

(1) $\displaystyle\int_0^3 3x^2\,dx$ （2) $\displaystyle\int_1^2 (2x-1)^2\,dx$ （3) $\displaystyle\int_0^{\frac{\pi}{4}} \sin x\,dx$

(4) $\displaystyle\int_1^2 \left(4x^3 - 1\right)\,dx$ （5) $\displaystyle\int_0^1 \frac{x}{\sqrt{-x^2+2}}\,dx$

【解答】

(1) $\displaystyle\int_0^3 3x^2\,dx = \Big[x^3\Big]_0^3 = 3^3 - 0^3 = 27$

(2) $t = 2x - 1$ とおくと $x = 1$ のとき $t = 1$, $x = 2$ のとき $t = 3$ となり, $\dfrac{dt}{dx} = 2$

∴ $dx = \dfrac{1}{2}dx$ であるから

$$\int_1^2 (2x-1)^2\,dx = \frac{1}{2}\int_1^3 t^2\,dt = \frac{1}{6}\Big[t^3\Big]_1^3 = \frac{1}{6}\left(3^3 - 1^3\right) = \frac{26}{6} = \frac{13}{3}$$

(3) $\displaystyle\int_0^{\frac{\pi}{4}} \sin x\,dx = \Big[-\cos x\Big]_0^{\frac{\pi}{4}} = -\cos\frac{\pi}{4} + \cos 0 = -\frac{1}{\sqrt{2}} + 1 = \frac{2 - \sqrt{2}}{2}$

(4) $\displaystyle\int_1^2 \left(4x^3 - 1\right)\,dx = 4\int_1^2 x^3\,dx - \int_1^2 dx = 4\Big[\frac{1}{4}x^4\Big]_1^2 - \Big[x\Big]_1^2 = 15 - 1 = 14$

(5) $t = -x^2 + 2$ とおくと $x = 0$ のとき $t = 2$, $x = 1$ のとき $t = 1$ となり,

$\dfrac{dt}{dx} = -2x$ であるから $x\,dx = -\dfrac{1}{2}dt$

$$\int_0^1 \frac{x}{\sqrt{-x^2+2}}\,dx = \int_2^1 \frac{1}{\sqrt{t}} \cdot \left(-\frac{1}{2}dt\right) = -\frac{1}{2}\int_2^1 t^{-\frac{1}{2}}\,dt = -\frac{1}{2}\left[\frac{\sqrt{t}}{1/2}\right]_2^1$$

$$= -\left[\sqrt{t}\,\right]_2^1 = -(1-\sqrt{2}) = \sqrt{2}-1$$

11.3　定積分の応用

11.3.1　面積と定積分

　図11.2に示すように曲線 $f(x)$ と x 軸および $x=a$, $x=b$ の二つの直線で囲まれる平面図形 $abBA$ の面積を求めることについて考えよう.

(1)　$f(x) > 0$ の場合

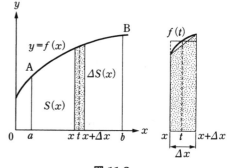

図 11.2

　a における直線と x における直線の間の面積を $S(x)$ とし, x が Δx だけ増加したときの面積を $S(x+\Delta x)$ とすると, 面積の増加 $\Delta S(x)$ は

$$\Delta S(x) = S(x+\Delta x) - S(x)$$

となる. 両辺を Δx で割ると.

$$\frac{\Delta S(x)}{\Delta x} = \frac{S(x+\Delta x) - S(x)}{\Delta x}$$

となる. いま, x と $x+\Delta x$ の間に適当な座標 t を選べば, 面積の増分 $\Delta S(x)$ は

$$\Delta S(x) = f(t)\Delta x$$

とおけるから

$$f(t) = \frac{S(x+\Delta x) - S(x)}{\Delta x}$$

となる. ここで $\Delta x \to 0$ とすると, 左辺の t は $t \to x$ となり, 右辺は $S(x)$ の導関数 $S'(x)$ となるから

$$f(x) = S'(x)$$

となる. 上の式は $S(x)$ が $f(x)$ の原始関数であることを表すから, $f(x)$ の一つの原始関数を $F(x)$ とすると

$$S(x) = F(x) + C$$

となる. $x=a$ のとき面積 $S(a)$ はゼロになるから

$$S(a) = F(a) + C = 0 \quad \therefore \ C = -F(a)$$

　これを上の式に代入すると

$S(x) = F(x) - F(a)$

したがって, 直線 $x = a$ から直線 $x = b$ までの面積は

$S(b) = F(b) - F(a)$

$F(b) - F(a)$ は a を下限, b を上限とする $f(x)$ の定積分であるから

$$S(b) = \int_a^b f(x)\,dx$$

となって面積は定積分で表されることになる.

(2) $f(x) < 0$ の場合

$a \leqq x \leqq b$ の間で $f(x) < 0$ とな

る場合, 定積分は

$$\int_a^b f(x)\,dx < 0$$

となる. 面積には負の面積はあり得な
いからこれを正の値とするため, -1
を掛けて次式のようになる.

$$S(b) = -\int_a^b f(x)\,dx$$

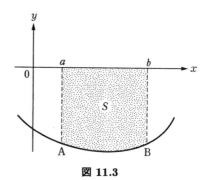

図 11.3

(3) 二つの曲線 $f(x)$ および $g(x)$ で囲まれる部分の面積

図 11.4 に示すように, 二つの曲線 $f(x)$ と $g(x)$ は $x = a$ および $x = b$ にお
いて交わり, この区間では $f(x) > g(x)$ とする.

図 11.4 からわかるように, 二つの曲線で囲まれる面積 S は x 軸と直線 $x = a$
および直線 $x = b$ と $f(x)$ とで囲まれる面積から同じ範囲での $g(x)$ の面積を

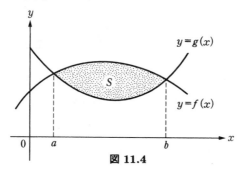

図 11.4

引いたものであるから

$$S = \int_a^b f(x)\, dx - \int_a^b g(x)\, dx$$

$$= \int_a^b \{f(x) - g(x)\}\, dx$$

となる.

【例題 5】　次の関数の面積を求めよ.
(1)　$y = x^3$ と $x = 1$ から $x = 3$ までの x 軸とで囲まれる面積
(2)　$y = x(x-2)(x-4)$ と x 軸とで囲まれる部分の面積
(3)　$y = x^2 - 4x + 3$ と x 軸とで囲まれる部分の面積

【解答】
(1)　$y = x^3$ は**図 11.5** に示すように $x = 1$, $x = 3$ の間で $y > 0$ であるから

$$S = \int_1^3 x^3\, dx = \left[\frac{1}{4}x^4\right]_1^3 = \frac{1}{4}\left(3^4 - 1^4\right) = 20$$

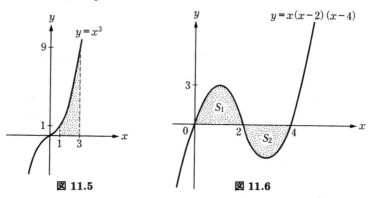

図 11.5　　　　　　　　図 11.6

(2)　$x(x-2)(x-4) = 0$ から $x = 0$, $x = 2$, $x = 4$ において x 軸と交わり, **図 11.6** に示すように $x = 0$ から $x = 2$ では $y > 0$ となり, $x = 2$ から $x = 4$ の間では $y < 0$ となるから, 面積 S は

$$S = \int_0^2 (x^3 - 6x^2 + 8x)\, dx - \int_2^4 (x^3 - 6x^2 + 8x)\, dx$$

$$= \left[\frac{x^4}{4} - 2x^3 + 4x^2 \right]_0^2 - \left[\frac{x^4}{4} - 2x^3 + 4x^2 \right]_2^4 = 4 - (-4) = 8$$

(3) $x^2 - 4x + 3 = 0$ から $x = 1$, $x = 3$ において x 軸と交わり, **図 11.7** に示すように $x = 1$ から $x = 3$ では $y < 0$ となるから, 面積 S は

$$S = -\int_1^3 (x^2 - 4x + 3)\, dx$$

$$= -\left[\frac{x^3}{3} - 2x^2 + 3x \right]_1^3 = \frac{4}{3}$$

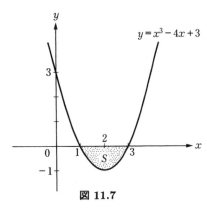

図 11.7

【例題 6】

(1) $y = x^2 - 2x - 8$ の**図 11.8** に示す░░部分の面積を求めよ.

(2) $y = -x^2 - 2x + 8$ の**図 11.9** に示す░░部分の面積を求めよ.

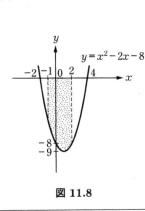

図 11.8   **図 11.9**

【解答】

(1) $y = x^2 - 2x - 8$ は**図 11.8** に示すように $x = -2$, $x = 4$ の間で $y < 0$ であるから

$$S = -\int_{-1}^2 (x^2 - 2x - 8)\, dx = -\left[\frac{x^3}{3} - x^2 - 8x \right]_{-1}^2 = 24$$

(2) $y = -x^2 - 2x + 8$ は**図 11.9** に示すように $x = -5$, $x = -4$ の間で $y < 0$ で

あり, $x = -4$ から $x = 2$ の間で $y > 0$ であるから

$$S = -\int_{-5}^{-4} (-x^2 - 2x + 8)\, dx + \int_{-4}^{1} (-x^2 - 2x + 8)\, dx$$

$$= \left[\frac{x^3}{3} + x^2 - 8x\right]_{-5}^{-4} + \left[-\frac{x^3}{3} - x^2 + 8x\right]_{-4}^{1} = \frac{80}{3} - \frac{70}{3} + \frac{20}{3} + \frac{80}{3} = \frac{110}{3} \fallingdotseq 36.7$$

11.3.2 円の面積

座標原点を中心とする半径 a の円の方程
式は

$$x^2 + y^2 = a^2 \qquad (103頁参照)$$

であるから

$$y = \pm\sqrt{a^2 - x^2}$$

となる. 円の面積は**図 11.10** に示すように
第 1 象限の $\dfrac{1}{4}$ 円の面積の 4 倍であることに着目する.

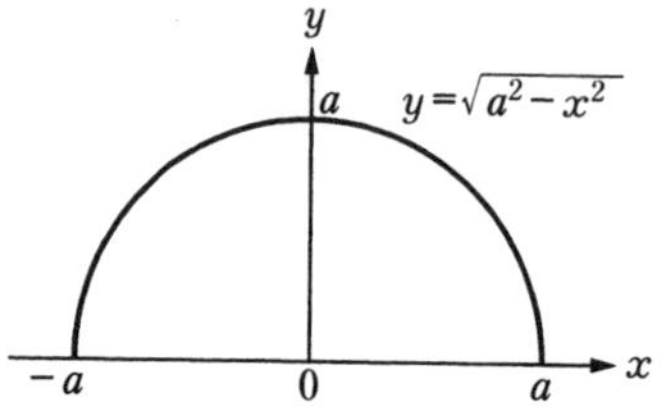

図 11.10

$$S = 4\int_0^a \sqrt{a^2 - x^2}\, dx = 4\int_0^a \sqrt{a^2 - a^2\sin^2\theta}\ a\cos\theta \cdot d\theta = 4a^2\int_0^{\frac{\pi}{2}} \sqrt{1 - \sin^2\theta}\cos\theta \cdot d\theta$$

$$\left(\begin{array}{l} \text{すでに学んだように } x = a\sin\theta \text{ とおくと} \\[4pt] \qquad \dfrac{dx}{d\theta} = \dfrac{d(a\sin\theta)}{d\theta} = a\cos\theta \qquad \therefore dx = a\cos\theta \cdot d\theta \\[4pt] \text{また, } x = 0 \text{ のとき } \quad \theta = 0,\ x = a \text{ のとき } \quad \theta = \pi/2\ (90°) \\[4pt] \qquad \cos^2\theta = 1 - \sin^2\theta,\ \sin^2\theta = 1 - \cos^2\theta \end{array}\right)$$

$$= 4a^2\int_0^{\frac{\pi}{2}} \cos^2\theta\, d\theta$$

$$\left(\begin{array}{l} \text{加法定理から } \cos(\theta + \theta) = \cos^2\theta - \sin^2\theta \qquad \therefore \cos 2\theta = 2\cos^2\theta - 1 \\[4pt] \text{この式より } \cos^2\theta = \dfrac{\cos 2\theta + 1}{2} \end{array}\right)$$

$$= 4a^2\int_0^{\frac{\pi}{2}} \frac{\cos 2\theta + 1}{2}\, d\theta = 2a^2\int_0^{\frac{\pi}{2}} \cos 2\theta\, d\theta + 2a^2\int_0^{\frac{\pi}{2}} d\theta$$

$$= 2a^2\left[\theta\right]_0^{\frac{\pi}{2}} = 2a^2 \times \frac{\pi}{2} = \pi a^2 \qquad 円の面積 = \pi \times (半径)^2$$

$$\left(\begin{array}{l} \qquad \displaystyle\int_0^{\frac{\pi}{2}} \cos 2\theta\, d\theta = \frac{1}{2}\int_0^{\pi} \cos t\, dt = \frac{1}{2}\left[\sin t\right]_0^{\pi} = 0 \\[8pt] 2\theta = t \text{ とおくと } 2 = \dfrac{dt}{d\theta} \text{ より } d\theta = \dfrac{1}{2}\, dt \\[8pt] \qquad \theta = 0 \text{ のとき } \quad t = 0,\ 0 = \pi/2 \text{ のとき } \quad t = \pi \end{array}\right)$$

11.3.3 回転体の体積と定積分

図 **11.11** に示すように, 座標 $x = a$ と $x = b$ の間で連続な関数 $y = f(x)$ を x 軸のまわりに回転すると, $x = a$ と $x = b$ において x 軸に垂直な二つの平面と $f(x)$ の回転面とで囲まれる立体ができる.

この立体を**回転体**という.

ここでは, この回転体の体積を求めることを考える. $x = a$ から $x = b$ の間の x 座標を n 個に分割し, その分点を $a = x_1, x_2, \cdots, x_n, b = x_{n+1}$ とする.

任意の区間 $[x_k, x_{k+1}]$ 内の 1 点を ξ_k , 区間の長さを $\Delta x_k = x_{k+1} - x_k$ とすると

$$dV = \pi \{f(\xi_k)\}^2 \Delta x_k$$

は, 厚さを Δx_k, 半径を $f(\xi_k)$ とする円板の体積となる. このような円板の体積を他の区間でも考え, それらの和を V_n とすると

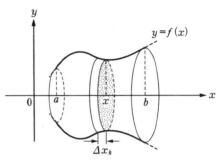

図 11.11

$$V_n = \pi \{f(\xi_1)\}^2 \Delta x_1 + \pi \{f(\xi_2)\}^2 \Delta x_2 + \pi \{f(\xi_3)\}^2 \Delta x_3 + \cdots + \pi \{f(\xi_n)\}^2 \Delta x_n$$
$$= \sum_{k=1}^{n} \pi \{f(\xi_k)\}^2 \Delta x_k$$

となる. 分割数を増加し $n \to \infty$ および $\Delta x_k \to 0$ としたとき, V_n の極限値 V が存在するならば, すなわち

$$V = \lim_{n \to \infty} \sum_{k=1}^{n} \pi \{f(\xi_k)\}^2 \Delta x_k$$
$$= \pi \int_a^b \{f(x)\}^2 dx$$

は $x = a$ および $x = b$ の平面と $f(x)$ の回転面で囲まれる立体 (回転体) の体積となる.

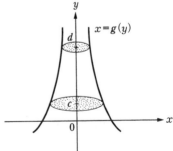

図 11.12

同様に $x = g(y)$ を y 軸のまわりに回転したときの $y = c$ と $y = d$ の間で囲まれる立体の体積は

$$V = \lim_{n \to \infty} \sum_{k=1}^{n} \pi \{f(\eta_k)\}^2 \Delta \eta_k$$

$$= \pi \int_c^d \{g(y)\}^2 \, dy$$

となる．ここで ξ と η はギリシャ文字で，グザイ（またはクシー）とイータ（またはエータ）と読む．

【例】　$y = x^2$ を y 軸のまわりに回転するときの $y = 0$ から $y = 1$ の間の体積を求める．

$y = x^2$ から $x = \pm\sqrt{y}$ となるから 正の値をとって

$$v = \pi \int_0^1 \left(\sqrt{y}\right)^2 \, dy = \pi \int_0^1 y \, dy$$

$$= \pi \left[\frac{1}{2}y^2\right]_0^1 = \frac{\pi}{2}$$

11.3.4　球の体積

半径 r の球の体積は**図 11.13** に示す半円を x 軸のまわりに回転したときの回転体の体積で求められる．

半径 r の半円の式は
$$y = \sqrt{r^2 - x^2}$$
であるから，回転体の体積の公式によって

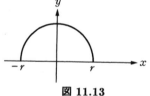

図 11.13

$$V = \pi \int_{-r}^r (r^2 - x^2) \, dx = \pi \left[r^2 x - \frac{x^3}{3}\right]_{-r}^r$$

$$= \pi \left(r^2 r - \frac{r^3}{3}\right) - \pi \left\{r^2(-r) - \frac{(-r)^3}{3}\right\}$$

$$= \frac{4}{3}\pi r^3$$

11.3.5　円錐の体積

図 11.14 に示すように底の半径が r, 高さが h の円錐の頂点を原点として，底に垂直な方向を x 軸にとると円錐の体積は，直線の式

$$y = ax$$

を x 軸のまわりに回転したときの体積となる．図 11.14 によると

$$a = \frac{r}{h}$$

であるから, 回転体の体積を用いて

$$V = \int_0^h \pi y^2 \, dx$$

$$= \pi \int_0^h \left(\frac{r}{h}x\right)^2 dx$$

$$= \frac{\pi r^2}{h^2} \int_0^h x^2 \, dx = \frac{\pi r^2}{h^2} \left[\frac{x^3}{3}\right]_0^h = \frac{1}{3}\pi r^2 h$$

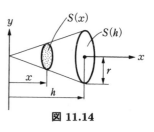

図 11.14

【例題 7】

(1) $y = \sin x$ $(0 \leq x \leq \pi)$ を x 軸のまわりに回転させたときにできる回転体の体積を求めよ.

(2) 曲線 $\dfrac{x^2}{a^2} + \dfrac{y^2}{b^2}$ $(a > b > 0)$ において y 軸のまわりに回転させたときにできる回転体の体積を求めよ.

【解答】

(1) $y = \sin x$ は 図 11.15 に示すように $x = 0$, $x = \pi$ で $y = 0$ となるから体積は $y = \sin x$ と x 軸で囲まれる部分の回転体の体積である.

$$V = \pi \int_0^\pi y^2 \, dx = \pi \int_0^\pi (\sin x)^2 \, dx$$

$$= \pi \int_0^\pi \frac{1 - \cos 2x}{2} \, dx$$

$$= \pi \left[\frac{1}{2}x - \frac{1}{4}\sin 2x\right]_0^\pi = \frac{\pi^2}{2}$$

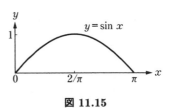

図 11.15

(2) 与えられた式は長径 a, 短径 b のだ円の式であり, 図 11.16 に示すようなだ円である. y 軸のまわりを回転した回転体の体積は

$$V = \pi \int_a^b x^2 \, dy$$

で計算されるから, 与えられた式を

$$x^2 = a^2 \left(1 - \frac{y^2}{b^2}\right)$$

と変形して, 上下の対称性を考慮して $x = 0$ から b までの定積分を計算し 2

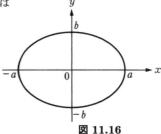

図 11.16

倍すればよい.

$$V = 2\pi \int_0^b x^2 \, dy = 2\pi \int_0^b a^2 \left(1 - \frac{y^2}{b^2} \right) dy = 2\pi a^2 \left[y - \frac{y^3}{3b^2} \right]_0^b = \frac{4}{3}\pi a^2 b$$

11.3.6　曲線の長さ

曲線 $y = f(x)$ 上の 2 点, すなわち A 点から B 点までの曲線の長さを求めることにも, 定積分が応用される.

図 11.17 に示すように, 区間 $[a, b]$ を n 個の小区間に分割し, 各分点を $a = x_1, x_2, \cdots, x_n, b = x_{n+1}$ とし, k 番目の小区間 $x_k \leqq x \leqq x_{k+1}$ を選び, この区間における曲線上の両端を P および Q とする.

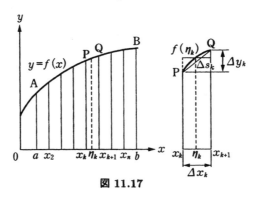

図 11.17

このきわめて接近した 2 点, P および Q を結ぶ線分の長さ Δs_k は, Δs_k の水平成分を Δx_k , 垂直成分を Δy_k とすると

$$\Delta s_k = \sqrt{(\Delta x_k)^2 + (\Delta y_k)^2}$$

となる. ところで, 平均値の定理によると

$$\Delta y_k = f'(x_k + \alpha \Delta x_k) \, \Delta x_k \quad (0 < \alpha < 1)$$

であり, これを上の式に代入すると

$$\Delta s_k = \sqrt{(\Delta x_k)^2 + \{f'(x_k + \alpha \Delta x_k)\Delta x_k\}^2}$$
$$= \sqrt{1 + \{f'(x_k + \alpha \Delta x_k)\}^2} \, \Delta x_k$$

となる. ここで $\Delta x_k \to 0$ とすると, つまり, Q 点が P 点に限りなく近づくと

$\alpha \to 0$ となり, かつ, 直線 PQ の長さは弧 $\overset{\frown}{\text{PQ}}$ の長さに近づくので

$$\Delta s_k = \sqrt{1 + \{f'(x_k)\}^2}\, \Delta x_k$$

となる. このような長さを他の区間でも考えて, これらの和をとり s_n とすると

$$s_n = \sum_{k=1}^{n} \Delta s_k = \sum_{k=1}^{n} \sqrt{1 + \{f'(x_k)\}^2}\, \Delta x_k$$

ここで $n \to \infty$ としたとき極限値 s が存在するならば s を A 点と B 点の曲線の長さと定義する.

$$s = \lim_{n \to \infty} \sum_{k=1}^{n} \Delta s_k = \lim_{n \to \infty} \sum_{k=1}^{n} \sqrt{1 + \{f'(x_k)\}^2}\, \Delta x_k$$

上式の最後の式は a から b 間での定積分を表すから, 曲線の長さは

$$\boxed{s = \int_a^b \sqrt{1 + \{f'(x)\}^2}\, dx}$$

となる.

【例】　半径 r の円 $x^2 + y^2 = r^2$ の周の長さを求める.

円の第 1 象限の式は $y = \sqrt{r^2 - x^2}$ であり, これを x で微分すると

$$\frac{dy}{dx} = -\frac{x}{\sqrt{r^2 - x^2}} \qquad \therefore \ \sqrt{1 + \left(\frac{dy}{dx}\right)^2} = \frac{r}{\sqrt{r^2 - x^2}}$$

となる. 円の全周の長さ s は 1/4 円の周の長さを求めて 4 倍すればよいから,

$$s = 4\int_0^r \frac{r}{\sqrt{r^2 - x^2}}\, dx = 4\int_0^r \frac{1}{\sqrt{1 - (x/r)^2}}\, dx$$

$$= 4\int_0^1 \frac{r}{\sqrt{1 - t^2}}\, dt = 4r \left[\sin^{-1} t\right]_0^1 = 4r\,(\sin^{-1} 1 - \sin^{-1} 0)$$

$$= 4r \left(\frac{\pi}{2} - 0\right) = 2\pi r$$

$$\left(\begin{array}{l} \dfrac{x}{r} = t \text{ とおくと } dx = rdt. \ \text{上限 } t_{up} = \dfrac{r}{r} = 1, \\[2mm] \text{下限 } t_{un} = \dfrac{0}{r} = 0 \text{ と置換する.} \end{array} \right)$$

＜面積・体積・距離など複雑な計算は積分で OK ＞

　積分には, 次のような活用例がある.

　(a) 図のように, デコボコした曲線状の池の面積は, きわめて細長い長方形に細分化し, 各長方形の面積の和を計算 (幅 Δx を限りなくゼロに近づける) して求められる. これが積分の作業ということになる.

　(b) 図のように, 食パンの体積は限りなくスライス状 (厚さを限りなくゼロに近づける) に薄く切ったパンの体積の和で求めることができる.

　(c) 図のように, 限りなく幅 Δt をゼロに近づけたとき, 短冊状の面積の和は車が a 点から b 点まで走行した距離になる.

　さらに, そのほかには, 車やジェット機, 船舶に応用されているナビゲーション・システムは, 各瞬間の速度と方向を積分して, 現在位置を計算するしくみになっている.

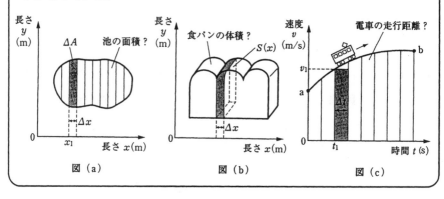

図 (a)   図 (b)   図 (c)

積分
わかりましたか.

第11章　練　習　問　題

1　次の関数を積分せよ.

(1)　$y = 3x^2$　　(2)　$y = (2x - 1)^2$　　(3)　$y = 6x^2 - 2x + 1$

(4)　$y = (2x - 1)(6x + 1)$　　(5)　$y = -\sin x$　　(6)　$y = \cos 2x$

(7)　$y = x \sin x$　　(8)　$y = \sqrt{x}$　　(9)　$y = \sqrt{5x}$　　(10)　$y = e^{2x}$

2　次の不定積分を求めよ.

(1)　$\displaystyle \int \frac{1}{\sqrt{x}} dx$　　(2)　$\displaystyle \int \frac{dx}{x^2 + x - 2}$　　(3)　$\displaystyle \int \frac{dx}{x^2 - a^2}$

3　次の定積分を求めよ.

(1)　$\displaystyle \int_0^a (x^2 + 3ax)\, dx$

(2)　$\int_{-1}^{1} (y + 1)(y + 2)(y + 3) dy$

(3)　$\displaystyle \int_0^{\frac{\pi}{2}} \cos^2 x\, dx$

4　次のグラフの ▒ 部分の面積を求めよ.

(1)　　　　　　　　　　　　　　　(2)

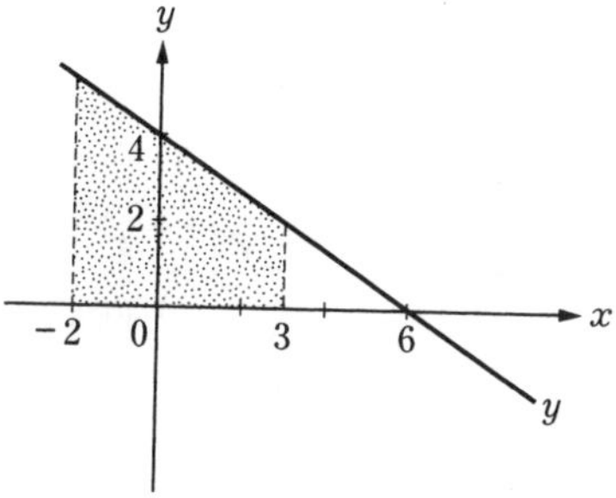

図 11.18

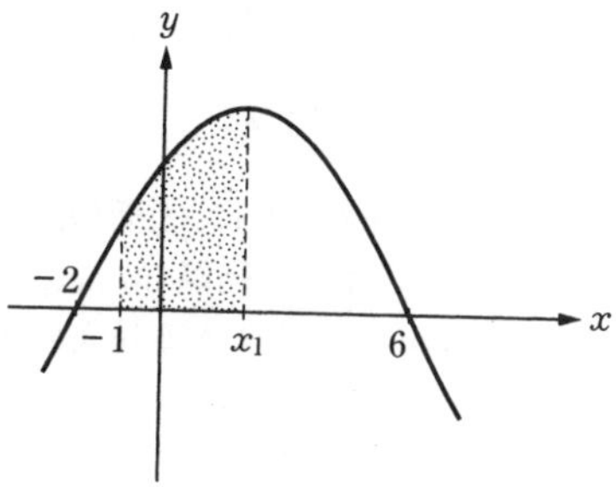

図 11.19

(3)

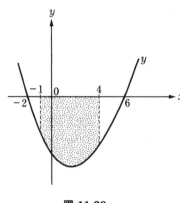

図 11.20

(4)

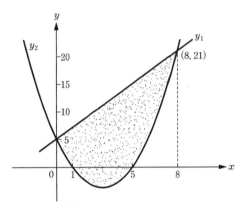

図 11.21

5　図 11.22 に示す $y = \sin x$ の $x = 0 \sim \pi$ までの平均値 A を求めよ.

6　図 11.23 に示すアステロイド(星ぼう形)
$$x^{\frac{2}{3}} + y^{\frac{2}{3}} = a^{\frac{2}{3}}$$
$$(x = a\cos^3\theta,\ y = a\sin^3\theta,\ a > 0)$$
の囲む部分の面積を求めよ.

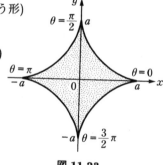

図 11.23

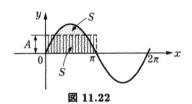

図 11.22

7　図 11.24 のように, 上面の直径が 40 cm, 底面の直径が 30 cm, 深さが 25 cm の容器に入る最大の水量を求めよ.

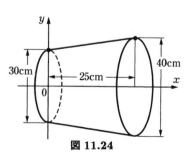

図 11.24

第11章　練習問題 【解答】

1　(1)　$\displaystyle\int 3x^2\,dx = 3\cdot\frac{1}{2+1}x^{2+1}+C = x^3+C$

(2)　$t=2x-1$ とおくと $\dfrac{dt}{dx}=2$　　∴　$dx=\dfrac{1}{2}dt$

$\displaystyle\int (2x-1)^2\,dx = \int t^2\cdot\frac{1}{2}dt = \frac{1}{6}t^3+C = \frac{1}{6}(2x-1)^3+C$

(3)　$\displaystyle\int (6x^2-2x+1)\,dx = 6\int x^2\,dx - 2\int x\,dx + \int dx$

$\displaystyle= 2x^3-x^2+x+C$

(4)　$\displaystyle\int (2x-1)(6x+1)\,dx = \int (12x^2-4x-1)\,dx$

$\displaystyle= 12\int x^2\,dx - 4\int x\,dx - \int dx = 4x^3-2x^2-x+C$

(5)　$\displaystyle -\int \sin x\,dx = -(-\cos x)+C = \cos x+C$

(6)　$t=2x$ とおくと $\dfrac{dt}{dx}=2$　　∴　$dx=\dfrac{1}{2}dt$

$\displaystyle\int \cos 2x\,dx = \int \cos t\cdot\frac{1}{2}dt = \frac{1}{2}\cdot\sin t+C = \frac{1}{2}\sin 2x+C$

(7)　部分積分法の公式を使用する.

$\displaystyle\int f(x)g'(x)\,dx = f(x)\,g(x) - \int f'(x)\,g(x)\,dx$ において $f(x)=x$,

$g'(x)=\sin x$ とおくと $f'(x)=1$, $g(x)=-\cos x$ であるから

$\displaystyle\int x\cdot\sin x\,dx = -x\cdot\cos x - \int (-\cos x)\cdot 1\,dx = -x\cdot\cos x+\sin x+C$

(8)　$\displaystyle\int \sqrt{x}\,dx = \int x^{\frac{1}{2}}\,dx = \frac{1}{\frac{1}{2}+1}x^{\frac{1}{2}+1}+C = \frac{2}{3}x^{\frac{3}{2}}+C = \frac{2}{3}x\sqrt{x}+C$

(9)　$t=5x$ とおくと $\dfrac{dt}{dx}=5$　　∴　$dx=\dfrac{1}{5}dt$

$\displaystyle\int \sqrt{5x}\,dx = \int \sqrt{t}\cdot\frac{1}{5}\,dt = \frac{1}{5}\cdot\frac{1}{\frac{1}{2}+1}t^{\frac{1}{2}+1}+C = \frac{2}{15}t^{\frac{3}{2}}+C$

$\displaystyle= \frac{2}{15}(5x)^{\frac{3}{2}}+C = \frac{2\sqrt{5}}{3}x\sqrt{x}+C$

(10)　$t=2x$ とおくと $\dfrac{dt}{dx}=2$　　∴　$dx=\dfrac{1}{2}dt$

$$\int e^{2x}\,dx = \int e^t \cdot \frac{1}{2}\,dt = \frac{1}{2}e^t + C = \frac{1}{2}e^{2x} + C$$

2 (1) $\displaystyle \int \frac{1}{\sqrt{x}}\,dx = \int x^{-\frac{1}{2}}\,dx = \frac{x^{-\frac{1}{2}+1}}{-\dfrac{1}{2}+1} = \frac{x^{\frac{1}{2}}}{\dfrac{1}{2}} = 2\sqrt{x} + C$

(2) $\displaystyle \frac{1}{x^2+x-2} = \frac{1}{(x-1)(x+2)} = \frac{1}{3}\left(\frac{1}{x-1} - \frac{1}{x+2}\right)$ より

$$\int \frac{1}{x^2+x-2}\,dx = \frac{1}{3}\int\left(\frac{1}{x-1} - \frac{1}{x+2}\right)\,dx$$
$$= \frac{1}{3}\left(\log|x-1| - \log|x+2|\right) + C = \frac{1}{3}\log\left|\frac{x-1}{x+2}\right| + C$$

(3) $\displaystyle \frac{1}{x^2-a^2} = \frac{1}{(x-a)(x+a)} = \frac{1}{2a}\left(\frac{1}{x-a} - \frac{1}{x+a}\right)$ より

$$\int \frac{1}{x^2-a^2}\,dx = \frac{1}{2a}\int\left(\frac{1}{x-a} - \frac{1}{x+a}\right)\,dx$$
$$= \frac{1}{2a}\left(\log|x-a| - \log|x+a|\right) + C = \frac{1}{2a}\log_{10}\left|\frac{x-a}{x+a}\right| + C$$

3 (1) $\displaystyle \int_0^a (x^2 + 3ax)\,dx = \left[\frac{x^3}{3} + \frac{3ax}{4}\right]_0^a = \frac{a^3}{3} + \frac{3a^3}{2} = \frac{11a^3}{6}$

(2) 与式 $\displaystyle = \int_{-1}^1 (y^3 + 6y^2 + 11y + 6)\,dy = \left[\frac{y^4}{4} + \frac{6y^3}{3} + \frac{11y^2}{2} + 6y\right]_{-1}^1$
$$= \left(\frac{1}{4} + 2 + \frac{11}{2} + 6\right) - \left(\frac{1}{4} - 2 + \frac{11}{2} - 6\right) = 16$$

(3) $\displaystyle \int \cos^2 x\,dx = \int \frac{1 + \cos 2x}{2}\,dx = \frac{x}{2} + \frac{\sin 2x}{4} + C$ より

$$\int_0^{\frac{\pi}{2}} \cos^2 x\,dx = \left[\frac{x}{2} + \frac{\sin 2x}{4}\right]_0^{\frac{\pi}{2}} = \left(\frac{\pi}{4} + \frac{\sin \pi}{4}\right) - \left(0 + \frac{\sin 0}{4}\right) = \frac{\pi}{4}$$

4 本問題は関数を与えないで，図形の形状のみを与えて面積を求める問題である．
したがって，関数を求めることから始める．

(1) 図によると関数は一次関数であるから $y = ax + b$ に座標 $(0,4)$ と $(6,0)$ を代入して $a = -\dfrac{2}{3}$，および $b = 4$ ∴ $y = -\dfrac{2}{3}x + 4$

▨ 部分の面積 $\displaystyle S = \int_{-2}^3 \left(-\frac{2}{3}x + 4\right)\,dx = \left[-\frac{1}{3}x^2 + 4x\right]_{-2}^3 = \frac{55}{3}$

(2) $x = -2$，$x = 6$ において，$y = 0$ となり，かつ，上に凸となる 2 次関数であるから，$y = -(x+2)(x-6)$，また x_1 は $(2,0)$ となる．

▨ 部分の面積 $\displaystyle S = \int_{-1}^2 -(x+2)(x-6)\,dx = \int_{-1}^2 (-x^2 + 4x + 12)\,dx$
$$= \left[-\frac{x^3}{3} + 2x^2 + 12x\right]_{-1}^2 = 39$$

(3) $x = -2$, $x = 6$ において, $y = 0$ となり, かつ, 下に凸となる 2 次関数であるから, $y = (x + 2)(x - 6)$

░░ 部分の面積 $S = -\displaystyle\int_{-1}^{4} (x + 2)(x - 6)\, dx = -\displaystyle\int_{-1}^{4} (x^2 - 4x - 12)\, dx$

$$= \left[-\frac{x^3}{3} + 2x^2 + 12x \right]_{-1}^{4} = -\frac{65}{3} + 90 = \frac{205}{3}$$

(4) 2 次関数は x 軸との交点が 1 と 5 であるから $y_2 = (x - 1)(x - 5)$ $= x^2 - 6x + 5$ となる.

一次関数 y_1 は, y 軸の切片は 5, 傾きは $\dfrac{21 - 5}{8} = 2$ であるから方程式 $y_1 = 2x + 5$ となる. よって, 求める面積は次のようになる.

░░ 部分の面積 $S = \displaystyle\int_{0}^{8} (y_1 - y_2)\, dx = \displaystyle\int_{0}^{8} \left\{ (2x + 5) - (x^2 - 6x + 5) \right\}\, dx$

$$= \int_{0}^{8} (-x^2 + 8x)\, dx = \left[-\frac{x^3}{3} + 4x^2 \right]_{0}^{8} = \frac{256}{3}$$

5 平均値 $A = \dfrac{\sin x \text{ の曲線と } x \text{ 軸とで囲まれる面積 } S}{\pi}$ より

$$A = \frac{1}{\pi} \int_{0}^{\pi} \sin x\, dx = \frac{1}{\pi} \left[-\cos x \right]_{0}^{\pi} = \frac{2}{\pi}$$

6 第 1 象限の面積 S_1 は, $S_1 = \displaystyle\int_{\frac{\pi}{2}}^{0} y\, dx$

ここで, $y = a \sin^3 \theta$

$\dfrac{dx}{d\theta} = a(\cos^3 \theta)' = 3a \cos^2 \theta (-\sin \theta)$ より $dx = 3a \cos^2 \theta (-\sin \theta) d\theta$

したがって,

$$S_1 = \int_{\frac{\pi}{2}}^{0} y\, dx = \int_{\frac{\pi}{2}}^{0} a \sin^3 \theta \cdot 3a \cos^2 \theta\, (-\sin \theta)\, d\theta$$

$$= 3a^2 \int_{\frac{\pi}{2}}^{0} -\sin^4 \theta \cdot \cos^2 \theta\, d\theta = 3a^2 \int_{0}^{\frac{\pi}{2}} \sin^4 \theta (1 - \sin^2 \theta)\, d\theta$$

$$= 3a^2 \int_{0}^{\frac{\pi}{2}} (\sin^4 \theta - \sin^6 \theta)\, d\theta = 3a^2 \left\{ \int_{0}^{\frac{\pi}{2}} \sin^4 \theta\, d\theta - \int_{0}^{\frac{\pi}{2}} \sin^6 \theta\, d\theta \right\}$$

$$= 3a^2 \left(\frac{3}{4} \times \frac{1}{2} \times \frac{\pi}{2} - \frac{5}{6} \times \frac{3}{4} \times \frac{1}{2} \times \frac{\pi}{2} \right) = 3a^2 \left(\frac{3}{16}\pi - \frac{5}{32}\pi \right)$$

$$= 3a^2 \times \frac{\pi}{32}$$

ゆえに, 求める面積 S は各象限の曲線が囲む面積であるから,

$$S = 4S_1 = \frac{3}{8}\pi a^2$$

$$\boxed{\int_0^{\frac{\pi}{2}} \sin^4\theta d\theta \text{ の解法}}$$

三角関数の次の公式を利用する.

$$\cos^2\theta = \frac{1+\cos2\theta}{2} \qquad \sin^2\theta = \frac{1-\cos2\theta}{2}$$

ここで $\sin^4\theta = \sin^2\theta \cdot \sin^2\theta = \dfrac{1-\cos2\theta}{2} \cdot \dfrac{1-\cos2\theta}{2}$

$$= \frac{1}{4}\left(1-2\cos2\theta+\cos^2 2\theta\right) = \frac{1}{4}\left(1-2\cos2\theta+\frac{1+\cos2\theta}{2}\right)$$

$$= \frac{1}{4}\left(\frac{3}{2}-\cos2\theta\right)$$

$$\int_0^{\frac{\pi}{2}}\cos2\theta d\theta = \frac{1}{2}\int_0^{\pi}\cos t dt = \frac{1}{2}\Big[\sin t\Big]_0^{\pi} = 0$$

$2\theta = t$ とおくと上限は π, 下限は 0. $2 = \dfrac{dt}{d\theta}$ $\therefore d\theta = \dfrac{1}{2}dt$

そこで $n\pi$ $(n = 0, 1, 2, \cdots)$ の sin 値はゼロとなることに注意 $\displaystyle\int_0^{\frac{\pi}{2}}\sin n\pi = 0$

$$\therefore \int_0^{\frac{\pi}{2}}\sin^4\theta d\theta = \frac{1}{4}\int_0^{\frac{\pi}{2}}\left(\frac{3}{2}-\cos2\theta\right)d\theta = \frac{1}{4}\left[\frac{3}{2}\theta\right]_0^{\frac{\pi}{2}} = \frac{1}{4}\times\frac{3}{2}\times\frac{\pi}{2} = \frac{3}{16}\pi$$

7　回転母線の方程式は平面上の 2 点 $(0, a)$, (h, b) 通る直線の方程式で

$$y = \frac{b-a}{h}x + a$$

で表される. この直線の $0 \leqq x \leqq h$ の
部分を x 軸を中心にして回転したときの
体積 V は

$\dfrac{b-a}{h} = k$ とおくと

$$V = \pi\int_0^h (kx+a)^2 dx$$

$$= \pi\left[\frac{k^2x^3}{3} + kax^2 + a^2x\right]_0^h$$

図解 11.1

$$= \frac{\pi h}{3}(k^2h^2 + 3kah + 3a^2) = \frac{\pi h}{3}\{(b-a)^2 + 3a(b-a) + 3a^2\}$$

$$= \frac{\pi h}{3}(a^2 + ab + b^2)$$

　　与えられた数値 $a = 15$, $b = 20$, $h = 25$ を代入すると

$$V = \frac{\pi \times 25}{3}(15^2 + 15\times20 + 20^2) \fallingdotseq 24216 \text{ [cm}^3\text{]}$$

〔別解〕

$$V = \pi\int_0^{25}\left(\frac{1}{5}x+15\right)^2 dx \fallingdotseq 24216 \text{ [cm}^3\text{]}$$

索 引

MEMO

MEMO

■ 著者紹介

小峰　茂（こみね　しげる）

　　　東京工業大学工業教員養成所電気工学科卒業
　　　首都大学東京品川キャンパス産業技術専門学校
　　現　在　東京都立赤羽技術専門校（指導員）
　　著　書　「第1種電気工事士受験テキスト」（日本理工出版会）
　　　　　　「第1種電気工事士受験問題集」（日本理工出版会）

松原　洋平（まつばら　ようへい）

　　　東京電機大学工学部電気工学科卒業
　　　元東京都立荒川工業高等学校勤務
　　著　書　「わかりやすい電気基礎」（コロナ社）
　　　　　　「電気重要公式マスターブック」（オーム社）
　　　　　　「ポイントマスター電気回路」（オーム社）
　　　　　　「なるほどナットク！電気がわかる本」（オーム社）
　　　　　　「重要問題で合格　電験三種・機械」（オーム社）
　　　　　　「電気エネルギー管理士実戦問題・電気の基礎」（オーム社）

わかる 基礎の数学

2022 年 9 月 10 日　　第 1 版第 1 刷発行

著　　者　小峰　　茂
　　　　　松原洋平
発 行 者　村上和夫
発 行 所　株式会社 オーム社
　　　　　郵便番号　101-8460
　　　　　東京都千代田区神田錦町 3-1
　　　　　電話　03(3233)0641(代表)
　　　　　URL　https://www.ohmsha.co.jp/

© 小峰茂・松原洋平 2022

印刷・製本　平河工業社
ISBN978-4-274-22939-8　Printed in Japan

本書の感想募集 https://www.ohmsha.co.jp/kansou/
本書をお読みになった感想を上記サイトまでお寄せください.
お寄せいただいた方には，抽選でプレゼントを差し上げます.

数学図鑑 やりなおしの高校数学

永野裕之 著 　　　　　　　　**A5** 判　並製　**256** 頁　本体 **2200** 円【税別】

「算数は得意だったけど，数学になってからわからなくなった」「最初は何とかなっていたけれど，途中から数学が理解できなくなって，文系に進んだ」このような話は，よく耳にします．これは，数学は算数の延長線上にはなく，「なぜそうなるのか」を理解する必要がある，ということに気付けなかったためなのです．数学は，一度理解してしまえばスイスイ進み，とても楽しい学問なのですが，途中でつまずいてしまったために苦手意識を持ち，「楽しさ」まで行きつけなかった人が多くいます．本書は，そのような人達のために高校数学まで立ち返り，図鑑並みにイラスト・図解を用いることで数学に対する敷居を徹底的に下げ，飽きずに最後まで学習できるよう解説しています．

Excel でわかる 数学の基礎

酒井 恒 著 　　　　　　　　**B5** 判　並製　**210** 頁　本体 **2600** 円【税別】

表計算ソフト Excel を用い，楽しく数学を学べるよう簡単な計算やグラフを通して順次，微分や積分まで無理なく学習できるよう工夫しています．また高等数学へのアプローチも含んでいます．
【主要目次】 1．数値計算法　2．Excel の操作　3．数列　4．基本的な関数の計算とグラフ　5．媒介変数を持つ関数　6．2変数の関数(3D グラフ)　7．方程式の解　8．微分　9．積分　10．テイラー展開　11．フーリエ級数展開　12．常微分方程式の解　13．確率と統計　14．ベクトルと行列

コンピューターリテラシー
Microsoft Office Word & PowerPoint 編（改訂版）

花木泰子・浅里京子 共著 　　　　**B5** 判　並製　**236** 頁　本体 **2400** 円【税別】

本書は，ビジネス分野でよく利用されているワープロソフト（Word），プレゼンテーションソフト（PowerPoint）の活用能力を習得することを目的としたコンピューターリテラシーの入門書です．やさしい例題をテーマに，実際に操作しながらソフトウェアの基本的機能を学べるように工夫されています（Office 2019 対応）．
【主要目次】 **Word 編** 1 章　Word の基本操作と日本語の入力　2 章　文書の入力と校正　3 章　文書作成と文字書式・段落書式　4 章　ビジネス文書とページ書式　5 章　表作成Ⅰ　6 章　表作成Ⅱ　7 章　社外ビジネス文書　8 章　図形描画　9 章　ビジュアルな文書の作成　10 章　レポート・論文に役立つ機能Ⅰ　11 章　レポート・論文に役立つ機能Ⅱ　**PowerPoint 編** 1 章　プレゼンテーションとは　2 章　PowerPoint の基礎　3 章　プレゼンテーションの構成と段落の編集　4 章　スライドのデザイン　5 章　表・グラフの挿入　6 章　図・画像の挿入　7 章　画面切り替え効果とアニメーション　8 章　スライドショーの準備と実行　9 章　資料の作成と印刷　10 章　テンプレートの利用

コンピューターリテラシー
Microsoft Office Excel 編（改訂版）

多田 憲孝・内藤 富美 共著 　　　　**B5** 判　並製　**236** 頁　本体 **2400** 円【税別】

本書は，ビジネス分野でよく利用されている表計算ソフト（Excel）の活用能力を習得することを目的としたコンピューターリテラシーの入門書です．やさしい例題をテーマに，実際に操作しながらソフトウェアの基本的機能を学べるように工夫されています（Office 2019 対応）．
【主要目次】 **基礎編** 1 章　Excel の概要　2 章　データ入力と数式作成　3 章　書式設定と行・列の操作　4 章　基本的な関数　5 章　相対参照と絶対参照　6 章　グラフ機能Ⅰ　7 章　データベース機能Ⅰ　8 章　判断処理Ⅰ　9 章　複数シートの利用　10 章　基礎編総合演習　**応用編** 11 章　日付・時刻に関する処理　12 章　文字列に関する処理　13 章　グラフ機能Ⅱ　14 章　判断処理Ⅱ　15 章　データベース機能Ⅱ　16 章　表検索処理　17 章　便利な機能　18 章　応用編総合演習

◎本体価格の変更，品切れが生じる場合もございますので，ご了承ください．
◎書店に商品がない場合または直接ご注文の場合は下記宛にご連絡ください．
TEL.03-3233-0643 FAX.03-3233-3440 https://www.ohmsha.co.jp/